도시계획기사 국가기술자격시험 대비

[제1과목] 도시계획기사 기출문제집

우선순위
도시계획론 유형 30

Preface
머리말

    오랜 시간 도시계획기사 자격증 대비한 교재를 준비하였지만 이제야 출간을 하게 되었다. 공무원 시험 분야의 도시계획, 토지이용계획 수험서를 출간하였지만, 자격증 시험에 대비한 교재를 연구하며 자세하고 쉬운 해설을 고민하는 시간이 길었던 이유에서 그러할 것이다.
    자격증 시험은 일정 점수를 득하면 합격할 수 있다. 응시자격을 갖춘 수험생이라면 누구나 도전하여 기사 자격증을 취득할 수 있지만 100% 합격은 어렵다고 한다. 이유는 공부가 어렵다는 이유도 있겠지만 책을 보아도 이해가 안 되는 부분이 많다는 것이 클 것이다. 본서는 알기 쉽도록 자세한 해설을 곁들였다.

    자격증 시험이 무조건 암기하면 된다는 기존의 사고방식에서 벗어나 재미있고 이해가 가능한 범주에서 공부할 수 있다는 확신을 가지게 하고 싶었다. 도시계획 기사 자격증 시험에 대비한 교재로 제1과목에서부터 제5과목에 이르기까지의 교재를 선보인다. 도시계획 공부에서 제1과목이 차지하는 비중은 매우 크다. 도시계획론은 도시계획 전반의 이야기를 하고 있으며 이 과목에 대한 자신감이 도시계획 공부를 재미로 이끌 것을 믿는다.

    도시계획 기사를 준비하는 수험생들에게 부족하지만 그간의 연구와 강의를 바탕으로 깨친 지식을 나누는 차원에서 제1과목은 무료 동영상 강의로 제공한다. 도시계획 전반의 이해를 돕는데 가장 중요한 과목이 바로 도시계획론이 아닐까 생각한다.
    우선순위 도시계획 수험서 시리즈가 수험생들에게 친근한 친구처럼 다가가길 소망해 본다.

2021. 1. 15. 신림동에서 정명재

정명재 선생님 카페
https://cafe.naver.com/onlyone369

목 차
Contents

유형 01	도시 생태학	······ 6
유형 02	클라센(L. H. Klassen)의 지역구분과 도시화 단계	······ 8
유형 03	교통계획의 4단계 수요추정방법	······ 9
유형 04	도시계획 자료 접근방법	······ 14
유형 05	광장의 종류	······ 16
유형 06	도시공원 및 녹지에 관한 법률(도시공원과 녹지)	······ 22
유형 07	도로의 구분	······ 28
유형 08	가로망 구성 형태와 특징	······ 36
유형 09	간선도로의 밀도	······ 41
유형 10	토지이용의 밀도 유형	······ 42
유형 11	용도지역, 용도지구, 용도구역	······ 43
유형 12	인구추정	······ 56
유형 13	유클리드 지역제	······ 61
유형 14	뉴어바니즘(New Urbanism)	······ 64
유형 15	스마트 성장	······ 69
유형 16	콤팩트시티(compact city)	······ 71
유형 17	지속가능한 개발(ESSD)	······ 73
유형 18	도시계획 이론	······ 79
유형 19	가도시화(pseudo-urbanization)	······ 83
유형 20	입지계수(LQ)	······ 86
유형 21	계획이론의 분류	······ 88
유형 22	우리나라 도시계획	······ 92
유형 23	지구단위계획	······ 104

유형 24	집적의 이익	…… 135
유형 25	국토계획, 도시·군기본계획, 도시·군관리계획	…… 141
유형 26	도시계획 학자	…… 157
유형 27	도시계획 기법과 흐름(조사방법과 모형)	…… 173
유형 28	도시계획 계산문제	…… 200
유형 29	도시계획 이론	…… 216
유형 30	도시계획의 역사	…… 237

유형 01

도시 생태학

01 다음 중 생태학적 접근 시각을 가진 도시학자가 아닌 사람은?

① H. Hoyt
② B. Berry
③ David Harvey
④ Robert Park

> **해설**

데이비드 하비(David Harvey, 1935년 10월 31일 –)는 영국 잉글랜드 출신의 지리학자, 인문학자, 인류학자, 경제학자, 사회이론가, 사상가, 저술가이다. 1935년 영국 잉글랜드 켄트주 길링햄에서 노동계급 가정의 둘째로 태어났다. 1954년 영국 케임브리지 대학교 존스칼리지 지리학과에 입학하여 1962년 지리학 박사 학위를 받았다. <u>마르크스주의의 계급 개념을 재구성</u>하였으며, 앙리 르페브르의 '도시에 대한 권리' 개념을 되살려 <u>도시화를 중심으로 진행되는 자본주의 – 신자유주의 역학을 분석</u>하였다.

정답 ③

> **○ 읽기자료: 도시 생태학적 접근**
>
> 도시생태학(都市生態學, urban ecology)은 도시에 있어서의 인간생활이 공간 유형에 따라 어떤 영향을 받고 있는가를 연구하는 학문을 말한다. 현대의 도시는 일정한 지역에 많은 인구가 밀집하여 다양한 기능을 수행하면서 하나의 생활권을 이루며 살고 있기 때문에 인구와 기능의 분포 및 토지공간의 이용형태가 독특한 구조와 동태를 나타낸다.
>
> 미국의 사회학자인 파크(R. E. Park), 버제스(E. W. Burg-ess), 매킨지(R. D. Mckensie) 등은 도시생태학의 선구자들로서 많은 업적을 남겼다. 그 중 버제스는 미국의 시카고 시의 발전형태를 모형으로 하여 현대도시의 토지이용에 관한 생태학적 가설로서 '동심원설(同心圓說, concentric-zone theory)'을 주장하였다.
>
> 1. 베리(B J. L. Berry)의 유상도시이론
>   베리(B J. L. Berry)의 유상(紐狀)도시개발(ribbon pattern theory) 이론은 도시내부구조가 자동차와 고속도로의 발달로 인해 <u>동서남북으로 유상(리본모양)</u>을 이루어가며 발전한다는 최근 이론이다.
> 2. 호이트(H. Hoyt)의 선형(부채꼴 이론)
>   선형이론은 1939년에 미국의 도시경제학자인 호이트(Homer Hoyt)에 의해 개발되었다. 그의 이론에 따르면 도매경공업지구, 저급주택지구, 중급주택지구, 고급주택지구들이 중심업무지구에서 <u>교통노선을 따라</u> 방사상환상으로 확대되면서 배치된다고 한다.
> 3. Robert Park는 인간생태학(Human Ecology)과 도시사회학의 창시자로 시카고 학파(도시 관련 최초의 학파)를 설립하였다. 이들은 생물학 기반의 은유를 통해 인간 상호작용을 전형화하는 것을 선호하였다. 시카고 학파는 자본주의 연구보다는 지구상의 모든 종을 통합하는 일반적인 생존투쟁의 징후로서, 경제적 경쟁을 바라보는 것을 선호하였다. 로버트 파크(Robert Park)는 희소한 자원에 대한

이러한 투쟁을 통해 도시사회가 조직된다고 주장한다. 1940년대까지 왕성하게 시카고 대학의 사회학과(파크와 버제스)는 시카고를 대상으로 도시를 연구하기 시작했는데 이를 '시카고 학파'라 하는 것이다. 매킨지(Roderick McKenzie)는 입지의 역할을 강조하고, 환경 내의 물리적 위치를 설정하는 것이 생존경쟁에 제일 중요하다고 주장하였다. 워스(Louis Wirth)도 시카고 초기 학파의 구성원이었다(도시를 참조할 것). 시카고 학파의 연구자들은 도시생활을 주로 부정적인 시각으로 바라보았다. 이들은 사회해체의 관점에서 범죄, 가족해체와 같은 현상을 설명하였다.

4. 해리스(C. H. Harris)는 '다핵이론(多核理論, multiple nuclei theory)'을 주장.

유제

01 다음에서 설명하는 도시공간구조이론은?

- 미국의 도시사회학자인 버제스(E. W. Burgess)가 주장하였다.
- 도시의 공간구조 형성을 침입, 경쟁, 천이 등의 과정으로 설명하였다.
- 도시의 공간구조를 도시생태학적 관점에서 접근하였다.

① 선형이론 ② 동심원이론
③ 다핵심이론 ④ 중력모형이론

해설

- 중력모형(Gravity Model): 인구·경제활동의 규모는 크기에 비례하고, 거리에 반비례한다는 모형으로 뉴턴의 만유인력을 응용한 공간상호작용을 설명하는 기본모형이다. 레일리(Reilly)의 '소매인력법칙'이 대표적이다.
- 레일리의 소매인력법칙(Reilly's law of retail gravitation): 미국의 경제학자 윌리엄 J. 레일리(William J. Reilly)가 1931년에 발표한 법칙으로, 상권의 흡인력은 두 도시의 인구수에 비례하고 두 도시로부터의 거리의 제곱에는 반비례한다는 이론이다.

정답 ②

- 읽기자료: 크리스탈러(Walter Christaller)의 중심지이론

크리스탈러의 중심지이론은 도시체계 내에서 취락의 수, 규모, 분포 등을 설명하는 지리학 이론이다. 독일 지리학자 발터 크리스탈러에 의해 고안된 이론이다. 도시의 규모와 기능분포간의 논리적 연계에 따라 도시공간체계를 설명한 중심지 이론은 대표적인 연역적 접근방법이라 할 수 있다. 즉, 중심지들간의 상품 및 서비스 공급의 경쟁관계에 의해 중심성과 중심지의 계층(hierarchy)이 형성됨을 설명하고, 중심지의 규모와 배후지는 중심지의 위계에 의해 결정되는 점을 논리적으로 설명하였다. 도시간의 공간분포에 관한 이론이다.

도시 생태학	크리스탈러의 중심지이론
귀납적 방식	연역적 방식

유형 02
클라센(L. H. Klassen)의 지역구분과 도시화 단계

1. 클라센의 지역구분
   ㉠ 번영지역: 지역 소득수준과 성장률 모두 전국 평균보다 높은 지역
   ㉡ 잠재적인 저발전지역: 지역소득수준은 높으나 성장률이 낮은 지역
   ㉢ 성장 중인 저발전지역: 지역소득수준은 낮으나 성장률이 높은 지역
   ㉣ 저발전지역: 지역 소득수준과 성장률 모두 전국 평균보다 낮은 지역

2. 대도시권 변화과정이론(Vanhove & Klassen)
   ㉠ 도시화 초기: 이농향도적 인구이동이 중심도시와 주변도시에 정착하는 단계
   ㉡ 절대적 집중과정: 중심도시의 집적이익과 규모의 경제가 너무 크기 때문에 주변지역의 인구가 중심지로 급격히 흡수되는 과정
   ㉢ 상대적 집중과정: 중심지의 집적이익 및 규모의 경제는 계속되지만 성장의 확산효과가 점차 확산되는 추세
   ㉣ 상대적 분산과정: 중심지의 자체적 한계에 기인한다.
   ㉤ 절대적 분산과정: 대도시의 공동화 현상이 나타나고 대도시의 절대인구가 감소되는 시기

3. 대도시권 변화과정 (Vanhove & Klassen)

변화과정	중심도시	주변지역
도시화초기	+	+
절대적 집중과정	++	−
상대적 집중과정	++	+
상대적 분산과정	+	++
절대적 분산과정	−	+

* ++: 인구급증
* +: 인구점증
* −: 인구감소

4. 클라센(L. Klaassen)의 도시화 단계
   ㉠ 도시화(집중적 도시화)
   ㉡ 교외화(분산적 도시화)
   ㉢ 역도시화(도시쇠퇴)
   ㉣ 재도시화

(1) **집중적 도시화(협의의 도시화)**: 집적함으로써 발생하는 이익이 불이익보다 커질 경우로 도시인구가 증가하는 시기로 기존 도시의 중심부를 핵으로 하여 관리중추기능이 집약됨으로써 나타나는 도시화 형태. 즉, 도심부의 입체적 도시화 또는 구심적 도시화를 말한다.
(2) **분산적 도시화(교외화)**: 도시의 인구집중은 도시권의 확산현상을 초래하게 됨으로써 도시근교의 도시화를 촉진하게 되며 이러한 주택의 교외확산현상을 말함.
(3) **역도시화**: 집적함으로서 발생하는 불이익이 이익보다 커질 경우 인구의 분산이 이루어지는 단계로 도시환경이 불량해져 인구의 도시탈출현상이 발생하여 도시인구가 감소하는 단계. 일명 U-turn현상이라고도 하며 대도시에서 비도시지역으로 인구의 전출이 전입을 초과함으로써 대도시의 상주인구가 감소하는 현상이 나타난다.
(4) **재도시화**: 도심이 재개발됨으로써 기존의 노동자 주거지역이 중산층·저소득계층에게 점유되고 주거지역이 질적·환경적으로 좋아지는 현상으로 선진자본주의 국가 도시들에게 주로 일어난다. 이는 도심의 직장과의 접근성이 좋고 저렴한 가격이라는 점에서 매력을 갖게 되며 이주해 오는 이들은 대부분이 독신가구, 자녀가 없는 가구가 대부분이며 학력이 상대적으로 높은 전문직종의 사람 등이다.

유제

01 반호프와 클라센(Vanhove and Klaassen)이 구분한 지역정책의 목적을 달성하기 위한 다양한 정책수단에 대한 설명으로 옳지 않은 것은?

① 과밀·과소지역의 불균형을 시정하기 위해서는 공장개설허가제, 사무실개설허가제, 과밀세, 건축 및 투자계획의 사전신고 의무제 등과 같은 억제방법이 사용될 있다.
② 지역고용장려금은 정부에 큰 재정부담을 주고 그에 비해 효과는 적으며 기업의 필요나 특성이 관계없는 일률적인 적용 등의 단점을 갖는 재정지원방법이다.
③ 지역정책 수단은 크게 직접개발방식, 재정지원 및 유인방법, 억제방법, 기타 방식으로 구분할 수 있다.
④ 직접개발방식으로 도로와 같은 사회간접자본의 건설이 중요하나 지역 간 교통개선과 지역 내 교통하부구조의 개선이 지역개발에 미치는 영향은 다르다는 것에 유의해야 한다.
⑤ 재정수입의 지방분여(revenue-sharing), 공공투자 및 정부구매의 지역적 배분, 지역개발기구의 설치 등은 재정지원 및 유인방식에 해당한다.

해설

지역개발기구의 설치는 재정적 지원 방식이 아니다.

정답 ⑤

유제

02 클라센(L. Klaassen)이 주장한 도시화의 단계가 바르게 연결된 것은?

① 집중적 도시화 – 분산적 도시화 – 역도시화
② 분산적 도시화 – 집중적 도시화 – 역도시화
③ 분산적 도시화 – 역도시화 – 집중적 도시화
④ 집중적 도시화 – 역도시화 – 분산적 도시화

정답 ①

유제

03 도시화가 진행되는 단계 중 집적의 불이익이 가장 크게 나타나는 단계는?

① 도시화 단계   ② 교외화 단계
③ 재도시화 단계   ④ 역도시화 단계

해설

역도시화는 집적함으로서 발생하는 불이익이 이익보다 커질 경우 인구의 분산이 이루어지는 단계로 도시환경이 불량해져 인구의 도시탈출현상이 발생하여 도시인구가 감소하는 단계. 적절한 도시재개발을 통해 역도시화를 방지할 수 있다.

정답 ④

유제

04 클라센과 베르그(Klassen &Berg)의 도시권 공간구조 변화단계이론 중, 도시발전의 쇠퇴기로 인구의 분산이 광역화되어 중심부와 교외를 포함한 대도시권 전체의 인구가 감소하는 단계는?

① 도시화   ② 교외화
③ 역도시화   ④ 재도시화

정답 ③

유제

05 Leo Klassen 교수가 제시한 도시화의 3단계로 가장 적당한 것은?

① 협의의 도시화→교외화→역도시화
② 협의의 도시화→광역도시화→역도시화
③ 도시의 발생→협의의 도시화→광역도시화
④ 도시의 발생→협의의 도시화→교외화

정답 ①

유형 03
교통계획의 4단계 수요추정방법

교통계획에서 가장 오래되었고 고전적으로 추정하는 방법으로 통행발생, 통행배분, 교통수단선택, 노선배정의 4단계를 거쳐 추정하는 것을 말한다.

교통수요예측 기법에는 개략적 교통수요추정기법, 순차적 교통수요 모형, 통합모형, 활동기반모형이 있다.

1. 개략적 교통수요 추정기법은 과거추세연장법(회귀분석법), 수요탄력성법(교통수요의 민감도 이용) 등이 있다.
2. 순차적 교통수요 모형에는 4단계 교통수요 모형이 대표적이다. 통행자의 의사결정이 순차적 선택과정을 거쳐 일어난다고 가정하여 교통수요를 예측하는 것이다.
   ⊙ 통행발생(trip generation): 사회경제지표를 이용하여 교통존의 발생량(generation)과 도착량(attraction)을 추정하는 단계이다.
   ⊙ 통행배분(trip distribution): 통행발생량과 도착량을 공간상의 분포에 배분시켜 교통존간 교차통행량을 구축하는 단계이다.
   ⊙ 수단선택(modal split): 교통존간 교차통행량을 이용자가 선택 가능한 교통수단별로 세분화하는 단계이다.
   ⊙ 통행배정(trip assignment): 교통존간 합리적인 경로(resonable path)를 생성하여 통행수단별 통행량을 경로에 배정하는 단계이다.

3. 통합모형
   4단계 수요예측과정을 부분적 또는 전체적으로 통합하여 교통수요를 예측하는 모형이다.

4. 활동기반 모형
   통행기반 4단계 모형의 한계를 극복하기 위해 최근 시도되는 있는 방법이다.
   모형구축에 상당한 수준의 자료와 시간을 필요로 하며 아직까지 모형정산에 대한 정확한 방법론이 제시되지 않은 단점이 있다.

5. 4단계 교통수요모형의 장·단점
   - 장점은 각 단계별로 결과에 대한 검증을 거침으로써 현실의 묘사가 가능하다.
     - 통행패턴의 변화가 일어나지 않는다는 가정을 전제로 한다.
     - 단계별로 적절한 모형의 선택이 가능하다.
   - 단점으로는 과거의 일정한 시점을 기초로 하여 구한 자료를 가지고 모형화하기 때문에 장래를 추정하는데 있어 경직성을 가진다.

- 어느 시점의 자료를 토대로 하여 통행발생, 통행배분, 통행수단, 노선배정의 작업을 별개로 거치게 되므로 4단계를 거치는 동안 계획가나 분석가의 주장이 강하게 스며들 여지가 있다.
- 총체적 자료에 의존하기 때문에 통행자의 총체적, 평균적 특성만 산출될 뿐 행태적 측면을 거의 무시된다.

유제

01 교통계획의 4단계 수요추정방법에 대한 설명으로 옳지 않은 것은?

① 장래 교통량 추정에서 정해진 흐름에 따라 경직된 추정이 이루어진다.
② 개별 교통 Zone의 총체적이고 평균적인 특성만 산출될 수 있다.
③ 교통의 변화를 교통자체의 원인에 한정하여서 파악한다.
④ 계획가나 분석가의 주관이 개입될 여지가 많다.

정답 ③

유제

02 통행발생 및 통행배분단계에서 추정된 존(zone)별 통행유출, 유입량 또는 존간 교차통행량을 통행수단별로 분할하는 과정을 주로 다루는 모형을 무엇이라고 하는가?

① 통합수요모형 (combined demand models)
② 수단분담모형 (modal split models)
③ 통행발생모형 (trip generation models)
④ 경로선택모형 (route choice models)

해설
교통 수단별로 분할하는 과정은 수담분담모형(modal split models)이라고 한다.

정답 ②

유제

03 4단계 교통수요 추정법에 대한 설명으로 옳지 않은 것은?

① 교통수요 추정에서 전통적으로 가장 많이 사용되어온 방법이다.
② 계획가나 분석가의 주관이 개입될 여지가 전혀 없다는 특징이 있다.
③ 분석결과에 대한 적절성을 검증하면서 순서적으로 추정해가는 장점이 있다.
④ 총체적 자료에 의존하기 때문에 통행자의 행태적 측면은 거의 고려하지 않는다.

정답 ②

유제

04 토지이용과 교통간의 상호관계에 대한 설명으로 틀린 것은?

① 토지이용 또는 토지개발은 교통수요를 유발하는 요인이다.
② 통행수요의 발생은 토지이용에 영향을 주며 지가상승의 요인이 된다.
③ 토지이용이 교통에 미치는 영향은 교통수요로 나타나며, 교통이 토지이용에 미치는 영향은 이동성으로 표현된다.
④ 토지이용과 교통은 상호의존적인 순환관계를 가진다.

해설

토지이용과 교통 간의 관계는 상호의존적으로 작용하며, 순환적인 관계이다. 토지이용은 교통수요에 영향을 미치며, 교통이 토지이용에 미치는 영향은 '접근성'의 단위로 나타난다. 토지이용체계는 동태적으로 변화하므로 토지이용과 교통의 관계는 총체적으로 분석하여야 한다.

정답 ③

유제

05 일반적으로 도시교통체계의 3요소로 불리는 것은?

① 교통시설, 교통수단, 교통운영
② 교통수요, 교통수단, 교통시설
③ 교통수단, 교통수요, 교통운영
④ 교통수단, 교통운영, 교통이용

정답 ①

유제

06 다음 중 토지이용과 교통체계 간의 관계에 대한 설명으로 옳지 않은 것은?

① 도시 내에서 토지이용과 교통체계는 상호 밀접하게 작용하는 '체인(chain)'과 같은 관계다.
② 도시개발을 통한 토지이용상태의 변화는 통행을 유발한다.
③ 교통수요의 증가는 토지이용에 영향을 주어 지가상승의 요인이 된다.
④ 교통시설의 확충은 토지이용에 부정적인 외부효과만을 증가시킨다.

해설

○ 토지이용변화와 교통
 1) 토지이용변화
 2) 통행발생 증가
 3) 통행량 증가
 4) 교통시설 확충(도로신설, 도로확충, 버스증차 및 노선신설)
 5) 접근성 향상
 6) 지가 상승
결국, 토지이용과 교통과의 관계는 순환체계를 반복하여 일정 시간이 지난 후 균형 상태에 도달한다.

정답 ④

유제

07 다음 중 교통수요 4단계 추정법의 순서가 옳게 나열된 것은?

┌───┐
│ ㉠ 통행발생(trip generation)   ㉡ 통행배분(trip distribution) │
│ ㉢ 수단선택(modal split)   ㉣ 노선배정(trip assignment) │
└───┘

① ㉠ – ㉢ – ㉣ – ㉡
② ㉠ – ㉢ – ㉡ – ㉣
③ ㉠ – ㉣ – ㉢ – ㉡
④ ㉠ – ㉡ – ㉢ – ㉣

정답 ④

유제

08 다음 중 교통계획의 4단계 수요추정법의 통행분포(trip distribution)단계에서 사용하는 분석모형이 아닌 것은?

① 회귀분석모형　　② 성장인자모형
③ 중력모형　　　　④ 기회모형

해설

통행분포모형은 통행발생 단계에서 구한 각 존(zone)의 통행 유출량과 통해 유입량 간의 일정한 관계를 찾고 이를 토대로 zone – pair(존 쌍) 간의 통행량을 추정하는 작업이다. 통행분포모형의 종류에는 성장인자 모형(Growth Factor Model), 중력모형(Gravity Model), 간섭기회모형 그리고 엔트로피 극대화 모형이 있다. 참고로 통행발생모형의 종류로는 증감율법, 원단위법, 회귀분석법, 카테고리 분석법이 있다.

통행발생 모형의 종류	통행분포 모형의 종류
증감율법	성장인자 모형
원단위법	중력모형
회귀분석법	간섭기회모형
카테고리 분석법	엔트로피 극대화 모형

정답 ①

유제

09 4단계 교통수요 추정법에 해당하지 않는 단계는?

① 통행발생　　② 수단선택
③ 통행배분　　④ 통행평가

정답 ④

유형 04
도시계획 자료 접근방법

조사방법으로는 1차 자료조사와 2차 자료조사로 구분할 수 있다.

1. **1차 자료: 전수자료, 표본자료(사례연구, 확률추출)**
    1) 현지조사: 관찰자료, 실측자료
    2) 면접조사: 개인, 전화, 집단
    3) 설문조사: 개인, 우편, 집단

2. **2차 자료: 공식 및 비공식자료**
    1) 문헌자료, 통계자료: 공식자료, 비공식자료
    2) 지도 분석

유제

01 도시계획에 활용되는 자료원에 대한 접근방법을 직접적·간접적이냐에 따라 1차 자료와 2차 자료로 분류할 때 다음 중 2차 자료에 해당하는 것은?

① 통계조사자료　　　　　　　② 현지조사자료
③ 면접조사자료　　　　　　　④ 설문조사자료

정답 ①

유제

02 도시계획의 자료조사방법에 따른 구분상 다음 중 2차 자료에 해당하는 것은?

① 현지조사　　　　　　　　　② 면접조사
③ 설문조사　　　　　　　　　④ 문헌자료조사

정답 ④

유제

03 도시조사 자료를 자료원에 대한 접근이 직접적 혹은 간접적이냐에 따라 1차 자료와 2차 자료로 구분할 때, 이에 대한 설명으로 틀린 것은?

① 1차 자료는 도시계획의 대상이 되는 단위 지역이나 당해 지역의 주민들로부터 현지조사나 관찰, 면접 등을 통해 직접적으로 도출한 자료이다.
② 2차 자료에 비해 1차 자료는 비교적 적은 노력과 비용으로 계획가가 원하는 정보를 얻을 수 있다.
③ 1차 자료는 계획가가 원하는 현실감 있는 정확한 정보를 제공해 줄 수 있다는 장점이 있다.
④ 도시계획을 위한 도시조사에서는 1차 조사와 2차 조사가 병행하여 이루어지는 것이 일반적이다.

해설

1차 조사(현지, 면접, 설문조사)는 시간과 비용이 많이 소요된다.

정답 ②

유형 05
광장의 종류

법령을 읽고 암기하고 있어야 해결되는 문제이다. 기반시설의 종류와 광장의 종류를 이해하도록 한다.

영 제2조(기반시설) ① 「국토의 계획 및 이용에 관한 법률」(이하 "법"이라 한다) 제2조제6호 각 목 외의 부분에서 "대통령령으로 정하는 시설"이란 다음 각 호의 시설(당해 시설 그 자체의 기능발휘와 이용을 위하여 필요한 부대시설 및 편익시설을 포함한다)을 말한다.
1. 교통시설: 도로·철도·항만·공항·주차장·자동차정류장·궤도·자동차 및 건설기계검사시설
2. 공간시설: 광장·공원·녹지·유원지·공공공지
3. 유통·공급시설: 유통업무설비, 수도·전기·가스·열공급설비, 방송·통신시설, 공동구·시장, 유류저장 및 송유설비
4. 공공·문화체육시설: 학교·공공청사·문화시설·공공필요성이 인정되는 체육시설·연구시설·사회복지시설·공공직업훈련시설·청소년수련시설
5. 방재시설: 하천·유수지·저수지·방화설비·방풍설비·방수설비·사방설비·방조설비
6. 보건위생시설: 장사시설·도축장·종합의료시설
7. 환경기초시설: 하수도·폐기물처리 및 재활용시설·빗물저장 및 이용시설·수질오염방지시설·폐차장

② 제1항에 따른 기반시설중 도로·자동차정류장 및 광장은 다음 각 호와 같이 세분할 수 있다.
1. 도로
   가. 일반도로
   나. 자동차전용도로
   다. 보행자전용도로
   라. 보행자우선도로
   마. 자전거전용도로
   바. 고가도로
   사. 지하도로
2. 자동차정류장
   가. 여객자동차터미널
   나. 화물터미널
   다. 공영차고지
   라. 공동차고지
   마. 화물자동차 휴게소
   바. 복합환승센터
3. 광장
   가. 교통광장
   나. 일반광장

다. 경관광장
라. 지하광장
마. 건축물부설광장
③ 제1항 및 제2항의 규정에 의한 기반시설의 추가적인 세분 및 구체적인 범위는 국토교통부령으로 정한다.

○ 도시·군계획의 결정구조 및 설치기준에 관한 규칙

제50조(광장의 결정기준) 광장은 대중교통, 보행 동선, 인근 주요시설 및 토지이용현황 등을 고려하여 보행자에게 적절한 휴식공간을 제공하고 주변의 가로환경 및 건축계획 등과 연계하여 도시의 경관을 높일 수 있게 결정하여야 하며, 다음 각 호의 결정기준을 따라야 한다.

1. 교통광장
    가. 교차점광장
        (1) 혼잡한 주요도로의 교차지점에서 각종 차량과 보행자를 원활히 소통시키기 위하여 필요한 곳에 설치할 것
        (2) 자동차전용도로의 교차지점인 경우에는 입체교차방식으로 할 것
        (3) 주간선도로의 교차지점인 경우에는 접속도로의 기능에 따라 입체교차방식으로 하거나 교통섬·변속차로 등에 의한 평면교차방식으로 할 것. 다만, 도심부나 지형여건상 광장의 설치가 부적합한 경우에는 그러하지 아니하다.
    나. 역전광장
        (1) 역전에서의 교통혼잡을 방지하고 이용자의 편의를 도모하기 위하여 철도역 앞에 설치할 것
        (2) 철도교통과 도로교통의 효율적인 변환을 가능하게 하기 위하여 도로와의 연결이 쉽도록 할 것
        (3) 대중교통수단 및 주차시설과 원활히 연계되도록 할 것
    다. 주요시설광장
        (1) 항만·공항 등 일반교통의 혼잡요인이 있는 주요시설에 대한 원활한 교통처리를 위하여 당해 시설과 접하는 부분에 설치할 것
        (2) 주요시설의 설치계획에 교통광장의 기능을 갖는 시설계획이 포함된 때에는 그 계획에 의할 것

2. 일반광장(☞ 중심·지·근린·경관·건축물부설광장)
    가. 중심대광장
        (1) 다수인의 집회·행사·사교 등을 위하여 필요한 경우에 설치할 것
        (2) 전체 주민이 쉽게 이용할 수 있도록 교통중심지에 설치할 것
        (3) 일시에 다수인이 집산하는 경우의 교통량을 고려할 것
    나. 근린광장
        (1) 주민의 사교, 오락, 휴식 및 공동체 활성화 등을 위하여 근린주거구역별로 설치할 것
        (2) 시장·학교 등 다수인이 집산하는 시설과 연계되도록 인근의 토지이용현황을 고려할 것
        (3) 시·군 전반에 걸쳐 계통적으로 균형을 이루도록 할 것

3. 경관광장
    가. 주민의 휴식·오락 및 경관·환경의 보전을 위하여 필요한 경우에 하천, 호수, 사적지, 보존가치가 있는 산림이나 역사적·문화적·향토적 의의가 있는 장소에 설치할 것
    나. 경관물에 대한 경관유지에 지장이 없도록 인근의 토지이용현황을 고려할 것
    다. 주민이 쉽게 접근할 수 있도록 하기 위하여 도로와 연결시킬 것

4. 지하광장
    가. 철도의 지하정거장, 지하도 또는 지하상가와 연결하여 교통처리를 원활히 하고 이용자에게 휴식을 제공하기 위하여 필요한 곳에 설치할 것
    나. 광장의 출입구는 쉽게 출입할 수 있도록 도로와 연결시킬 것
5. 건축물부설광장
    가. <u>건축물의 이용효과를 높이기 위하여 건축물의 내부 또는 그 주위</u>에 설치할 것
    나. 건축물과 광장 상호간의 기능이 저해되지 아니하도록 할 것
    다. 일반인이 접근하기 용이한 접근로를 확보할 것

제51조(광장의 구조 및 설치기준) 광장의 구조 및 설치기준은 다음 각 호와 같다.
1. 교차점광장은 자동차의 설계속도에 의한 곡선반경 이상이 되도록 하여 교통처리가 원활히 이루어지도록 할 것
2. 교차점광장에는 횡단보행자의 통행에 지장이 없는 시설을 설치하고, 「도로법」의 규정에 의한 도로부속물을 설치할 수 있도록 할 것
3. 역전광장 및 주요시설광장에는 이용자를 위한 보도·차도·택시정류장·버스정류장·휴식시설 등을 설치하고, 재래시장·문화시설 등 지역별 특색에 맞는 시설과 연계하여 설치하는 것을 고려할 것
4. 중심대광장에는 주민의 집회·행사 또는 휴식을 위한 시설과 보행자의 통행에 지장이 없는 시설을 설치할 것
5. 근린광장에는 주민의 사교·오락·휴식 등을 위한 시설을 설치하여야 하며, 광장의 이용에 지장을 주지 아니하도록 광장 내 또는 광장 인근에 당해 지역을 통과하는 교통량을 처리하기 위한 도로를 배치하지 아니할 것
6. 경관광장에는 주민의 휴식·오락 또는 경관을 위한 시설과 경관물의 보호를 위하여 필요한 시설 및 표지를 설치할 것
7. 지하광장에는 이용자의 휴식을 위한 시설과 광장의 규모에 적정한 출입구를 설치할 것
8. 지하광장은 통풍 및 환기가 원활하도록 할 것
9. 건축물부설광장에는 이용자의 휴식과 관람을 위한 시설을 설치할 수 있으나, 건축물의 이용에 지장이 없도록 할 것
10. 주민의 휴식·오락·경관 등을 목적으로 하는 광장에 포장을 하는 경우에는 주변의 자연환경과 미관을 고려하고, 빗물이 땅에 잘 스며들 수 있는 구조로 하거나 식생도랑, 저류·침투조 등의 빗물관리시설을 설치할 것
11. 주민의 요구에 맞는 형태와 기능을 갖추도록 적절한 시설물을 설치할 것
12. 재해취약지역에 3천제곱미터 이상의 역전광장, 일반광장 및 경관광장을 설치하는 경우에는 광장의 규모 및 목적을 검토하여 지표에 계단형으로 빗물을 저류할 수 있는 공간을 설치하거나 적정한 규모의 지하 저류지를 설치하는 것을 고려할 것
13. 나무나 화초를 심는 경우 그 식재면의 높이를 광장의 바닥 높이보다 낮게 할 것. 다만, 경관, 보행자 안전 및 나무나 화초의 보호 등을 위하여 필요한 경우는 그러하지 아니하다.

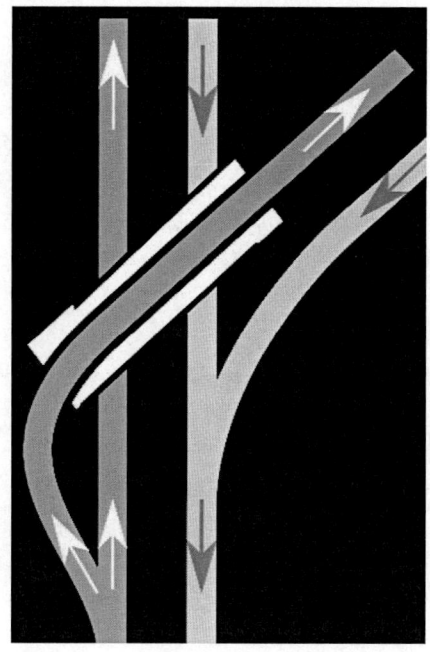

〈참고: 입체교차〉

유제

01 광장의 종류와 설치목적이 옳지 않은 것은?

① 중심대광장: 다수인의 집회, 행사, 사교 등을 위하여 필요한 경우에 설치할 것
② 교차점광장: 혼잡한 주요도로의 교차지점에서 각종 차량을 원활히 소통시키기 위하여 필요한 곳에 설치 할 것
③ 건축물부설광장: 건축물의 이용효과를 높이기 위하여 건축물 내부 또는 그 주위에 설치할 것
④ 지하광장: 교통처리를 원활히 하고 이용자에게 휴식을 제공하기 위하여 필요한 곳에 설치할 것

해설

교차점광장은 혼잡한 주요도로의 교차지점에서 각종 차량과 보행자를 원활히 소통시키기 위하여 필요한 곳에 설치할 것.

정답 ②

유제

02 다음 중 광장의 종류와 설치목적이 바르게 연결된 것은?

① 근린광장: 다수인의 집회·행사·사교활동 공간 조성
② 역전광장: 주민의 휴식·오락 공간 조성 및 경관·환경의 보전
③ 교차점광장: 혼잡한 주요 도로의 교차지점에서 차량과 보행자의 원활한 소통 도모
④ 중심대광장: 교통이 혼잡한 주요시설에 대한 원활한 교통처리

해설

아래는 연결이 맞게 풀이를 하였다. 키워드 중심으로 공부해야 한다.
① 중심대광장: 다수인의 집회·행사·사교활동 공간 조성
② 경관광장: 주민의 휴식·오락 공간 조성 및 경관 환경의 보전
③ 교차점광장: 혼잡한 주요 도로의 교차지점에서 차량과 보행자의 원활한 소통 도모
④ 주요시설광장: 교통이 혼잡한 주요시설에 대한 원활한 교통처리

정답 ③

유제

03 기반시설로서 광장의 구분에 해당하지 않는 것은?

① 공중광장　　　　　　　　② 일반광장
③ 경관광장　　　　　　　　④ 건축물부설광장

해설

기반시설로서 광장인지, 도시·군계획의 결정구조 및 설치기준에 관한
규칙을 묻는지를 잘 파악해야 한다.
기반시설로서 광장은 5가지로 교통, 경관, 일반, 지하, 건축물부설광장이다.

정답 ①

유제

04 광장의 종류와 설치 목적이 바르게 연결된 것은?

① 근린광장 – 교통이 혼잡한 주요시설에 대한 원활한 교통처리
② 역전광장 – 주민의 휴식·오락 공간 조성 및 경관·환경의 보전
③ 중심대광장 – 다수인의 집회·행사·사교 등을 위해 필요한 경우 교통중심지에 설치
④ 건축물부설광장 – 혼잡한 주요 도로의 교차지점에서 차량과 보행자의 원활한 소통 도모

정답 ③

유제

05 다음 중 유통 및 공급시설이 아닌 것은?

① 상수도　　　　　　　　② 하수도
③ 공동구　　　　　　　　④ 방송·통신시설

정답 ②

유제

06 다음 중 도시계획사업을 통하여 설치하게 되는 도시계획 시설이 아닌 것은?

① 근린생활시설　　　　　② 교통시설
③ 보건위생시설　　　　　④ 방재시설

정답 ①

유제

07 시민의 오락, 휴식, 경관과 보전을 위하여 필요한 때 하천이나 호수, 사적지, 보호수림 또는 역사적, 문화적, 향토적 의의가 있는 장소에 설치하는 광장의 종류는?

① 주요시설광장　　　　　② 근린광장
③ 경관광장　　　　　　　④ 중심대광장

정답 ③

유제

08 다음 중 도시 공공시설에 해당되지 않는 것은?

① 구거　　　　　　　　　② 방음시설
③ 사방설비　　　　　　　④ 행정청이 설치한 저수지

해설

공공시설 또는 기반시설 ⊃ 도시계획시설

정답 ②

유형 06
도시공원 및 녹지에 관한 법률(도시공원과 녹지)

◎ 도시공원과 녹지에 관한 분류를 잘 기억해야 한다.

■ 도시공원 및 녹지 등에 관한 법률 시행규칙 [별표 3]

도시공원의 설치 및 규모의 기준(제6조 관련)

공원구분	설치기준	유치거리	규모
1. 생활권 공원			
가. 소공원	제한 없음	제한 없음	제한 없음
나. 어린이공원	제한 없음	250미터 이하	1천5백제곱미터 이상
다. 근린공원			
(1) 근린생활권 근린공원(주로 인근에 거주하는 자의 이용에 제공할 것을 목적으로 하는 근린공원)	제한 없음	500미터 이하	1만제곱미터 이상
(2) 도보권 근린공원(주로 도보권 안에 거주하는 자의 이용에 제공할 것을 목적으로 하는 근린공원)	제한 없음	1천미터 이하	3만제곱미터 이상
(3) 도시지역권 근린공원(도시지역 안에 거주하는 전체 주민의 종합적인 이용에 제공할 것을 목적으로 하는 근린공원)	해당도시공원의 기능을 충분히 발휘할 수 있는 장소에 설치	제한 없음	10만제곱미터 이상
(4) 광역권 근린공원(하나의 도시지역을 초과하는 광역적인 이용에 제공할 것을 목적으로 하는 근린공원)	해당도시공원의 기능을 충분히 발휘할 수 있는 장소에 설치	제한 없음	100만제곱미터 이상
2. 주제공원			
가. 역사공원	제한 없음	제한 없음	제한 없음
나. 문화공원	제한 없음	제한 없음	제한 없음
다. 수변공원	하천·호수 등의 수변과 접하고 있어 친수공간을 조성할 수 있는 곳에 설치	제한 없음	제한 없음
라. 묘지공원	정숙한 장소로 장래 시가화가 예상되지 아니하는 자연녹지지역에 설치	제한 없음	10만제곱미터 이상

공원구분	설치기준	유치거리	규모
마. 체육공원	해당도시공원의 기능을 충분히 발휘할 수 있는 장소에 설치	제한 없음	1만제곱미터 이상
바. 도시농업공원	제한 없음	제한 없음	1만제곱미터 이상
사. 법 제15조제1항제3호사목에 따른 공원	제한 없음	제한 없음	제한 없음

제35조(녹지의 세분) 녹지는 그 기능에 따라 다음 각 호와 같이 세분한다.
1. 완충녹지: 대기오염, 소음, 진동, 악취, 그밖에 이에 준하는 공해와 각종 사고나 자연재해, 그밖에 이에 준하는 재해 등의 방지를 위하여 설치하는 녹지
2. 경관녹지: 도시의 자연적 환경을 보전하거나 이를 개선하고 이미 자연이 훼손된 지역을 복원·개선함으로써 도시경관을 향상시키기 위하여 설치하는 녹지
3. 연결녹지: 도시 안의 공원, 하천, 산지 등을 유기적으로 연결하고 도시민에게 산책공간의 역할을 하는 등 여가·휴식을 제공하는 선형(線型)의 녹지

〈연습〉
■ 도시공원 및 녹지 등에 관한 법률 시행규칙 [별표 3]

도시공원의 설치 및 규모의 기준(제6조 관련)

공원구분	설치기준	유치거리	규모
1. 생활권 공원			
가. 소공원	제한 없음	제한 없음	제한 없음
나. 어린이공원	제한 없음	( )	( )
다. 근린공원			
(1) 근린생활권 근린공원(주로 인근에 거주하는 자의 이용에 제공할 것을 목적으로 하는 근린공원)	제한 없음	( )	( )
(2) 도보권 근린공원(주로 도보권 안에 거주하는 자의 이용에 제공할 것을 목적으로 하는 근린공원)	제한 없음	( )	3만제곱미터 이상
(3) 도시지역권 근린공원(도시지역 안에 거주하는 전체 주민의 종합적인 이용에 제공할 것을 목적으로 하는 근린공원)	해당도시공원의 기능을 충분히 발휘할 수 있는 장소에 설치	제한 없음	10만제곱미터 이상
(4) 광역권 근린공원(하나의 도시지역을 초과하는 광역적인 이용에 제공할 것을 목적으로 하는 근린공원)	해당도시공원의 기능을 충분히 발휘할 수 있는 장소에 설치	제한 없음	( )

공원구분	설치기준	유치거리	규모
2. 주제공원			
가. 역사공원	제한 없음	제한 없음	제한 없음
나. 문화공원	제한 없음	제한 없음	제한 없음
다. 수변공원	하천·호수 등의 수변과 접하고 있어 친수공간을 조성할 수 있는 곳에 설치	제한 없음	제한 없음
라. 묘지공원	정숙한 장소로 장래 시가화가 예상되지 아니하는 자연녹지지역에 설치	제한 없음	( )
마. 체육공원	해당도시공원의 기능을 충분히 발휘할 수 있는 장소에 설치	제한 없음	( )
바. 도시농업공원	제한 없음	제한 없음	( )
사. 법 제15조제1항제3호사목에 따른 공원	제한 없음	제한 없음	제한 없음

유제

01 도시공원 및 녹지 등에 관한 법령상 근린공원의 구분에 따른 유치거리 및 규모의 기준으로 옳지 않은 것은?

공원구분	유치거리	규모
① 근린생활권 근린공원	500미터 이하	1만제곱미터 이상
② 도보권 근린공원	1천미터 이하	5만제곱미터 이상
③ 도시지역권 근린공원	제한 없음	10만제곱미터 이상
④ 광역권 근린공원	제한 없음	100만제곱미터 이상

정답 ②

유제

02 도시공원 및 녹지 등에 관한 법령상 근린공원의 구분에 따른 유치거리 및 규모의 기준에서 유치거리에 관한 제한 규정이 없는 것은?

① 어린이 공원 ② 근린공원
③ 도보권 근린공원 ④ 도시지역권 근린공원

정답 ④

유제

03 도시공원 및 녹지 등에 관한 법령상 근린공원의 구분에 따른 유치거리 및 규모의 기준에서 규모기준이 다른 하나는?

① 근린생활권 근린공원
② 도보권 근린공원
③ 체육공원
④ 도시농업공원

해설

○ 도시공원 및 녹지 등에 관한 법률상 도시공원의 분류

제15조(도시공원의 세분 및 규모) ① 도시공원은 그 기능 및 주제에 따라 다음 각 호와 같이 세분한다.
1. 국가도시공원: 제19조에 따라 설치·관리하는 도시공원 중 국가가 지정하는 공원
2. 생활권공원: 도시생활권의 기반이 되는 공원의 성격으로 설치·관리하는 공원으로서 다음 각 목의 공원
   가. 소공원: 소규모 토지를 이용하여 도시민의 휴식 및 정서 함양을 도모하기 위하여 설치하는 공원
   나. 어린이공원: 어린이의 보건 및 정서생활의 향상에 이바지하기 위하여 설치하는 공원
   다. 근린공원: 근린거주자 또는 근린생활권으로 구성된 지역생활권 거주자의 보건·휴양 및 정서생활의 향상에 이바지하기 위하여 설치하는 공원
3. 주제공원: 생활권공원 외에 다양한 목적으로 설치하는 다음 각 목의 공원
   가. 역사공원: 도시의 역사적 장소나 시설물, 유적·유물 등을 활용하여 도시민의 휴식·교육을 목적으로 설치하는 공원
   나. 문화공원: 도시의 각종 문화적 특징을 활용하여 도시민의 휴식·교육을 목적으로 설치하는 공원
   다. 수변공원: 도시의 하천가·호숫가 등 수변공간을 활용하여 도시민의 여가·휴식을 목적으로 설치하는 공원
   라. 묘지공원: 묘지 이용자에게 휴식 등을 제공하기 위하여 일정한 구역에 「장사 등에 관한 법률」 제2조제7호에 따른 묘지와 공원시설을 혼합하여 설치하는 공원
   마. 체육공원: 주로 운동경기나 야외활동 등 체육활동을 통하여 건전한 신체와 정신을 배양함을 목적으로 설치하는 공원
   바. 도시농업공원: 도시민의 정서순화 및 공동체의식 함양을 위하여 도시농업을 주된 목적으로 설치하는 공원
   사. 방재공원: 지진 등 재난발생 시 도시민 대피 및 구호 거점으로 활용될 수 있도록 설치하는 공원
   아. 그 밖에 특별시·광역시·특별자치시·도·특별자치도(이하 "시·도"라 한다) 또는 「지방자치법」 제175조에 따른 서울특별시·광역시 및 특별자치시를 제외한 인구 50만 이상 대도시의 조례로 정하는 공원
② 제1항 각 호의 공원이 갖추어야 하는 규모는 국토교통부령으로 정한다.

정답 ②

유제

04 공원 및 녹지계획에 관한 설명 중에서 옳은 것은?

① 공원녹지기본계획의 대상으로 공원, 도로, 하천 등 공공시설뿐만 아니라 폭넓게 산림, 농지, 학교, 주택지, 공장 등 자연환경을 형성하고 있는 녹지를 포함한다.
② 공원 오픈스페이스의 개방감을 주기 위하여 위요형(Encirrclement)계획기법이나 풍경화풍(Picturesque)기법을 활용한다.
③ 도시공원 중 생활권공원은 소공원, 근린공원, 수변공원으로 세분한다.
④ 녹지의 종류에는 완충녹지, 경관녹지, 시설녹지가 있다.

해설

녹지는 완충녹지, 경관녹지, 연결녹지가 있다. 수변공원은 주제공원이고 어린이 공원이 생활권 공원이다. 위요형은 개방적이 아니라 폐쇄형 공간이다.

정답 ①

유제

05 「도시공원 및 녹지 등에 관한 법률」상 도시공원에 대한 설명으로 가장 옳은 것은?

① 소공원의 규모는 1,500㎡ 이상 계획되어야 한다.
② 근린공원의 최소 규모는 1만㎡이다.
③ 묘지공원은 주제공원의 하나로 규모의 제한이 없다.
④ 문화공원은 도시의 유적·유물 등을 활용하여 도시민의 휴식·교육을 목적으로 설치하는 공원이다.

정답 ②

유제

06 도시공원에 대한 설명으로 옳은 것은?

① 근린공원은 규모에 따라 근린생활권, 도보권, 도시지역권, 광역권으로 구분할 수 있다.
② 체육공원은 어린이의 보건 및 정서생활의 향상에 기여하기 위하여 설치하는 공원이다.
③ 소공원은 하천 및 호수 등의 수변과 접하고 있어 친수공간을 조성할 수 있는 곳에 주로 설치한다.
④ 주제공원의 종류로 역사공원, 문화공원, 수변공원, 묘지공원, 체육공원, 국가도시공원 등이 있다.

정답 ①

유제

07 공원 및 녹지에 관한 설명으로 옳은 것은?

① 수변공원은 3만m^2 이상 규모에서 지정이 가능하다.
② 옥지의 종류는 완충녹지, 경관녹지, 시설녹지로 구분된다.
③ 도시공원 및 녹지 등에 관한 법률에 의해 도시·군관리계획으로 결정된다.
④ 녹지는 자연환경을 보전하거나 개선하고, 공해나 재해를 방지함으로써 도시경관의 향상을 도모하기 위한 것이다.

정답 ④

유제

08 도시공원 및 녹지 등에 관한 법률상 주제공원에 해당되지 않는 것은?

① 어린이공원
② 묘지공원
③ 문화공원
④ 수변공원

해설

생활권공원과 주제공원의 분류를 알아야 한다.

정답 ①

유형 07
도로의 구분

◉ 도시·군 계획시설의 결정·구조 및 설치기준에 관한 규칙을 참조한다.

제9조(도로의 구분) 도로는 다음 각 호와 같이 구분한다.
1. 사용 및 형태별 구분
   가. 일반도로: 폭 4미터 이상의 도로로서 통상의 교통소통을 위하여 설치되는 도로
   나. 자동차전용도로: 특별시·광역시·특별자치시·시 또는 군(이하 "시·군"이라 한다)내 주요지역간이나 시·군 상호간에 발생하는 대량교통량을 처리하기 위한 도로로서 자동차만 통행할 수 있도록 하기 위하여 설치하는 도로
   다. 보행자전용도로: 폭 1.5미터 이상의 도로로서 보행자의 안전하고 편리한 통행을 위하여 설치하는 도로
   라. 보행자우선도로: 폭 10미터 미만의 도로로서 보행자와 차량이 혼합하여 이용하되 보행자의 안전과 편의를 우선적으로 고려하여 설치하는 도로
   마. 자전거전용도로: 하나의 차로를 기준으로 폭 1.5미터(지역 상황 등에 따라 부득이하다고 인정되는 경우에는 1.2미터) 이상의 도로로서 자전거의 통행을 위하여 설치하는 도로
   바. 고가도로: 시·군내 주요지역을 연결하거나 시·군 상호간을 연결하는 도로로서 지상교통의 원활한 소통을 위하여 공중에 설치하는 도로
   사. 지하도로: 시·군내 주요지역을 연결하거나 시·군 상호간을 연결하는 도로로서 지상교통의 원활한 소통을 위하여 지하에 설치하는 도로(도로·광장 등의 지하에 설치된 지하공공보도시설을 포함한다). 다만, 입체교차를 목적으로 지하에 도로를 설치하는 경우를 제외한다.
2. 규모별 구분
   가. 광로
      (1) 1류: 폭 70미터 이상인 도로
      (2) 2류: 폭 50미터 이상 70미터 미만인 도로
      (3) 3류: 폭 40미터 이상 50미터 미만인 도로
   나. 대로
      (1) 1류: 폭 35미터 이상 40미터 미만인 도로
      (2) 2류: 폭 30미터 이상 35미터 미만인 도로
      (3) 3류: 폭 25미터 이상 30미터 미만인 도로
   다. 중로
      (1) 1류: 폭 20미터 이상 25미터 미만인 도로
      (2) 2류: 폭 15미터 이상 20미터 미만인 도로
      (3) 3류: 폭 12미터 이상 15미터 미만인 도로
   라. 소로
      (1) 1류: 폭 10미터 이상 12미터 미만인 도로

　　　　(2) 2류: 폭 8미터 이상 10미터 미만인 도로
　　　　(3) 3류: 폭 8미터 미만인 도로
　3. 기능별 구분
　　　가. 주간선도로: 시·군내 주요지역을 연결하거나 시·군 상호간을 연결하여 대량통과교통을 처리하는 도로로서 시·군의 골격을 형성하는 도로
　　　나. 보조간선도로: 주간선도로를 집산도로 또는 주요 교통발생원과 연결하여 시·군 교통의 집산기능을 하는 도로로서 근린주거구역의 외곽을 형성하는 도로
　　　다. 집산도로(集散道路): 근린주거구역의 교통을 보조간선도로에 연결하여 근린주거구역 내 교통의 집산기능을 하는 도로로서 근린주거구역의 내부를 구획하는 도로
　　　라. 국지도로: 가구(街區: 도로로 둘러싸인 일단의 지역을 말한다. 이하 같다)를 구획하는 도로
　　　마. 특수도로: 보행자전용도로·자전거전용도로 등 자동차 외의 교통에 전용되는 도로

제10조(도로의 일반적 결정기준) 도로의 일반적 결정기준은 다음 각 호와 같다.
　1. 도로의 효용을 높이기 위하여 당해 도로가 교통의 소통에 미치는 영향이 최대화 되도록 할 것
　2. 도로의 종류별로 일관성 있게 계통화된 도로망이 형성되도록 하고, 광역교통망과의 연계를 고려할 것
　3. 도로의 배치간격은 다음 각목의 기준에 의하되, 시·군의 규모, 지형조건, 토지이용계획, 인구밀도 등을 감안할 것
　　　가. 주간선도로와 주간선도로의 배치간격: 1천미터 내외
　　　나. 주간선도로와 보조간선도로의 배치간격: 500미터 내외
　　　다. 보조간선도로와 집산도로의 배치간격: 250미터 내외
　　　라. 국지도로간의 배치간격: 가구의 짧은변 사이의 배치간격은 90미터 내지 150미터 내외, 가구의 긴변 사이의 배치간격은 25미터 내지 60미터 내외
　4. 국도대체우회도로 및 자동차전용도로에는 집산도로 또는 국지도로가 직접 연결되지 아니하도록 할 것
　5. 도로의 폭은 당해 시·군의 인구 및 발전전망을 감안한 교통수단별 교통량분담계획, 당해 도로의 기능과 인근의 토지이용계획에 의하여 정할 것
　6. 차로의 폭은 「도로의 구조·시설기준에 관한 규칙」 제10조의 규정에 의할 것
　7. 보도, 자전거도로, 분리대, 주·정차대, 안전지대, 식수대 및 노상공작물 등 필요한 시설의 설치가 가능한 폭을 확보할 것
　8. 연석, 장애물 및 차선 등을 설치하여 차로, 보도 및 자전거도로 등으로 공간을 구획하는 경우에는 특정 교통수단 또는 이용주체에게 불리하지 아니하도록 공간 배분의 형평성을 고려할 것
　9. 도로의 선형은 근린주거구역, 지역 공동체, 도로의 설계속도, 지형·지물, 경제성, 안전성, 향후의 유지·관리 등을 고려하여 정할 것
　10. 도로가 전력·전화선 등을 가설하거나 변압기탑·개폐기탑 등 지상시설물이나 상하수도·공동구 등 지하시설물을 설치할 수 있는 기반이 되도록 할 것
　11. 기존 도로를 확장하는 경우에는 원칙적으로 한쪽 방향으로 확장하도록 하고, 도로의 선형, 보상비, 공사의 난이도, 공사비, 주변토지의 이용효율, 다른 공공시설과의 관계 등을 종합적으로 고려하며, 도로부지에 국·공유지가 우선적으로 편입되도록 할 것
　12. 일반도로, 보행자전용도로 및 보행자우선도로의 경우에는 장애인·노인·임산부·어린이 등의 이용을 고려할 것
　13. 보전녹지지역·생산녹지지역·보전관리지역·생산관리지역·농림지역 및 자연환경보전지역에는 원칙적으로 다음 각 목의 도로에 한정하여 설치하여야 한다.
　　　가. 당해 지역을 통과하는 교통량을 처리하기 위한 도로

나. 도시·군계획시설에의 진입도로
다. 도시·군계획사업 및 다른 법령에 의한 대규모 개발사업이 시행되는 구역과 연결되는 도로
라. 지구단위계획구역에 설치하는 도로 및 지구단위계획구역과 연결되는 도로
마. 기존 취락에 설치하는 도로 및 기존 취락과 연결되는 도로
14. 개발이 되지 아니한 주거지역·상업지역 및 공업지역에는 지역개발에 필요한 주간선도로 및 보조간선도로에 한하여 설치하고, 주간선도로 및 보조간선도로외의 도로는 지구단위계획을 수립한 후 이에 의하여 설치할 것

제11조(용도지역별 도로율) ① 용도지역별 도로율은 다음 각 호의 구분에 따르며, 「도시교통정비 촉진법」 제15조에 따른 교통영향평가, 건축물의 용도·밀도, 주택의 형태 및 지역여건에 따라 적절히 증감할 수 있다.
1. 주거지역: 15퍼센트 이상 30퍼센트 미만. 이 경우 간선도로(주간선도로와 보조간선도로를 말한다. 이하 같다)의 도로율은 8퍼센트 이상 15퍼센트 미만이어야 한다.
2. 상업지역: 25퍼센트 이상 35퍼센트 미만. 이 경우 간선도로의 도로율은 10퍼센트 이상 15퍼센트 미만이어야 한다.
3. 공업지역: 8퍼센트 이상 20퍼센트 미만. 이 경우 간선도로의 도로율은 4퍼센트 이상 10퍼센트 미만이어야 한다.

■ 가로의 배치간격

구 분	배 치 간 격
• 주간선도로와 주간선도로간	1,000m내외
• 보조간선간도로 또는 주간선도로와 보조간선도로간	500m내외
• 주간선도로 또는 보조간선도로와 집산도로간, 집산도로 상호간	250m내외
• 국지도로	장축: 90~150m내외 단축: 25~60m내외

유제

01 다음 중 기능별 구분에 따른 도로의 유형으로 옳지 않은 것은?

① 혼용도로　　　　　　② 특수도로
③ 집산도로　　　　　　④ 보조간선도로

정답 ①

유제

02 다음 중 도로의 기능별 구분에 따른 설명으로 옳지 않은 것은?

① 주간선도로: 시·군 상호간을 연결하여 대량 통과교통을 처리하는 도로로서 시·군의 골격을 형성하는 도로
② 보조간선도로: 시·군 교통의 집산기능을 하는 도로로서 근린주거구역의 외곽을 형성하는 도로
③ 국지도로: 근린주거구역 내 교통의 집산기능을 하는 도로로서 근린주거구역 내부를 구획하는 도로
④ 특수도로: 보행자전용도로·자전거전용도로 등 자동차 외의 교통에 전용되는 도로

| 해설 |

③ 집산도로

정답 ③

유제

03 집산도로의 기능에 대한 설명으로 옳은 것은?

① 가구를 구획하고 택지로의 접근성을 높이는 것을 목적으로 한다.
② 근린주거구역의 교통을 보조간선도로에 연결하여 근린 주거구역 내 교통의 집산기능을 한다.
③ 도시 내 주요 지역을 연결하거나 시·군의 골격을 형성한다.
④ 대량 통과교통의 처리를 목적으로 하여 도시 내의 골격을 형성한다.

정답 ②

유제

04 다음 중 도로의 기능별 구분에 따른 설명으로 옳지 않은 것은?

① 주간선도로: 시·군 상호간을 연결하여 대향 통과교통을 처리하는 도로로서 시·군의 골격을 형성하는 도로
② 보조간선도로: 시·군 교통의 집산기능을 하는 도로로서 근린주거구역의 외곽을 형성하는 도로
③ 국지도로: 근린주거구역 내 교통의 집산기능을 하는 도로로서 근린주거구역 내부를 구획하는 도로
④ 특수도로: 보행자전용도로·자전거전용도로 등 자동차외의 교통에 전용되는 도로

| 해설 |

③ 집산도로

정답 ③

유제

05 다음 중 도로의 배치간격 기준을 옳게 나열한 것은?

> ㉠ 주간선도로와 보조간선도로
> ㉡ 보조간선도로와 집산도로

① ㉠: 250m 내외,　㉡: 500m 내외
② ㉠: 500m 내외,　㉡: 250m 내외
③ ㉠: 500m 내외,　㉡: 1km 내외
④ ㉠: 1km 내외,　㉡: 500m 내외

정답 ②

유제

06 도로의 구분 중 기능별 구분에 해당되지 않는 것은?

① 주간선도로　　　　② 국지도로
③ 고속도로　　　　　④ 특수도로

정답 ③

유제

07 도시·군계획시설의 도로를 구분하는 기준이 아닌 것은?

① 규모　　　　② 기능
③ 등급　　　　④ 사용 및 형태

정답 ③

유제

08 교통존(Traffic Zone)의 설정 기준으로 옳지 않은 것은?

① 동질적인 토지 이용이 포함되도록 한다.
② 행정구역과 가급적 일치시킨다.
③ 간선도로는 존 경계와 일치시킨다.
④ 가능한 다양한 통행 특성을 가진 지역이 포함되도록 한다.

정답 ④

> ○ 읽기자료: 교통존(Traffic Zone)의 설정 기준
>
> 교통존(Traffic Analysis Zone)의 설정은 도시교통계획을 위한 조사 및 분석에서 가장 기초가 되는 작업으로 사회·경제적 특성 및 교통여건을 파악하고 이를 기본으로 토지이용의 성격과 도로망, 행정구역, 지형여건, 인구수 등을 고려하여 구분하는 것을 원칙으로 한다.
> 교통존은 자료수집의 용이성과 분석의 편의성을 위하여 다음의 기준에 의하여 설정할 수 있다.
> ㉠ 각 교통존은 가급적 동질적인 토지이용이 포함되도록 함
> ㉡ 교통존 내의 고유특성이 가급적 동일하도록 설정함
> ㉢ 행정구역과 가급적 일치시킴
> ㉣ 간선도로가 가급적 교통존 경계선과 일치하도록 함
> ㉤ 교통존 내의 통행량은 가급적 최소화 함

유제

09 다음 중 도로에 대한 설명으로 가장 거리가 먼 것은?

① 도시계획시설로서의 도로는 폭원 4m 이상으로서 일반의 교통에 공용되는 도로를 말한다.
② 보행자전용도로는 폭원 1.5m 이상이어야 한다.
③ 자전거전용도로는 폭원 1.2m 이상이어야 한다.
④ 주간선도로간의 간격은 1,000m 내외이어야 한다.

정답 ③

유제

10 다음 중 교통존(traffic zone)의 설정원칙으로 가장 거리가 먼 것은?

① 가급적 동질적 토지이용 포함
② 가급적 행정구역과 일치
③ 가급적 간선도로를 존 경계선에 일치
④ 존 내 통행량을 최대화되게 구획

정답 ④

> 유제

11 교통시설 중 일반도로의 주요 결정기준으로 틀린 것은?

① 국도 대체 우회도로 및 자동차전용도로에는 집산도로 또는 국지도로가 직접 연결되도록 한다.
② 도로의 폭은 당해 시·군의 인구 및 발전전망을 고려하여 교통수단별 교통량 분담계획, 당해 도로의 기능과 인근의 토지이용계획에 의하여 정한다.
③ 도로가 전력·전화선 등을 가설하거나 변압기탑·개폐기탑 등 지상시설물이나 상하수도·공동구 등 지하 시설물을 설치할 수 있는 기반이 되도록 한다.
④ 도로의 효용을 높이기 위하여 당해 도로가 교통의 소통에 미치는 영향이 최대화가 되도록 한다.

> 해설

국도대체우회도로 및 자동차전용도로에는 집산도로 또는 국지도로가 직접 연결되지 아니하도록 할 것.

정답 ①

> 유제

12 다음 기반시설 중 도시관리계획으로 시설의 종류·명칭·규모 등을 미리 결정하지 않아도 되는 것은? (단, 도시지역 또는 지구단위계획구역에서 설치하는 경우임)

① 도로
② 광장
③ 공공공지
④ 공원

> 해설

국토의 계획 및 이용에 관한 법률 참조

제43조(도시계획시설의 설치·관리) ① 지상·수상·공중·수중 또는 지하에 기반시설을 설치하려면 그 시설의 종류·명칭·위치·규모 등을 미리 도시관리계획으로 결정하여야 한다. 다만, 용도지역·기반시설의 특성 등을 고려하여 대통령령으로 정하는 경우에는 그러하지 아니하다.

영 제35조(도시·군계획시설의 설치·관리) ① 법 제43조제1항 단서에서 "대통령령으로 정하는 경우"란 다음 각 호의 경우를 말한다. ★
  1. 도시지역 또는 지구단위계획구역에서 다음 각 목의 기반시설을 설치하고자 하는 경우
    가. 주차장, 차량 검사 및 면허시설, 공공공지, 열공급설비, 방송·통신시설, 시장·공공청사·문화시설·공공필요성이 인정되는 체육시설·연구시설·사회복지시설·공공직업 훈련시설·청소년수련시설·저수지·방화설비·방풍설비·방수설비·사방설비·방조설비·장사시설·종합의료시설·빗물저장 및 이용시설·폐차장
    나. 「도시공원 및 녹지 등에 관한 법률」의 규정에 의하여 점용허가대상이 되는 공원안의 기반시설

다. 그밖에 국토교통부령으로 정하는 시설
2. 도시지역 및 지구단위계획구역외의 지역에서 다음 각목의 기반시설을 설치하고자 하는 경우
  가. 제1호 가목 및 나목의 기반시설
  나. 궤도 및 전기공급설비
  다. 그밖에 국토교통부령이 정하는 시설
② 법 제43조제3항의 규정에 의하여 국가가 관리하는 도시·군계획시설은 「국유재산법」 제2조제11호에 따른 중앙관서의 장이 관리한다.

② 도시계획시설의 결정·구조 및 설치의 기준 등에 관하여 필요한 사항은 국토해양부령으로 정한다. 다만, 다른 법률에 특별한 규정이 있는 경우에는 그 법률에 따른다.
③ 제1항에 따라 설치한 도시계획시설의 관리에 관하여 이 법 또는 다른 법률에 특별한 규정이 있는 경우 외에는 국가가 관리하는 경우에는 대통령령으로, 지방자치단체가 관리하는 경우에는 그 지방자치단체의 조례로 도시계획시설의 관리에 관한 사항을 정한다.

정답 ③

유제

13 도로의 구분 중 기능별 구분에 해당되지 않는 것은?

① 주간선도로 ② 국지도로
③ 고속도로 ④ 특수도로

정답 ③

유제

14 다음 도시기반시설 중 도시계획시설결정을 통한 도시계획으로써만 설치가 가능한 시설로 적당한 것은? *

① 차량 검사 및 면허시설 ② 저수지
③ 시장 ④ 공동묘지

정답 ④

유형 08

가로망 구성 형태와 특징

구분	특 징
격자형	• 지형이 평탄한 도시 • 현대의 신도시 계획 • 상업 업무지구에서 적절
대각선 삽입 격자형 (사선형)	• 격자형 도로에 사선을 부가한 것 • 교통 동선의 단축을 목적으로 함
방사형 (집중형)	• 중세도시의 중세광장 • 독일의 프랑크푸르트
방사환상형	• 대도시에 적합 • 미관상 훌륭한 우회도로가 계획통과교통에 유리하다. • 프랑스의 파리, 서울, 러시아의 모스크바
선형(사다리꼴)	• 도시발전이 횡적으로 가능 • 중세규모 도시
혼합형	두 가진 이상 혼합된 형으로 도심부는 격자형 도시, 외곽부는 방사환상형이 일반적이다.

유제

01 가로망 구성 형태화 특징에 관한 설명으로 옳지 않은 것은?

① 격자형은 지형이 평탄한 도시에 적합하나 도로의 다양성이 결여된다.
② 방사형은 중심지를 기점으로 주요간선도로에 따라 도시개발 축을 형성한다.
③ 방사환상형은 규모가 작은 소도시에 적합하며 도심부의 교통집중이 가장 두드러진다.
④ 혼합형은 두 가진 이상 혼합된 형으로 도심부는 격자형 도시, 외곽부는 방사환상형이 일반적이다.

> **해설**

방사환상형은 대도시에 적합하다.

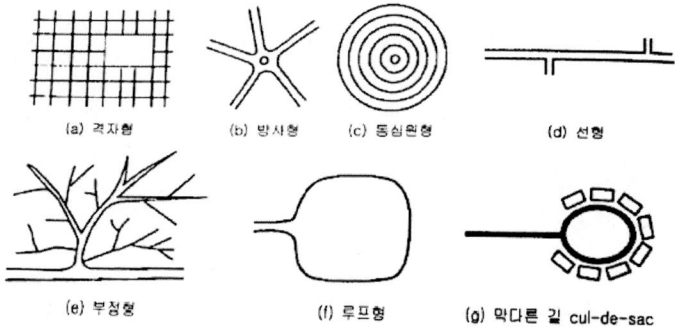

정답 ③

> **유제**

02 도로망은 도시의 기능을 수행하기 위한 기본적인 시설로서 지형조건과 도시(시가지)의 형태 등에 따라 패턴이 달라진다. 다음 도로망에 대한 설명 중 틀린 것은?

① 격자형은 지형이 평탄한 도시에 적합하며 고대 및 중세 봉건 도시에서 흔히 볼 수 있다. 대표적인 도시로는 뉴욕과 필라델피아를 들 수 있다.
② 방사형은 중심지를 기점으로 주요간선로를 따라 도시개발축이 형성된다.
③ 방사환상형은 횡적인 연결은 환상선으로, 도심부와 교외 및 외곽은 방사선으로 연결하는 형태로, 도쿄와 파리가 대표도시이다.
④ 혼합형은 두 가지 이상 혼합된 형으로, 도심부는 방사환상형이고 교외부는 격자형이 대부분이다.

정답 ④

> 유제

03 다음 중 방사환상형 도로망 형태에 대한 설명으로 틀린 것은?

① 인구 10만 이상의 신도시 계획에 적합
② 횡적인 연결은 환상선 연결
③ 도심부와 교외 및 외곽은 방사선으로 연결
④ 도쿄, 파리가 대표적인 방사환상형 도시

> 해설

신도시는 격자형이고 대도시는 방사환상형이다.

정답 ①

> 유제

04 도로망의 구성형태별 특징이 잘못 연결된 것은?

① 격자형: 도심의 기념비적인 건물을 중심으로 주변과 연결한다.
② 방사형: 교통량이 도심으로 집중하는 경향이 있다.
③ 대각선 삽입형: 격자형과 교차하므로 토지이용상 비효율적이다.
④ 방사환상형: 인구 100만 이상의 대도시 계획에 적합하다.

> 해설

도심의 기념비적인 건물을 중심으로 한 도로망은 방사형 또는 방사환상형이다.

정답 ①

> 유제

05 인구 100만 이상 대도시계획에 적합하며, 횡적인 연결은 환상선으로, 도심부와 교외 및 외곽은 방사선으로 연결한 형태로 대표적인 도시로 도쿄, 파리, 모스크바가 해당되는 도로망 형태는?

① 격자형
② 방사형
③ 방사환상형
④ 대각선 삽입형

정답 ③

유제

06 고대 도시 및 도시 계획적 특성이 틀린 것은?

① 동양의 고대도시 기원은 기원전 2000년경 황하 중류지방 산둥성 지역에 형성된 상 왕조에서부터 비롯되었다.
② 고대 그리그 도시는 도시 입구와 신전을 축으로 중간 지점에 아고라(Agora)를 배치하였다.
③ 로마는 광장(Forum)을 중심으로 발전하였다.
④ 히포다무스는 고대 그리스 도시에 방사형 가로체계를 발전시켰다.

해설

그리스 도시계획가 히포다무스(Hippodamus)는 고대 그리스 도시에 '격자형' 가로체계를 발전시켰다.

정답 ④

유제

07 다음의 도시 가로망 형태 중 도시의 기념비적인 건물을 중심으로 주변과 연결하고 중심지를 기점으로 주요간선로를 따라 도시의 개발축을 형성하는 특징을 갖는 것은?

① 격자형　　　　　　　　　② 방사형
③ 혼합형　　　　　　　　　④ 선 형

정답 ②

유제

08 고대 도시 및 도시 계획적 특성에 대한 설명으로 옳지 않은 것은?

① 로마는 광장을 중심으로 발전하였다.
② 고대 그리스의 히포다무스는 방사형 가로 체계를 신도시 건설에 적용시켰다.
③ 고대 그리스 도시는 도시 입구와 신전을 축으로 중간 지점에 아고라를 배치하였다.
④ 동양의 고대도시 기원은 기원전 2000년경 황하중류지방 산둥성 지역에 형성된 상왕조에서부터 비롯되었다.

정답 ②

유제

09 도시 내의 녹지체계를 설명한 것 중 이상적이고 실현 가능성 있는 녹지체계와 관련성이 가장 큰 것은?

① 방사형태 + 동심원 형태
② 동심원 형태 + 동서측의 연결
③ 분산형태 + 중심부 통과 체계
④ 도심중앙 통과의 대상형태 + 동서측 녹지대

정답 ①

유제

10 다음 설명과 같은 특징을 갖는 가로망의 형태는?

> 격자형의 결함을 보완하기 위한 것으로 단조로움을 구제할 수 있으나 연도에 삼각지가 생겨 토지 이용상 문제가 있고 6방향의 교차가 불가피하게 되어 교통혼잡의 원인이 된다.

① 격자사선형 ② 방사형
③ 방사환상형 ④ 루프형

정답 ①

유제

11 도시중심부에 도심광장인 아고라를 배치하여 시민들의 교역, 사교, 집회장으로 활용한 시대의 도시는?

① 고대 그리스 도시 ② 중세 중국 도시
③ 중세 유럽 도시 ④ 고대 메소포타미아 도시

정답 ①

유형 09

간선도로의 밀도

- 고속도로 연장과 국도 연장을 국토면적으로 나눈 것을 말한다.
- 간선도로 밀도(km/km^2) = (고속도로 연장과 국도 연장) ÷ 국토 면적
- 간선도로 밀도(km/km^2)

규모	주거지역	상업지역	공업지역
대도시(100만 이상)		5~10	
중도시(50만~100만)	2~4	4~8	2~4
소도시(50만 미만)		3~6	

유제

01 다음 중 도시규모에 따른 용도지역별 간선도로의 밀도를 틀리게 연결한 것은? (단, 간선도로는 4차로 이상의 도로이다.)

① 소도시(50만 인 미만): 상업지역 - 1~2km/km^2
② 중도시(50만~100만 인): 공업지역 - 2~4km/km^2
③ 대도시(100만 인 이상): 주거지역 - 2~4km/km^2
④ 대도시(100만 인 이상): 상업지역 - 5~10km/km^2

> **해설**
>
> 상업지역(소도시): 3~6 km/km^2

정답 ①

유제

02 인구50~100만 인의 중도시에서 상업지역의 간선도로 밀도로 가장 적절한 것은?

① 2~4km/km^2 ② 3~6km/km^2
③ 4~8km/km^2 ④ 5~10km/km^2

정답 ③

유형 10
토지이용의 밀도 유형

○ 물리적 밀도, 활동밀도, 입체밀도로 구분된다.
  1) 물리적 밀도는 건폐율, 용적률, 토지이용률 등이다.
  2) 활동 밀도는 인구밀도, 세대밀도가 대표적이다.
  3) 입체밀도는 단위가 2개 이상인 경우로 단위시간당 또는 단위면적당 보행량이 대표적이다.

유제

01 토지이용의 밀도 유형과 측정지표가 잘못 연결된 것은?

① 1인당주거면적 = 주거건물면적 / 가구수
② 용적률 = 건물연면적 / 대지면적
③ 건폐율 = 건축면적 / 대지면적
④ 호수밀도 = 주택수 / 대지면적

해설

1인당 주거면적은 개별 가구의 주택사용면적을 <u>개별 가구원수로</u> 나눈 값의 평균이다.

정답 ①

유제

02 계획밀도를 물리적 밀도, 활동밀도, 입체밀도로 구분할 때 다음 중 물리적 밀도에 해당하지 않는 것은?

① 건폐율   ② 세대밀도
③ 용적률   ④ 토지이용률

정답 ②

유형 11

용도지역, 용도지구, 용도구역

- 법령이 개정되어 기존의 미관지구, 보존지구는 삭제되었음에 유의하자.
- 기존의 법령을 비교하여 놓았으니 참고하기 바란다.

법 제2조(정의) 이 법에서 사용하는 용어의 뜻은 다음과 같다.
1. "광역도시계획"이란 제10조에 따라 지정된 광역계획권의 장기발전방향을 제시하는 계획을 말한다.
2. "도시·군계획"이란 특별시·광역시·특별자치시·특별자치도·시 또는 군(광역시의 관할 구역에 있는 군은 제외한다. 이하 같다)의 관할 구역에 대하여 수립하는 공간구조와 발전방향에 대한 계획으로서 도시·군기본계획과 도시·군관리계획으로 구분한다.
3. "도시·군기본계획"이란 특별시·광역시·특별자치시·특별자치도·시 또는 군의 관할 구역에 대하여 기본적인 공간구조와 장기발전방향을 제시하는 종합계획으로서 도시·군관리계획 수립의 지침이 되는 계획을 말한다.
4. "<u>도시·군관리계획</u>"이란 특별시·광역시·특별자치시·특별자치도·시 또는 군의 개발·정비 및 보전을 위하여 수립하는 토지 이용, 교통, 환경, 경관, 안전, 산업, 정보통신, 보건, 복지, 안보, 문화 등에 관한 다음 각 목의 계획을 말한다.
   가. 용도지역·용도지구의 지정 또는 변경에 관한 계획
   나. 개발제한구역, 도시자연공원구역, 시가화조정구역(市街化調整區域), 수산자원보호구역의 지정 또는 변경에 관한 계획 ☞ 용도구역
   다. 기반시설의 설치·정비 또는 개량에 관한 계획
   라. 도시개발사업이나 정비사업에 관한 계획
   마. 지구단위계획구역의 지정 또는 변경에 관한 계획과 지구단위계획
   바. 입지규제최소구역의 지정 또는 변경에 관한 계획과 입지규제최소구역계획 ☞ 용도구역
5. "지구단위계획"이란 도시·군계획 수립 대상지역의 일부에 대하여 토지 이용을 합리화하고 그 기능을 증진시키며 미관을 개선하고 양호한 환경을 확보하며, 그 지역을 체계적·계획적으로 관리하기 위하여 수립하는 도시·군관리계획을 말한다.
5의2. "입지규제최소구역계획"이란 입지규제최소구역에서의 토지의 이용 및 건축물의 용도·건폐율·용적률·높이 등의 제한에 관한 사항 등 입지규제최소구역의 관리에 필요한 사항을 정하기 위하여 수립하는 도시·군관리계획을 말한다.
6. "기반시설"이란 다음 각 목의 시설로서 대통령령으로 정하는 시설을 말한다.
   가. 도로·철도·항만·공항·주차장 등 교통시설
   나. 광장·공원·녹지 등 공간시설
   다. 유통업무설비, 수도·전기·가스공급설비, 방송·통신시설, 공동구 등 유통·공급시설
   라. 학교·공공청사·문화시설 및 공공필요성이 인정되는 체육시설 등 공공·문화체육시설
   마. 하천·유수지(遊水池)·방화설비 등 방재시설
   바. 장사시설 등 보건위생시설

사. 하수도, 폐기물처리 및 재활용시설, 빗물저장 및 이용시설 등 환경기초시설
7. "도시·군계획시설"이란 기반시설 중 도시·군관리계획으로 결정된 시설을 말한다.
8. "광역시설"이란 기반시설 중 광역적인 정비체계가 필요한 다음 각 목의 시설로서 대통령령으로 정하는 시설을 말한다.
   가. 둘 이상의 특별시·광역시·특별자치시·특별자치도·시 또는 군의 관할 구역에 걸쳐 있는 시설
   나. 둘 이상의 특별시·광역시·특별자치시·특별자치도·시 또는 군이 공동으로 이용하는 시설
9. "공동구"란 전기·가스·수도 등의 공급설비, 통신시설, 하수도시설 등 지하매설물을 공동 수용함으로써 미관의 개선, 도로구조의 보전 및 교통의 원활한 소통을 위하여 지하에 설치하는 시설물을 말한다.
10. "도시·군계획시설사업"이란 도시·군계획시설을 설치·정비 또는 개량하는 사업을 말한다.
11. "도시·군계획사업"이란 도시·군관리계획을 시행하기 위한 다음 각 목의 사업을 말한다.
    가. 도시·군계획시설사업
    나. 「도시개발법」에 따른 도시개발사업
    다. 「도시 및 주거환경정비법」에 따른 정비사업
12. "도시·군계획사업시행자"란 이 법 또는 다른 법률에 따라 도시·군계획사업을 하는 자를 말한다.
13. "공공시설"이란 도로·공원·철도·수도, 그 밖에 대통령령으로 정하는 공공용 시설을 말한다.
14. "국가계획"이란 중앙행정기관이 법률에 따라 수립하거나 국가의 정책적인 목적을 이루기 위하여 수립하는 계획 중 제19조제1항제1호부터 제9호까지에 규정된 사항이나 도시·군관리계획으로 결정하여야 할 사항이 포함된 계획을 말한다.
15. "용도지역"이란 토지의 이용 및 건축물의 용도, 건폐율(「건축법」 제55조의 건폐율을 말한다. 이하 같다), 용적률(「건축법」 제56조의 용적률을 말한다. 이하 같다), 높이 등을 제한함으로써 토지를 경제적·효율적으로 이용하고 공공복리의 증진을 도모하기 위하여 서로 중복되지 아니하게 도시·군관리계획으로 결정하는 지역을 말한다.
16. "용도지구"란 토지의 이용 및 건축물의 용도·건폐율·용적률·높이 등에 대한 용도지역의 제한을 강화하거나 완화하여 적용함으로써 용도지역의 기능을 증진시키고 경관·안전 등을 도모하기 위하여 도시·군관리계획으로 결정하는 지역을 말한다.
17. "용도구역"이란 토지의 이용 및 건축물의 용도·건폐율·용적률·높이 등에 대한 용도지역 및 용도지구의 제한을 강화하거나 완화하여 따로 정함으로써 시가지의 무질서한 확산방지, 계획적이고 단계적인 토지이용의 도모, 토지이용의 종합적 조정·관리 등을 위하여 도시·군관리계획으로 결정하는 지역을 말한다.
18. "개발밀도관리구역"이란 개발로 인하여 기반시설이 부족할 것으로 예상되나 기반시설을 설치하기 곤란한 지역을 대상으로 건폐율이나 용적률을 강화하여 적용하기 위하여 제66조에 따라 지정하는 구역을 말한다.
19. "기반시설부담구역"이란 개발밀도관리구역 외의 지역으로서 개발로 인하여 도로, 공원, 녹지 등 대통령령으로 정하는 기반시설의 설치가 필요한 지역을 대상으로 기반시설을 설치하거나 그에 필요한 용지를 확보하게 하기 위하여 제67조에 따라 지정·고시하는 구역을 말한다.
20. "기반시설설치비용"이란 단독주택 및 숙박시설 등 대통령령으로 정하는 시설의 신·증축 행위로 인하여 유발되는 기반시설을 설치하거나 그에 필요한 용지를 확보하기 위하여 제69조에 따라 부과·징수하는 금액을 말한다.

법 제68조(기반시설설치비용의 부과대상 및 산정기준) ① 기반시설부담구역에서 기반시설설치비용의 부과대상인 건축행위는 제2조제20호에 따른 시설로서 200제곱미터(기존 건축물의 연면적을 포함한다)를 초과하는 건축물의 신축·증축 행위로 한다. 다만, 기존 건축물을 철거하고 신축하는 경우에는 기존 건축물의 건축연면적을 초과하는 건축행위만 부과대상으로 한다.

제6조(국토의 용도 구분) 국토는 토지의 이용실태 및 특성, 장래의 토지 이용 방향, 지역 간 균형발전 등을 고려하여 다음과 같은 용도지역으로 구분한다.
1. 도시지역: 인구와 산업이 밀집되어 있거나 밀집이 예상되어 그 지역에 대하여 체계적인 개발·정비·관리·보전 등이 필요한 지역
2. 관리지역: 도시지역의 인구와 산업을 수용하기 위하여 도시지역에 준하여 체계적으로 관리하거나 농림업의 진흥, 자연환경 또는 산림의 보전을 위하여 농림지역 또는 자연환경보전지역에 준하여 관리할 필요가 있는 지역
3. 농림지역: 도시지역에 속하지 아니하는 「농지법」에 따른 농업진흥지역 또는 「산지관리법」에 따른 보전산지 등으로서 농림업을 진흥시키고 산림을 보전하기 위하여 필요한 지역
4. 자연환경보전지역: 자연환경·수자원·해안·생태계·상수원 및 문화재의 보전과 수산자원의 보호·육성 등을 위하여 필요한 지역

제19조(도시·군기본계획의 내용) ① 도시·군기본계획에는 다음 각 호의 사항에 대한 정책 방향이 포함되어야 한다.
1. 지역적 특성 및 계획의 방향·목표에 관한 사항
2. 공간구조, 생활권의 설정 및 인구의 배분에 관한 사항
3. 토지의 이용 및 개발에 관한 사항
4. 토지의 용도별 수요 및 공급에 관한 사항
5. 환경의 보전 및 관리에 관한 사항
6. 기반시설에 관한 사항
7. 공원·녹지에 관한 사항
8. 경관에 관한 사항
8의2. 기후변화 대응 및 에너지절약에 관한 사항
8의3. 방재·방범 등 안전에 관한 사항
9. 제2호부터 제8호까지, 제8호의2 및 제8호의3에 규정된 사항의 단계별 추진에 관한 사항
10. 그밖에 대통령령으로 정하는 사항

제15조(도시·군기본계획의 내용) 법 제19조제1항제10호에서 "그 밖에 대통령령으로 정하는 사항"이란 다음 각 호의 사항으로서 도시·군기본계획의 방향 및 목표 달성과 관련된 사항을 말한다.
1. 도심 및 주거환경의 정비·보전에 관한 사항
2. 다른 법률에 따라 도시·군기본계획에 반영되어야 하는 사항
3. 도시·군기본계획의 시행을 위하여 필요한 재원조달에 관한 사항
4. 그밖에 법 제22조의2제1항에 따른 도시·군기본계획 승인권자가 필요하다고 인정하는 사항

법 제37조(용도지구의 지정) ① 국토교통부장관, 시·도지사 또는 대도시 시장은 다음 각 호의 어느 하나에 해당하는 용도지구의 지정 또는 변경을 도시·군관리계획으로 결정한다.
1. 경관지구: 경관의 보전·관리 및 형성을 위하여 필요한 지구
2. 고도지구: 쾌적한 환경 조성 및 토지의 효율적 이용을 위하여 건축물 높이의 최고한도를 규제할 필요가 있는 지구
3. 방화지구: 화재의 위험을 예방하기 위하여 필요한 지구
4. 방재지구: 풍수해, 산사태, 지반의 붕괴, 그 밖의 재해를 예방하기 위하여 필요한 지구
5. 보호지구: 문화재, 중요 시설물(항만, 공항 등 대통령령으로 정하는 시설물을 말한다) 및 문화적·생태적으로

보존가치가 큰 지역의 보호와 보존을 위하여 필요한 지구
6. 취락지구: 녹지지역·관리지역·농림지역·자연환경보전지역·개발제한구역 또는 도시자연공원구역의 취락을 정비하기 위한 지구
7. 개발진흥지구: 주거기능·상업기능·공업기능·유통물류기능·관광기능·휴양기능 등을 집중적으로 개발·정비할 필요가 있는 지구
8. 특정용도제한지구: 주거 및 교육 환경 보호나 청소년 보호 등의 목적으로 오염물질 배출시설, 청소년 유해시설 등 특정시설의 입지를 제한할 필요가 있는 지구
9. 복합용도지구: 지역의 토지이용 상황, 개발 수요 및 주변 여건 등을 고려하여 효율적이고 복합적인 토지이용을 도모하기 위하여 특정시설의 입지를 완화할 필요가 있는 지구
10. 그밖에 대통령령으로 정하는 지구
② 국토교통부장관, 시·도지사 또는 대도시 시장은 필요하다고 인정되면 대통령령으로 정하는 바에 따라 제1항 각 호의 용도지구를 도시·군관리계획결정으로 다시 세분하여 지정하거나 변경할 수 있다.
③ 시·도지사 또는 대도시 시장은 지역여건상 필요하면 대통령령으로 정하는 기준에 따라 그 시·도 또는 대도시의 조례로 용도지구의 명칭 및 지정목적, 건축이나 그 밖의 행위의 금지 및 제한에 관한 사항 등을 정하여 제1항 각 호의 용도지구 외의 용도지구의 지정 또는 변경을 도시·군관리계획으로 결정할 수 있다.
④ 시·도지사 또는 대도시 시장은 연안침식이 진행 중이거나 우려되는 지역 등 대통령령으로 정하는 지역에 대해서는 제1항제5호의 방재지구의 지정 또는 변경을 도시·군관리계획으로 결정하여야 한다. 이 경우 도시·군관리계획의 내용에는 해당 방재지구의 재해저감대책을 포함하여야 한다.
⑤ 시·도지사 또는 대도시 시장은 대통령령으로 정하는 주거지역·공업지역·관리지역에 복합용도지구를 지정할 수 있으며, 그 지정기준 및 방법 등에 필요한 사항은 대통령령으로 정한다.

영 제31조(용도지구의 지정) ① 법 제37조제1항제5호에서 "항만, 공항 등 대통령령으로 정하는 시설물"이란 항만, 공항, 공용시설(공공업무시설, 공공필요성이 인정되는 문화시설·집회시설·운동시설 및 그밖에 이와 유사한 시설로서 도시·군계획조례로 정하는 시설을 말한다), 교정시설·군사시설을 말한다.
② 국토교통부장관, 시·도지사 또는 대도시 시장은 법 제37조제2항에 따라 도시·군관리계획결정으로 경관지구·방재지구·보호지구·취락지구 및 개발진흥지구를 다음 각 호와 같이 세분하여 지정할 수 있다.
1. 경관지구
　가. 자연경관지구: 산지·구릉지 등 자연경관을 보호하거나 유지하기 위하여 필요한 지구
　나. 시가지경관지구: 지역 내 주거지, 중심지 등 시가지의 경관을 보호 또는 유지하거나 형성하기 위하여 필요한 지구
　다. 특화경관지구: 지역 내 주요 수계의 수변 또는 문화적 보존가치가 큰 건축물 주변의 경관 등 특별한 경관을 보호 또는 유지하거나 형성하기 위하여 필요한 지구
2. 삭제
3. 삭제
4. 방재지구
　가. 시가지방재지구: 건축물·인구가 밀집되어 있는 지역으로서 시설 개선 등을 통하여 재해 예방이 필요한 지구
　나. 자연방재지구: 토지의 이용도가 낮은 해안변, 하천변, 급경사지 주변 등의 지역으로서 건축 제한 등을 통하여 재해 예방이 필요한 지구
5. 보호지구
　가. 역사문화환경보호지구: 문화재·전통사찰 등 역사·문화적으로 보존가치가 큰 시설 및 지역의 보호와 보존

을 위하여 필요한 지구
   - 나. 중요시설물보호지구: 중요시설물(제1항에 따른 시설물을 말한다. 이하 같다)의 보호와 기능의 유지 및 증진 등을 위하여 필요한 지구
   - 다. 생태계보호지구: 야생동식물서식처 등 생태적으로 보존가치가 큰 지역의 보호와 보존을 위하여 필요한 지구
6. 삭제
7. 취락지구
   - 가. 자연취락지구: 녹지지역·관리지역·농림지역 또는 자연환경보전지역안의 취락을 정비하기 위하여 필요한 지구
   - 나. 집단취락지구: 개발제한구역안의 취락을 정비하기 위하여 필요한 지구
8. 개발진흥지구
   - 가. 주거개발진흥지구: 주거기능을 중심으로 개발·정비할 필요가 있는 지구
   - 나. 산업·유통개발진흥지구: 공업기능 및 유통·물류기능을 중심으로 개발·정비할 필요가 있는 지구
   - 다. 삭제
   - 라. 관광·휴양개발진흥지구: 관광·휴양기능을 중심으로 개발·정비할 필요가 있는 지구
   - 마. 복합개발진흥지구: 주거기능, 공업기능, 유통·물류기능 및 관광·휴양기능중 2 이상의 기능을 중심으로 개발·정비할 필요가 있는 지구
   - 바. 특정개발진흥지구: 주거기능, 공업기능, 유통·물류기능 및 관광·휴양기능 외의 기능을 중심으로 특정한 목적을 위하여 개발·정비할 필요가 있는 지구

③ 시·도지사 또는 대도시 시장은 지역여건상 필요한 때에는 해당 시·도 또는 대도시의 도시·군계획조례로 정하는 바에 따라 제2항제1호에 따른 경관지구를 추가적으로 세분(특화경관지구의 세분을 포함한다)하거나 제2항제5호나목에 따른 중요시설물보호지구 및 법 제37조제1항제8호에 따른 특정용도제한지구를 세분하여 지정할 수 있다.

④ 법 제37조제3항에 따라 시·도 또는 대도시의 도시·군계획조례로 같은 조 제1항 각 호에 따른 용도지구외의 용도지구를 정할 때에는 다음 각호의 기준을 따라야 한다.
1. 용도지구의 신설은 법에서 정하고 있는 용도지역·용도지구·용도구역·지구단위계획구역 또는 다른 법률에 따른 지역·지구만으로는 효율적인 토지이용을 달성할 수 없는 부득이한 사유가 있는 경우에 한할 것
2. 용도지구안에서의 행위제한은 그 용도지구의 지정목적 달성에 필요한 최소한도에 그치도록 할 것
3. 당해 용도지역 또는 용도구역의 행위제한을 완화하는 용도지구를 신설하지 아니할 것

⑤ 법 제37조제4항에서 "연안침식이 진행 중이거나 우려되는 지역 등 대통령령으로 정하는 지역"이란 다음 각 호의 어느 하나에 해당하는 지역을 말한다.
1. 연안침식으로 인하여 심각한 피해가 발생하거나 발생할 우려가 있어 이를 특별히 관리할 필요가 있는 지역으로서 「연안관리법」 제20조의2에 따른 연안침식관리구역으로 지정된 지역(같은 법 제2조제3호의 연안육역에 한정한다)
2. 풍수해, 산사태 등의 동일한 재해가 최근 10년 이내 2회 이상 발생하여 인명 피해를 입은 지역으로서 향후 동일한 재해 발생 시 상당한 피해가 우려되는 지역

⑥ 법 제37조제5항에서 "대통령령으로 정하는 주거지역·공업지역·관리지역"이란 다음 각 호의 어느 하나에 해당하는 용도지역을 말한다.
1. 일반주거지역
2. 일반공업지역
3. 계획관리지역

⑦ 시·도지사 또는 대도시 시장은 법 제37조제5항에 따라 복합용도지구를 지정하는 경우에는 다음 각 호의

기준을 따라야 한다.
1. 용도지역의 변경 시 기반시설이 부족해지는 등의 문제가 우려되어 해당 용도지역의 건축제한만을 완화하는 것이 적합한 경우에 지정할 것
2. 간선도로의 교차지(交叉地), 대중교통의 결절지(結節地) 등 토지이용 및 교통 여건의 변화가 큰 지역 또는 용도지역 간의 경계지역, 가로변 등 토지를 효율적으로 활용할 필요가 있는 지역에 지정할 것
3. 용도지역의 지정목적이 크게 저해되지 아니하도록 해당 용도지역 전체 면적의 3분의 1 이하의 범위에서 지정할 것
4. 그밖에 해당 지역의 체계적·계획적인 개발 및 관리를 위하여 지정 대상지가 국토교통부장관이 정하여 고시하는 기준에 적합할 것

기존법령 제37조(용도지구의 지정) ① 국토교통부장관, 시·도지사 또는 대도시 시장은 다음 각 호의 어느 하나에 해당하는 용도지구의 지정 또는 변경을 도시·군관리계획으로 결정한다. ☞ 개정법령과 삭제된 조문을 비교할 것!
1. 경관지구: 경관을 보호·형성하기 위하여 필요한 지구
2. 미관지구: 미관을 유지하기 위하여 필요한 지구
3. 고도지구: 쾌적한 환경 조성 및 토지의 효율적 이용을 위하여 건축물 높이의 최저한도 또는 최고한도를 규제할 필요가 있는 지구
4. 방화지구: 화재의 위험을 예방하기 위하여 필요한 지구
5. 방재지구: 풍수해, 산사태, 지반의 붕괴, 그 밖의 재해를 예방하기 위하여 필요한 지구
6. 보존지구: 문화재, 중요 시설물 및 문화적·생태적으로 보존가치가 큰 지역의 보호와 보존을 위하여 필요한 지구
7. 시설보호지구: 학교시설·공용시설·항만 또는 공항의 보호, 업무기능의 효율화, 항공기의 안전운항 등을 위하여 필요한 지구
8. 취락지구: 녹지지역·관리지역·농림지역·자연환경보전지역·개발제한구역 또는 도시자연공원구역의 취락을 정비하기 위한 지구
9. 개발진흥지구: 주거기능·상업기능·공업기능·유통물류기능·관광기능·휴양기능 등을 집중적으로 개발·정비할 필요가 있는 지구
10. 특정용도제한지구: 주거기능 보호나 청소년 보호 등의 목적으로 청소년 유해시설 등 특정시설의 입지를 제한할 필요가 있는 지구
11. 그밖에 대통령령으로 정하는 지구
② 국토교통부장관, 시·도지사 또는 대도시 시장은 필요하다고 인정되면 대통령령으로 정하는 바에 따라 제1항 각 호의 용도지구를 도시·군관리계획결정으로 다시 세분하여 지정하거나 변경할 수 있다.
③ 시·도지사 또는 대도시 시장은 지역여건상 필요하면 대통령령으로 정하는 기준에 따라 그 시·도 또는 대도시의 조례로 용도지구의 명칭 및 지정목적, 건축이나 그 밖의 행위의 금지 및 제한에 관한 사항 등을 정하여 제1항 각 호의 용도지구 외의 용도지구의 지정 또는 변경을 도시·군관리계획으로 결정할 수 있다.
④ 시·도지사 또는 대도시 시장은 연안침식이 진행 중이거나 우려되는 지역 등 대통령령으로 정하는 지역에 대해서는 제1항제5호의 방재지구의 지정 또는 변경을 도시·군관리계획으로 결정하여야 한다. 이 경우 도시·군관리계획의 내용에는 해당 방재지구의 재해저감대책을 포함하여야 한다.

유제

01 「국토의 계획 및 이용에 관한 법률 및 동법 시행령」에 규정된 용도지구가 아닌 것은?

① 방화지구
② 자연방재지구
③ 시가지방재지구
④ 방풍지구

정답 ④

유제

02 도시·군관리계획의 주요 내용이 아닌 것은?

① 기반시설의 설치, 정비 또는 개량
② 지구단위계획구역의 지정 또는 변경
③ 용도지역, 용도지구의 지정 또는 변경
④ 관할 구역에 대한 기본적인 공간구조와 장기발전방향 제시

정답 ④

유제

03 용도지역·지구제에 대한 설명 중 옳지 않은 것은?

① 일종의 토지이용규제 수단이다.
② 토지의 경제적·효율적 이용과 공공복리증진을 도모하기 위하여 지정한다.
③ 용도지역은 도시계획구역 전체를 대상으로 지정하며 동일한 위치에 중복하여 지정할 수 있다.
④ 「국토의 계획 및 이용에 관한 법률」에서는 용도지역, 용도지구, 용도구역을 두고 있다.

정답 ③

유제

04 다음 중 국토의 계획 및 이용에 관한 법률에 따라 도시기본계획의 정책 방향에 포함되어야 할 사항으로 거리가 먼 것은?

① 환경의 보전 및 관리에 관한 사항
② 토지의 용도별 수요 및 공급에 관한 사항
③ 공간구조, 생활권의 설정 및 인구의 배분에 관한 사항
④ 용도지역·용도지구의 지정·변경에 관한 사항

> **해설**
> 도시관리계획의 내용이다.

정답 ④

유제

05 다음 중 도시관리계획의 내용에 해당하지 않는 것은?

① 용도지역·용도지구의 지정 또는 변경에 관한 계획
② 공간구조, 생활권의 설정 및 인구의 배분에 관한 계획
③ 개발제한구역·도시자연공원구역·시가화조정구역·수산자원보호구역의 지정 또는 변경에 관한 계획
④ 도시개발사업이나 정비사업에 관한 계획

정답 ②

유제

06 다음 중 용도지구의 분류에 해당하지 않는 것은?

① 개발진흥지구 ② 자연환경보전지구
③ 특정용도제한지구 ④ 시설보호지구

> **해설**
> 법률을 묻고 있다.
>
> | 법 제37조(용도지구의 지정) ① 국토교통부장관, 시·도지사 또는 대도시 시장은 다음 각 호의 어느 하나에 해당하는 용도지구의 지정 또는 변경을 도시·군관리계획으로 결정한다.
> 1. 경관지구: 경관의 보전·관리 및 형성을 위하여 필요한 지구

2. 고도지구: 쾌적한 환경 조성 및 토지의 효율적 이용을 위하여 건축물 높이의 최고한도를 규제할 필요가 있는 지구
3. 방화지구: 화재의 위험을 예방하기 위하여 필요한 지구
4. 방재지구: 풍수해, 산사태, 지반의 붕괴, 그 밖의 재해를 예방하기 위하여 필요한 지구
5. 보호지구: 문화재, 중요 시설물(항만, 공항 등 대통령령으로 정하는 시설물을 말한다) 및 문화적·생태적으로 보존가치가 큰 지역의 보호와 보존을 위하여 필요한 지구
6. 취락지구: 녹지지역·관리지역·농림지역·자연환경보전지역·개발제한구역 또는 도시자연공원구역의 취락을 정비하기 위한 지구
7. 개발진흥지구: 주거기능·상업기능·공업기능·유통물류기능·관광기능·휴양기능 등을 집중적으로 개발·정비할 필요가 있는 지구
8. 특정용도제한지구: 주거 및 교육 환경 보호나 청소년 보호 등의 목적으로 오염물질 배출시설, 청소년 유해시설 등 특정시설의 입지를 제한할 필요가 있는 지구
9. 복합용도지구: 지역의 토지이용 상황, 개발 수요 및 주변 여건 등을 고려하여 효율적이고 복합적인 토지이용을 도모하기 위하여 특정시설의 입지를 완화할 필요가 있는 지구

정답 ②

유제

07 우리나라 용도지역지구제의 특징에 대한 설명으로 옳지 않은 것은?

① 용도지역지구제는 토지이용의 특화 또는 순화를 도모하기 위하여 도시의 토지이용도를 구분하는 제도이다.
② 용도지역지구제는 이용목적에 부합하지 않는 건축 등의 행위는 규제하고 부합하는 행위는 유도하는 제도적 장치이다.
③ 용도지역지구제는 공공의 건강과 복리를 증진시키기 위한 것으로 이의 실현을 위해 법적 규제를 통하여 개인의 토지이용을 제한한다.
④ 용도지역지구제에 있어 용도지역은 상호 중복지정이 가능하고, 용도지구는 중복지정이 허용되지 않는다.

정답 ④

유제

08 국토의 계획 및 이용에 관한 법률에서 지정한 용도구역으로만 나열된 것은?

① 개발제한구역, 도시개발예정구역, 특정시설 제한구역
② 개발제한구역, 도시자연공원구역, 수산자원 보호구역
③ 시가화조정구역, 도시개발예정구역, 문화재 보호구역
④ 개발제한구역, 수산자원보호구역, 특정시설 제한구역

정답 ②

유제

09 국토의 계획 및 이용에 관한 법률에서 규정하는 용도구역으로 옳지 않은 것은?

① 개발제한구역
② 시가화조정구역
③ 자연환경보전구역
④ 수산자원보호구역

> **해설**
>
> 용도구역: 개도시(실)수~ 입지규제최소구역

정답 ③

유제

10 도시지역과 그 주변지역의 무질서한 시가화를 방지하고 계획적·단계적인 개발을 도모하기 위해 일정 기간 시가화를 유보하기 위해 지정하는 용도구역은?

① 개발제한구역
② 도시자연공원구역
③ 계획관리구역
④ 시가화조정구역

정답 ④

유제

11 개발로 인하여 기반시설이 부족할 것으로 예상되나 기반시설을 설치하기 곤란한 지역을 대상으로 건폐율이나 용적률을 강화하여 적용하기 위하여 지정하는 구역을 무엇이라고 하는가?

① 개발밀도관리구역
② 개발관리구역
③ 시가화조정구역
④ 성장억제구역

정답 ①

유제

12 도시기본계획에서 토지이용계획을 위한 토지의 용도 구분에 해당하지 않는 것은?

① 보전용지　　　　　　　　　　② 시가화용지
③ 보전예정용지　　　　　　　　④ 시가화예정용지

> **해설**
> 도시기본계획(장기적인 발전방향을 제시하는 정책계획)상 토지수요를 추정하여 산정된 면적을 기준으로 시가화예정용지, 시가화용지, 보전용지로 토지이용을 계획한다.
>
> 정답 ③

유제

13 기반시설 설치가 어려운 기존 시가지에서 기존의 시설을 수용할 수 있는 범위 내에서 개발을 허가하는 제도를 무엇이라고 하는가?

① 개발밀도관리구역제도　　　　② 개발관리구역제도
③ 시가화조정구역제도　　　　　④ 성장억제구역제도

정답 ①

유제

14 다음 중 국토의 계획 및 이용에 관한 법률상의 내용에 대한 설명이 옳지 않은 것은?

① 지구단위계획구역은 체계적·계획적으로 개발·관리하기 위하여 용도지역의 건축물의 건폐율 또는 용적률을 완화하여 수립하는 계획이다.
② 개발밀도관리구역은 개발로 인하여 기반시설이 부족할 것으로 예상되나 기반시설물을 설치하기 곤란한 지역을 대상으로 용적률 또는 건폐율을 강화하여 적용하기 위하여 지정하는 구역을 말한다.
③ 기반시설부담구역에서 기반시설 설치비용의 부과대상인 건축행위는 "기반시설설치비용"의 정의와 관련한 규정에 따른 시설로서 $330m^2$(기존 건축물의 연면적 제외)이하인 건축물의 신축·증축 행위로 한다.
④ 국토의 계획 및 이용에 관한 법률에서 규정하는 개발행위를 하려는 자는 특별시장·광역시장·시장 또는 군수의 허가를 받아야 한다. 다만, 도시계획사업에 의한 행위는 그러하지 아니하다.

> 해설

200제곱미터(기존 건축물의 연면적을 포함한다)

제52조(지구단위계획의 내용) ① 지구단위계획구역의 지정목적을 이루기 위하여 지구단위계획에는 다음 각 호의 사항 중 제2호와 제4호의 사항을 포함한 둘 이상의 사항이 포함되어야 한다. 다만, 제1호의2를 내용으로 하는 지구단위계획의 경우에는 그러하지 아니하다.
1. 용도지역이나 용도지구를 대통령령으로 정하는 범위에서 세분하거나 변경하는 사항
1의2. 기존의 용도지구를 폐지하고 그 용도지구에서의 건축물이나 그 밖의 시설의 용도·종류 및 규모 등의 제한을 대체하는 사항
2. 대통령령으로 정하는 기반시설의 배치와 규모
3. 도로로 둘러싸인 일단의 지역 또는 계획적인 개발·정비를 위하여 구획된 일단의 토지의 규모와 조성계획
4. 건축물의 용도제한, 건축물의 건폐율 또는 용적률, 건축물 높이의 최고한도 또는 최저한도
5. 건축물의 배치·형태·색채 또는 건축선에 관한 계획
6. 환경관리계획 또는 경관계획
7. 교통처리계획
8. 그밖에 토지 이용의 합리화, 도시나 농·산·어촌의 기능 증진 등에 필요한 사항으로서 대통령령으로 정하는 사항
② 지구단위계획은 도로, 상하수도 등 대통령령으로 정하는 도시·군계획시설의 처리·공급 및 수용능력이 지구단위계획구역에 있는 건축물의 연면적, 수용인구 등 개발밀도와 적절한 조화를 이룰 수 있도록 하여야 한다.
③ 지구단위계획구역에서는 제76조부터 제78조까지의 규정(☞토지의 용도 및 건폐율과 용적률)과 「건축법」 제42조·제43조·제44조·제60조 및 제61조, 「주차장법」 제19조 및 제19조의2를 대통령령으로 정하는 범위에서 지구단위계획으로 정하는 바에 따라 완화하여 적용할 수 있다.

제56조(개발행위의 허가) ① 다음 각 호의 어느 하나에 해당하는 행위로서 대통령령으로 정하는 행위(이하 "개발행위"라 한다)를 하려는 자는 특별시장·광역시장·특별자치시장·특별자치도지사·시장 또는 군수의 허가(이하 "개발행위허가"라 한다)를 받아야 한다. 다만, 도시·군계획사업(다른 법률에 따라 도시·군계획사업을 의제한 사업을 포함한다)에 의한 행위는 그러하지 아니하다.
1. 건축물의 건축 또는 공작물의 설치
2. 토지의 형질 변경(경작을 위한 경우로서 대통령령으로 정하는 토지의 형질 변경은 제외한다)
3. 토석의 채취
4. 토지 분할(건축물이 있는 대지의 분할은 제외한다)
5. 녹지지역·관리지역 또는 자연환경보전지역에 물건을 1개월 이상 쌓아놓는 행위
② 개발행위허가를 받은 사항을 변경하는 경우에는 제1항을 준용한다. 다만, 대통령령으로 정하는 경미한 사항을 변경하는 경우에는 그러하지 아니하다.
③ 제1항에도 불구하고 제1항제2호 및 제3호의 개발행위 중 도시지역과 계획관리지역의 산림에서의 임도(林道) 설치와 사방사업에 관하여는 「산림자원의 조성 및 관리에 관한 법률」과 「사방사업법」에 따르고, 보전관리지역·생산관리지역·농림지역 및 자연환경보전지역의 산림에서의 제1항제2호(농업·임업·어업을 목적으로 하는 토지의 형질 변경만 해당한다) 및 제3호의 개발행위에 관하여는 「산지관리법」에 따른다.
④ 다음 각 호의 어느 하나에 해당하는 행위는 제1항에도 불구하고 개발행위허가를 받지 아니하고 할 수 있다. 다만, 제1호의 응급조치를 한 경우에는 1개월 이내에 특별시장·광역시장·특별자치시장·특별자치

도지사·시장 또는 군수에게 신고하여야 한다.
1. 재해복구나 재난수습을 위한 응급조치
2. 「건축법」에 따라 신고하고 설치할 수 있는 건축물의 개축·증축 또는 재축과 이에 필요한 범위에서의 토지의 형질 변경(도시·군계획시설사업이 시행되지 아니하고 있는 도시·군계획시설의 부지인 경우만 가능하다)
3. 그 밖에 대통령령으로 정하는 경미한 행위

정답 ③

유형 12
인구추정

　인구예측모형은 크게 출생, 사망, 인구이동이라는 세 가지 요소에 대해 각각 분리된 인구변화효과를 예측하여 합산하는 요소적 방법(component method)에 의한 인구예측모형과 장래의 도시 인구를 총량적으로 예측하는 비요소적방법(non-component method)에 의한 인구예측모형으로 구분한다.
　요소모형은 포괄적이고 상세한 자료를 요구하기 때문에 도시인구예측모형으로서의 활용성은 매우 낮기 때문에 대개의 도시인구예측은 비요소모형에 의존하고 있다.
　요소모형에는 집단생잔모형이 있다. 다음은 다양한 비요소모형을 설명하기로 한다.

1. **선형모형**(liner model)은 과거 인구가 거의 동일하게 증가되거나 감소되었고 미래에도 이와 같은 추세가 지속될 것으로 예상되는 도시에 적용할 수 있는 모형이다.
2. **지수성장모형**(exponential growth model)은 이자 계산 시 복리율 적용방식을 인구예측에 원용한 것으로 인구가 정률 변화를 할 때 적합한 모형이다. 증가율(r)은 과거의 일정기간에 나타난 실제인구의 변화로부터 계산할 수 있다.
3. **수정된 지수성장모형**(modified exponential growth model)은 지수성장모형의 단점을 고려해서 인구성장의 어떤 상한선을 설정한 후 그 상한선에 가까워지면 향후 인구성장의 허용수준의 일정 비율만큼 성장의 속도가 떨어질 것으로 보는 모형으로 이 모형은 이미 인구성장이 한계에 이른 것으로 볼 수 있는 대도시지역의 인구예측에 유용하게 사용할 수 있다.
4. **곰페르츠 모형**(Gompertz model)은 수정된 지수성장모형과 마찬가지로 인구성장의 상한선이 있을 것으로 가정한다. 하지만 곰페르츠곡선의 모양은 수정된 지수성장모형과는 달리 S자형의 모양을 가진다.
　곰페르츠모형은 연구대상 도시의 인구가 처음에는 완만하게 증가하다가 어느 시점을 지나면서 급격히 증가하다가 다시 완만하게 증가하는 것으로 가정한다. 곰페르츠모형도 수정된 지수성장모형과 마찬가지로 먼저 연구대상 도시에 거주 할 것으로 예상되는 최대포화인구를 가정하여야 한다.
5. **비교방법**(comparative method)은 연구할 어떤 도시의 미래인구는 이와 유사한 역사적 배경을 가지고 있는 다른 도시의 인구변화 추세를 이용해서 도시의 인구를 예측하는 방법이다.
6. **비율예측**(forecasts with rations)은 연구대상 도시의 인구는 그 도시가 속한 공간적으로 더 큰 어떤 지역의 인구에 의존성이 높다고 가정하고 인구를 예측하는 방법이다.

유제

01 다음 중 과거의 인구변화 추이가 미래에도 계속될 것이라는 가정 아래 과거의 추세를 연장하여 장래의 인구를 추정하는 방법에 해당하지 않는 것은?

① 등차급수법
② 등비급수법
③ 로지스틱 곡선법
④ 집단생장법

정답 ④

유제

02 다음 중 인구예측방법의 적용에 대한 설명으로 옳지 않은 것은?

① 등차급수에 의한 방법은 인구증가율이 안정된 도시에 적합하다.
② 곰페르츠모형은 연구대상 도시에 거주할 것으로 예상되는 최대포화인구를 가정 하여야 한다.
③ 로지스틱모형은 인구성장의 상한치나 성장의 물리적 한계가 있는 도시에 적용이 가능하다.
④ 신규공업단지의 건설 혹은 대규모 시설의 유치로 취업인구에 대한 예측이 가능할 경우에는 비교유추에 의한 방법이 타당하다.

해설

등차급수	등비급수	최소자승법
인구 증가가 정체된 지방중소 소도시	인구가 기하급수적으로 증가하는 신흥공업도시	인구의 증감이 교차하는 경우 즉, 인구증감이 심한 도시에 적합하다.

* 등차급수법과 등비급수법은 초기년도와 최종년도의 인구만을 고려하여 그 증가율을 산정하기 때문에 인구의 증감이 교차되는 도시에서는 적용이 어렵다.

정답 ④

유제

03 도시인구 추정 방법 중 인구 성장의 상한선을 미리 상정한 후에 미래 인구를 추계하는 인구예측모형으로, 곡선이 S자형의 비대칭곡선으로 이루어진 추세분석은?

① 지수모형(exponential model)
② 곰페르츠모형(Gompertz model)
③ 로지스틱모형(logistic model)
④ 회귀모형(regression model)

해설

곡선이 S자형의 비대칭	곡선이 S자형의 대칭
곰페르츠모형(Gompertz model)	로지스틱모형(logistic model)

정답 ②

유제

04 인구가 정률 변화를 할 때 적합하며, 인구가 기하급수적인 증가를 나타내고 있어 단기간에 급속히 팽창하는 신도시의 인구 예측에 유용하나 인구의 과도 예측을 초래할 위험성이 있는 인구예측모형은?

① 선형모형
② 지수성장모형
③ 로지스틱모형
④ 곰페르츠모형

정답 ②

유제

05 계획인구의 산정 방법 중 과거 추세에 의한 방법이 아닌 것은?

① 로지스틱 곡선법
② 집단생잔법
③ 지수함수법
④ 최소자승법

정답 ②

유제

06 인구성장의 상한선을 두고 있지 않은 도시인구예측모형은?

① 지수성장모형
② 곰페르츠모형
③ 로지스틱모형
④ 수정된 지수성장모형

해설

비요소모형	출생, 사망, 인구이동이라는 세 요소의 순효과를 직접 이용하는 모형 ㉠ 선형모형: 과거 인구가 거의 동일하게 증가 되거나 감소되었고 미래에도 계속되는 지역에 적용되는 모형 ㉡ 지수모형: 인구가 정률변화를 할 때 적합 인구의 기하급수적인 증가를 나타내고 있기 때문에 단기간에 급속히 팽창하고 있는 신흥공업도시를 직접 예측하는 경우에 유용하다. ㉢ 수정된 지수모형: 지수모형의 단점을 고려해서 <u>인구성장의 상한선</u>을 설정하고 그 상한선에 가까워지면 사용되지 않았던 자원의 일정비율만큼 성장의 속도가 떨어질 것이라고 보는 모형 평면확산 형태를 보여주는 서울 같은 대도시의 인구예측에 유용하다. ㉣ 비교방법: 어떤 지역의 미래인구는 이와 유사한 역사적 배경을 가지고 있는 다른 지역의 인구변화추세를 이용해서 우리가 관심을 가지고 있는 지역의 인구를 예측하는 방법이다. ㉤ 비율예측: 지역의 전체인구를 예측하는 경우보다 지역의 구성요소인 특정 도시 또는 특정 공간영역의 인구를 예측하는데 유용하다.
요소모형	출생, 사망, 인구이동이라는 세 요소의 <u>분리된 효과</u>를 이용하는 모형 인구의 요인별 변화분석시 연령계층별 변화를 결합시킴으로써 보다 정확한 인구예측이 가능하다. ㉠ 연령 계층별 생존모형: 순인구이동을 영(零)으로 가정하면 이 자체로서 인구예측모형이 될 수 있다. ㉡ 인구이동: 지역 내의 인구이동이 아닌 지역간 인구이동을 지역인구의 자연증가와 구분해서 사회적 인구증가 또는 사회적 인구이동이라 한다.

정답 ①

유제

07 인구예측모형에 대한 설명으로 옳은 것은?

① 요소모형은 장기예측이 될 때 비요소모형보다 과학적인 방법으로 인정된다.
② 선형모형은 인구성장의 어떤 상한선을 설정하고 그 상한선에 가까워지면 사용되지 않았던 자원의 일정비율만큼 성장의 속도가 떨어질 것으로 보는 모형이다.
③ 비율예측모형은 출생, 사망 그리고 인구이동이라는 세 가지 요소의 분리된 효과를 고려하는 모형이다.
④ 지수모형은 과거 인구가 거의 동일하게 증가되거나 감소되었고, 미래에도 이와 같은 추세가 계속될 것으로 예상 되는 지역에 적용되는 모형이다.

정답 ①

유제

08 도시기본계획 수립 시 인구예측에 대한 설명으로 옳지 않은 것은?

① 인구변화는 출생, 사망 그리고 인구이동 등 세 가지 요소로 이루어진다.
② 선형모형은 과거 인구가 거의 동일하게 증감되었고, 미래에도 같은 추세가 예상되는 도시에 적용할 수 있다.
③ 지수성장모형은 이자 계산 시 복리율 적용방식을 인구예측에 원용한 것이다.
④ 수정된 지수성장모형은 인구성장의 상한선을 설정한 모형으로 S자형의 모양을 지닌다.

해설

아래 인구성장 모형 참조

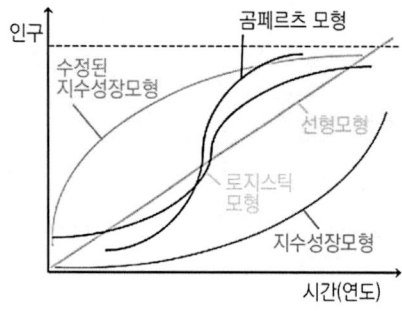

정답 ④

유형 13
유클리드 지역제

- 1920년대 미국의 도시문제를 해결하기 위해 고안된 제도이다.
  - 클리드 지역제(제2차 세계대전 이전의 지역제)는 1926년 미국의 오하이오주 유클리드 마을에 대한 연방최고재판소의 판결로 용도지역제의 합헌성이 확립되었다. 토지이용계획에 있어 소유권(사적 재산권)과 공공성에 관한 미국의 1926년 판례이다.
  - 결론은 공공성이 우선시 되어야 한다는 것이다.

- 1920년대 미국의 도시는 소음과 불량주택(임대 아파트)의 과밀, 공장이 혼재되어 있었고 초고층 건물의 출현으로 거리와 건물의 실내가 어두워지고 대규모 화재가 빈발하였다. 용도지역제란 도시 속 토지의 이용 증진을 위해 건물의 용도 또는 구조에 제한해 깔끔한 도시를 만들기 위해 설정되는 지역제로 도시의 토지이용을 합리적으로 늘리기 위해 각종 지역들을 지정하는 것이다.

1. 유클리드 지역제 특징
1) 토지개발과 이용은 사전에 예견이 가능하다는 전제 아래 용도를 사전에 확정. (사전확정주의)
2) 주거와 같은 상위용도를 공장과 같은 하위용도로부터 보호하는 지역제를 채택하였다.(적중주의)
3) 과도한 민간개발의 방지를 위해 개발보다 억제에 비중을 두었다. (개발억제주의)
4) 토지이용의 규제단위는 개별부지를 규제하여 양호한 시가지를 형성. (부지주의)
5) 주택지에서 공장, 아파트 등을 배제하여 용도를 순화. (용도순화주의)
6) 지방자치제와 주민의 이익 추구에 목적을 두었다. (지방이익 중심주의)

2. 미국 도시계획의 특징
1) 격자형 가로망
2) 위생적인 면, 편리성, 능률성, 효율성 고려
3) 계획전개의 민주성
4) 개방적인 도시형태

유제

01 제2차 세계대전 이전 미국에서 일반적으로 사용되었던 유클리드 지역제의 특징에 해당되지 않는 것은?

① 상위용도인 주거 등을 하위용도인 공장 등으로부터 보호하면 충분하다는 전제하에 누적식 지역제(cumulative zoning)를 채택하였다.
② 주택지에 있어서는 공장·아파트 등을 혼합 배치하여 용도의 효율성을 극대화하였다.
③ 개발이나 토지이용은 사전에 예견할 수 있다는 전제하에 용도를 사전에 계획하였다.
④ 토지이용의 규제단위를 각각의 필지로 하여, 이를 통해 양호한 시가지를 형성하고자 하였다.

정답 ②

유제

02 다음 중 초기의 용도지역제한 유클리드 지역제(Euclidean Zoning)에 대한 설명으로 옳지 않은 것은?

① 상위용도(주거 등)를 하위용도(공장 등)로부터 보호하면 충분하다는 전제 하에 누적식 지역제를 채택하였다.
② 실제의 토지이용에 근거하여 발생하는 각종 결과를 기준하여 규제하는 성과규제지역제이다.
③ 과도한 민간개발을 막기 위하여 개발촉진보다는 억제에 더 관심을 두었다.
④ 토지이용의 규제단위를 각각의 필지로 하여 이를 통해 양호한 시가지를 형성하고자 하였다.

정답 ②

유제

03 다음 중 유클리드 지역제(Euclidean Zoning)에 대한 설명으로 옳지 않은 것은?

① 주택지에 공장·아파트 등을 배제하는 용도의 순화를 도모하였다.
② 개발의 억제보다 개발의 유도 및 촉진에 관심을 두었다.
③ 토지의 용도를 사전에 확정적으로 지정하였다.
④ 토지이용의 규제는 각각의 필지 단위를 중심으로 하였다.

정답 ②

유제

04 비 유클리드 용도지역제로 지역사회가 필요로 하는 복합 사무실, 연구소, 다세대주택 등을 위한 용도로의 토지이용을 목적으로 조례상에는 특정한 용도지구로 설정하고, 그 요건을 미리 정하나 구체적으로 어디에 설정할 지는 유보해 둠을 의미하는 기법은?

① 부동용도지역(floating zoning)
② 조건부용도지역(conditional zoning)
③ 계약용도지역(contract zoning)
④ 계획단위개발(planned unit development)

해설

여기서 부동지역제란 지역제의 대상 범위를 확대하여 미지정 교외지역을 포함함에 따라 등장한 기법으로 특정지역이 용도상으로는 필요하다고 규정만 해두고 도면상의 배치결정은 유보하는 방법이다. 즉, 조례에서는 특정용도지역을 설정하지만, 그것이 어디에 배치된 것인지의 위치에 대해서는 규정하지 않고 차후에 특정 개발자의 구체적 제안을 기다렸다가 자치단체의회와 협의를 거쳐서 배치하는 방법이다.

정답 ①

유형 14
뉴어바니즘(New Urbanism)

1980년대 말부터 미국에서는 주거문화에 대한 새로운 혁신을 시도해왔다. 이 혁신을 주도하고 있는 사람들을 뉴 어바니스트(new urbanist)라 부른다. 원래 어바니즘(urbanism)이라 하면 우리말로는 '도시성' 또는 좀 더 구체적 표현으로 '도시적 삶의 내용'이라 할 수 있다. 도시학자인 허버트 갠스(1968)는 도시에 사는 사람을 다섯 종류(엘리트층, 미혼자나 미자녀 가정, 인종적 집단촌, 소외계층, 경제적 능력부족으로 거주지 선택의 여지가 없거나 몰락한 계층)로 분류 했으며, 교외지역에 사는 사람들과는 전혀 다른 생활양식을 보여준다고 했다. 교외지역에 사는 사람들은 근린주구별로 특색 있는 문화단위가 되어 근린주구 중심의 독특한 생활양식을 보인다. 이러한 교외지역 문화는 제2차 세계대전 이후에 급속히 발전한 자동차 문화의 편리성과 함께 중산층 이상의 사람들이 교외지역으로 빠져나감으로써 도시 확산이라는 독특한 교외 발달을 불러왔다.

1. 뉴어바니즘 계획 개념(전통적인 근린주구 구성기법에 근거)
1) TND(Traditional Neighborhood Development, 전통근린개발)
   전통도시에서 볼 수 있는 긴밀하게 연결된 도시조직을 적용하여 보행자 네트워크에 의한 도심지 내와 신개발지 간의 연계활동.
2) TOD(Transit Oriented Development, 대중교통지향형 개발)
   대중교통수단의 이용한 지역 간의 교통 네트워크를 조성한다.
3) MUD(Mixed Use Development, 복합용도개발)
   보행거리 내에 상업, 업무, 위락, 주거시설 등의 용도 혼합.

2. 뉴 어바니즘 헌장[전문]
우리는 다음과 같은 원칙을 지키기 위해서 공공정책과 개발행위의 개혁을 주창한다.
① 근린주구는 용도와 인구에 있어서 다양해야 한다.
② 커뮤니티 설계에 있어서 <u>자동차뿐만 아니라 보행자와 대중교통도 중요하게 다루어져야 한다.</u>
③ 도시와 타운은 어디서든지 접근이 가능하고, 물리적으로 규정된 공공공간(公共空間)과 커뮤니티 시설에 의해 형태를 갖추어야 한다.
④ 도시적 장소는 그 지역의 역사, 기후, 생태, 그리고 건축 관행을 존중하는 건축 및 조경설계에 의해 틀이 짜여 져야 한다.

3. 뉴어바니즘 헌장

원칙	내용
근린주구 구조	중심과 경계를 명확히 하여 공공공지 확보와 공공영역을 강조
고밀도 개발	용도의 혼합을 통해 보행과 서비스의 편리성과 효율성 증대
주택혼합	주택유형과 규격을 유사한 범위에서 배치, 다양한 주거양식의 혼합
도시설계와 건축	디자인 코드에 의한 건축물
지속가능성	에너지 효율을 높이고 친환경적 개발
연계성	서로 연결된 가로 네트워크
보행환경	차량으로부터 안전한 보행환경
혼합용도	다양한 사람들의 수용이 가능한 혼합용도
삶의 질	높은 삶의 질 확보
스마트 교통체계	지역, 도시, 주구 내를 연결하는 네트워크 구성

유제

01 시가지 확산, 환경의 퇴락, 농토와 임야의 감소 등 당면한 도시문제를 개선하기 위하여 제시된 도시개발 패러다임인 뉴어바니즘(New Urbanism)의 원칙과 가장 거리가 먼 것은?

① 근린주구는 용도와 인구에 있어서 다양하여야 한다.
② 커뮤니티 설계에 있어서 자동차뿐만 아니라 보행자와 대중교통도 중요하게 다루어야 한다.
③ 가정, 직장, 상업·여가시설 등의 도시생활에 필요한 요소들을 콤팩트하게 구성한다.
④ 해당 지역의 경제적·사회적·환경적 상태를 지속적으로 개선하여 기존 도심의 재활성화를 도모한다.

해설

뉴어바니즘은 복합용도개발을 통한 기능의 혼합을 조성하여 이동거리를 줄여 교통 통행을 감소하고 환경의 파괴를 방지함으로써 삶의 질과 지속가능한 도시를 계획하는 것이다.

정답 ④

유제

02 20세기 이후에 발표된 도시계획헌장들 중 최초의 도시계획 헌장으로서, 이후 전 세계 도시계획 및 설계분야의 발전에 많은 영향을 미친것은?

① 뉴어바니즘 (New Urbanism) 헌장
② 메가리드 (Megaride) 헌장
③ 아테네 (Athens) 헌장
④ 마추피추 (Machu – Picchu) 헌장

해설

아테네 헌장은 국제현대건축가 회의가 아테네에서 개최된 1933년의 제4회 집회에서 발표된 도시계획의 원전이다. 지금도 도시계획을 고찰하는 경우 커다란 지주가 되고 있다. 아테네 헌장은 95조로 구성되어 있으며, 도시를 4개의 기능으로 나누어 취급하고 있다. 도시계획에 있어서의 4가지의 요점은 도시의 4가지의 기능, 즉 주거·직장·레크리에이션·교통이다(77조).

정답 ③

유제

03 다음 중 아래의 설명과 같은 특징을 갖는 것은?

- 찰스황태자의 「영국건축비평서」가 출발점이 된다.
- 10가지 원칙을 토대로 복합적 토지이용과 오픈 커뮤니티를 지향한다.
- 교외지역의 녹지개발보다는 기성시가지 및 기개발 지역의 재생에 주안점을 둔다.

① 뉴어바니즘(New Urbanism)
② 전통이웃개발(Traditional Neighborhood Development)
③ 어반빌리지운동(Urban Village Movement)
④ 도시미운동(City Beautiful Movement)

해설

뉴어바니즘(New Urbanism)	어반빌리지운동(Urban Village Movement)
미국, 캐나다에서 제시	영국에서 시작

정답 ③

유제

04 다음 중 새로운 도시계획 조류의 하나인 뉴어바니즘(New Urbanism)이 추구하는 목표로 옳지 않은 것은?

① 시가지의 토지이용에 있어 사적 공간이 확대 유도
② 시가지이 토지이용에 있어 지나친 기능분리 지양
③ 이동거리 단축을 통해 자동차에 의한 환경파괴 방지
④ 적절한 기능의 혼재를 통항 토지자원 절약

정답 ①

유제

05 1990년대 이후 미국에서 시작된 도시개발전략으로, 도시 공간의 무분별한 확산에 따른 도시문제를 환경계획 및 설계를 통해 해결하고자 하는 건축·도시계획운동을 지칭하는 것은?

① 컴팩트 시티 ② 어반빌리지
③ 뉴어바니즘 ④ 생태도시계획

정답 ③

유제

06 도시계획의 다양한 수법에 대한 설명이 틀린 것은?

① 뉴어바니즘(New Urbanism)은 자동차 위주의 도시계획에서 사람중심의 도시환경을 도시계획적으로 적용하는 운동으로, 보행자 이외의 개인 및 대중교통수단을 배제한다.
② 에코시티(Eco - City)는 환경적으로 건전하고 지속가능한 개발을 위해 환경보전과 개발을 조화시켜 도시를 조성하고자 한다.
③ 압축도시(Compact City)는 집중된 개발을 통하여 도시의 통행수요 및 에너지 사용을 감소시키는 도시형태로 고밀개발을 통한 직주근접을 도모한다.
④ U - City는 언제 어디서나 편리하게 도시네트워크를 이용하고 정보를 얻을 수 있는 새로운 형태의 미래형 도시이다.

해설
뉴어바니즘은 대중교통중심적인 개발(TOD)을 지향한다.

정답 ①

유제

07 1990년대에 미국과 캐나다에서 도시의 무분별한 확산에 의한 도시 문제를 극복하기 위해 제시된 도시개발 패러다임은?

① 낭만주의
② 효용주의
③ 뉴어바니즘
④ 창조혁신도시

정답 ③

유제

08 뉴어바니즘(New Urbanism)의 기본 개념으로 틀린 것은?

① 근린주구 구성기법에 근거한 걷고 싶은 보행환경체계 구축
② 다양한 주거양식의 혼합
③ 디자인코드(Design Code)에 의한 건축물
④ 도시공간의 위계 파괴를 통한 자유스러운 토지이용유도

> **해설**
> 뉴어바니즘(New Urbanism)은 복합적인 토지이용과 고밀도 개발을 지향한다.

정답 ④

유제

09 시가지의 토지이용에 있어서 지나친 기능분리나 사적 공간의 확보를 지양하고 적절한 기능의 혼재와 이동거리 단축에 의한 초지자원의 절약과 자동차에 의한 환경의 파괴를 막아보자는 노력에서 등장한 개념은 무엇인가?

① 도시재생(Urban Regeneration)
② 뉴어바니즘(New Urbanism)
③ 친환경 생태도시(Eco City)
④ 스마트성장관리(Smart Urban Growth Management)

정답 ②

유형 15
스마트 성장

2차 세계대전 이후 미국에서는 승용차 이용자의 증가, 도로망의 확대, 도시 중산층의 거주지 교외 이동 등으로 인해 도시의 평면적인 확산이 지속되었다. 이러한 흐름 속에서 환경오염, 자연공간의 파괴, 교통문제, 기성시가지의 쇠퇴 등 여러 도시문제가 고착화되어갔다. 이런 다양한 도시문제를 해결하고 효율적인 도시성장을 이루기 위해 1980년대 말에 스마트성장 이론이 미국에서 제시되었다.

스마트성장이란 개인승용차와 고속도로를 중심으로 하는 개발패턴위주 과거 도시정책만으로는 기존의 도시문제를 해결하고 도시환경을 개선하는데 한계가 있음을 인식하고 스마트한 방법, 즉 <u>다양한 도시구성원의 상호 교류에 의한 의사결정을 바탕으로 경제성장을 지속하면서 도시와 환경문제를 개선하고 발전을 도모하는 도시정책모델</u>이다.

스마트성장은 기본적으로 무질서하고, 무계획적인 교외확산에 의한 기존의 도시개발방식에 대한 반성과, 유럽을 중심으로 확산된 친환경적 도시개발(Environmentally Sound and Sustainable Development) 개념의 실현추세에 대한 미국의 대안적인 도시계획패러다임이며, 이는 기존의 성장관리프로그램(Growth Management)을 보다 진화시켜 도시계획 및 개발형태측면에서 계획에 의한 개발과 도심 고밀개발을 지향하고, 토지이용계획측면에서 혼합토지이용을 수용하며, 교통계획측면에서 도보, 대중교통을 강조하고, 도시설계측면에서 공공공간을 강조하며, 계획과정측면에서 정부 간, 이해집단 간 조정과 협의를 중시하고 있다.

> ○ 읽기자료: 스마트성장 이론의 성장원칙
>
> 경제성장, 환경보전 그리고 삶의 질 개선을 동시에 추구하기 위한 스마트 성장이론의 성장원칙은 다음과 같다.
> 1. Create Range of Housing Opportunities and Choices: 다양한 소득 및 연령 계층들을 배려한다양한 주거유형을 제공
> 2. Create Walkable Neighborhoods: 걷기 편리한 근린주구 조성
> 3. Encourage Community and Stakeholder Collaboration: 커뮤니티와 이해관계자의 협력 강화
> 4. Foster Distinctive, Attractive Communities with a Strong Sense of Place: 강한 장소성을 가진 독특하고 매력적인 커뮤니티의 조성
> 5. Make Development Decisions Predictable, Fair and Cost Effective: 예측가능하고, 공정하고, 비용 효율적인 개발의 결정
> 6. Mixed uses Land Uses: 토지이용의 복합화
> 7. Preserve Open Space, Farmland, Natural Beauty and Critical Environmental Areas: 오픈스페이스, 농지, 양호한 자연경관, 중요한 환경지역의 보전
> 8. Provide a Variety of Transportation Choices: 교통수단 선택의 다양성 제공
> 9. Strengthen and Direct Development Towards Existing Communities: 기존 커뮤니티에 대한 개발 강화
> 10. Take Advantage of Compact Building Design: 고밀개발된 건물 형태의 이점을 살림

유제

01 교외화로 인한 스프롤(sprawl) 현상을 치유하기 위해 시작된 것으로 기 개발된 지역 안에서 신규주택 건설과 상업적 개발을 지역 안에서 신규주택 건설과 상업적 개발을 강조함으로써 새로운 도로와 시설, 어메니티에 드는 공공투자와 신개발로 인해 발생하는 사회적 비용을 줄여보자는 취지의 도시운동은?

① 에코이즘 ② 뉴어바니즘
③ 스마트성장 ④ 어반빌리지

정답 ③

유형 16

콤팩트시티(compact city)

- 직주근접(직장과 주거의 근접)과 고밀도개발이 중요 개념이다.

유제
01 무질서한 도시 팽창 및 직주 분리로 인한 이동거리 확대에 따른 불필요한 에너지 소비와 공해 발생 등을 방지하고 해소하기 위한 도시개발 이론은?

① 유 – 시티(U – City)
② 에코 – 시티(Eco – City)
③ 스마트 시티(Smart City)
④ 콤팩트 시티(Compact City)

정답 ④

유제
02 친환경적인 도시개발과 사회적 비용을 최소화 하기 위해 토지이용 집적을 통해 토지의 이용가치를 높이기 위한 도시개발을 강조하는 도시는?

① 유시티(U – city)
② 에코시티(eco – city)
③ 스마트시티(smart city)
④ 콤팩트시티(compact city)

정답 ④

유제
03 참여정부에서 국가의 균형개발을 구현하기 위하여 계획한 정책 수단으로서의 도시개발에 해당되지 않는 것은?

① 행정중심복합도시
② 혁신도시
③ 기업도시
④ 콤팩트시티

> **해설**

① 행정중심복합도시: 세종특별자치시, 중앙행정기관 이전.
② 혁신도시: 지방으로 공기업 등 이전.
③ 기업도시: 민간기업이 개발을 주도.

정답 ④

유형 17

지속가능한 개발(ESSD)

◎ 지속가능한 개발: Environmentally Sound and Sustainable Development

1. Robert. Goodland(1974)가 제안한 지속가능한 도시개발
   1) 사회·문화적 지속성
   2) 경제적 지속성
   3) 환경적 지속성

2. 1992년 브라질 리우데자네이루에서의 선언
   1) 의제21(Agenda 21)
   2) 생물다양성 협약 등 세부의제 채택

3. 2002년 남아프리카 공화국 요하네스버그의 세계지속가능발전 정상회의(World Summit on Sustainable Development)에서 '지속가능한 개발을 위한 요하네스버그 선언'을 채택.

유제

01 지속가능한 도시가 추구하여야 할 기본 목표가 아닌 것은?

① 환경부하가 높은 첨단도시
② 도시경관의 개선 및 보전
③ 환경 친화적 교통·물류체계의 정비
④ 쾌적한 도시공간의 정비 및 확보

해설

환경부하(環境負荷)란 환경에 짐이 되는 즉, 악영향을 주는 것을 말한다.
예를 들면, 환경부하에 속하는 것으로 이산화탄소 배출량을 들 수 있다.

정답 ①

유제

02 환경적으로 건전하고 지속가능한 개발을 위해 환경보전과 개발을 조화시키려고 하는 추세에 따라 도시의 환경문제 해결에 적용하는 도시개념으로, 미국의 시바노, 독일의 카빌을 사례로 들 수 있는 것은?

① U – City
② Eco – City
③ Smart City
④ Compact City

해설

미국의 시바노, 독일의 카빌, 일본의 키타큐슈를 대표적인 환경 도시이다.

정답 ②

유제

03 지속가능한 도시개발의 원칙에 포함되기 어려운 관점은?

① 자족적 도시기능의 확보
② 시민참여의 확대
③ 현재기준의 충족
④ 자연법칙의 존중

해설

지속 가능한 발전은 일정 수준 이상의 삶의 질을 확보해야 함을 전제한다.

정답 ③

유제

04 지방자치제도가 실시된 이후 우리나라 도시들 간에 나타나는 현상이라고 볼 수 없는 것은?

① 핵발전소, 쓰레기 매립장 등의 관리·운영권을 둘러싼 갈등과 대립
② 지역 경제적 파급효과가 큰 국가적 차원의 기능과 시설의 유치를 위한 노력과 갈등
③ 장기발전계획을 수립하여 광역적 차원에서 지역의 발전을 도모하려는 인근 도시들 간의 협력
④ 환경보호와 지속가능한 개발을 위해 시정부 주도의 성장억제정책을 인근 도시들과 공동으로 추진

정답 ④

유제

05 미래도시의 새로운 계획패러다임의 방향이 아닌 것은?

① 정보화시대로의 변화와 흐름을 반영한 도시계획
② 지속가능한 도시개발로의 인식 전환
③ 지역별 특화를 위한 도·농 분리적 계획체계로의 전환
④ 시민참여의 확대와 계획 및 개발주체의 다양화

해설

도·농 통합적 계획체계로의 전환이다.

정답 ③

유제

06 다음 중 지속가능한 도시가 추구하는 목표가 아닌 것은?

① 환경 친화적 교통·물류체계정비
② 쾌적한 도시공간의 정비·확보
③ 현재의 건축물을 파손하지 않고 계속적으로 보존
④ 환경부하의 저감, 자연과의 공생, 어메니티(편의성) 창출

해설

환경적 지속성과 경제적, 사회·문화적 지속성이어야 한다.

정답 ③

유제

07 다음 중 21세기의 새로운 도시계획의 흐름에 대한 설명으로 옳지 않은 것은?

① U – City는 유비쿼터스 컴퓨팅, 정보통신 기술을 기반으로 도시 전반의 영역을 융합하여 통합되고 지능적이며, 스스로 혁신되는 도시로 정의할 수 있다.
② 도시재생이란 대도시 도심지역에서의 인구 및 산업의 회귀를 촉진하고 재활성화를 모색하기 위한 최근의 계획경향이다.
③ 친환경 생태도시(Eco – City)는 환경적 자연자원 조건·사회경제적 요소와 공동체적인 요소까지 고려한 다양한 측면에서의 지속가능한 도시조성의 개념이다.
④ 압축도시(Compact City)는 토지이용의 분산과 도시의 엄격한 기능분리를 통해 기존 도심의 과밀 등 도시문제를 해결하기 위한 새로운 미래도시 개념이다.

해설

압축도시(Compact City)는 토지이용의 집중으로 고밀도 개발이다.

정답 ④

유제

08 다음 중 미래의 도시계획과 관련하여 새로운 계획패러다임의 방향으로 옳지 않은 것은?

① 지속가능한 도시개발로의 인식 전환
② 시민참여의 확대와 계획 및 개발주체의 다양화
③ 탈산업·정보화시대를 담는 도시계획
④ 도시기능의 평면적·일률적 분리를 통한 토지이용관리

해설

복합용도개발(MUD) 토지이용을 한다.

정답 ④

유제

09 도시재개발사업의 문제점과 개선방안에 대한 설명이 틀린 것은?

① 상위계획에 입각한 일관성 있는 정책이기보다 행정 편의 위주의 대책으로 시행된 경우가 많았다.
② 주로 지구 단위의 미시적 관점에서 진행되어 주변 지역과 전체 도시와의 체계성이 상실되고 있다.
③ 토지이용의 고도화를 위해 초고층 업무 상업기능 위주로 진행되어 다양한 도시문제를 양산하고 있다.
④ 도심재개발사업의 활성화와 주거환경의 개선을 위해 복합용도개발보다는 순수한 주택단지 계획기술의 개발에 힘쓸 필요가 있다.

정답 ④

유제

10 다음 중 도시계획을 둘러싼 최근의 경향으로 보기 어려운 것은?

① 각종 개발 사업에 있어 민간자본의 참여 축소
② 환경문제에 대한 의식 증대
③ 지방정부의 권한 강화 및 각종 이해집단의 영향력 증대
④ 도심활성화와 복합용도지구의 확산

해설

각종 개발 사업에 있어 민간자본의 참여 확대

정답 ①

유제

11 용도지역·지구제의 설명 중 옳지 않은 것은?

① 토지의 효율적인 이용 및 관리를 위해서 지정한다.
② 하나의 용도지역에 2개 이상의 용도지구가 지정될 수 있다.
③ 도시지역의 용도지역은 크게 주거지역, 상업지역, 공업지역, 녹지지역, 관리지역으로 구분된다.
④ 용도지역지구제의 문제점을 보완하기 위해서 개발권 양도(TDR), 복합용도개발(MUD)과 같은 제도가 생겨나고 있다.

해설

용도지역은 주거지역, 상업지역, 공업지역, 녹지지역이다.

정답 ③

유제

12 일정지역의 개발을 법규에서 정한 규정 이상으로 강하게 규제할 필요가 있을 경우 이에 대한 보상으로써, 문화재 보호나 환경보전 등에 있어 활용되는 방식으로 그 지역의 토지소유자로 하여금 재산상 손실부분만큼 다른 지역에서 만회할 수 있도록 하는 제도는?

① 유도지역제도(ICZ)
② 개발권이양제도(TDR)
③ 계획단위개발제도(PUD)
④ 복합용도개발제도(MUD)

정답 ②

유제

13 다음 중 도시재개발사업의 문제점과 개선방안에 대한 설명으로 옳지 않은 것은?

① 지금까지의 도시재개발사업은 상위계획에 입각한 일관성 있는 정책이기보다 행정 편의 위주의 대책으로 시행된 경우가 많았다.
② 도시재개발사업이 지구 단위의 미시적 관점에서 주로 진행되어 주변 지역과 전체 도시와의 체계성이 상실되고 있다.
③ 도심재개발사업은 토지이용의 고도화를 위해 초고층 업무 상업기능 위주로 진행되어 다양한 도시문제를 양산하고 있다.
④ 도심재개발사업의 활성화와 주거환경의 개선을 위해서는 복합용도개발보다는 순수한 주택단지 계획기술의 개발에 힘쓸 필요가 있다.

해설

복합용도개발을 지향한다.

정답 ④

유제

14 다음 중 획지에 부여된 용적률과 실제 이용되고 있는 용적률과의 차이를 다른 부지에 이전할 수 있는 제도는?

① 계획단위개발제도(PUD)
② 공중권제도(Air Rights)
③ 개발권이전제도(TDR)
④ 혼합용도개발제도(MUD)

정답 ③

유형 18
도시계획 이론

종합적 계획	일반적으로 전통적 계획으로 통용되는데, 켄트(Kent), 브렌치(Branch), 반필드(Banfield) 등이 있다. 종합적 계획은 합리적·종합적 계획 과정을 중심으로 <u>목표의 설정, 정책 대안의 설정, 수단의 규명, 정책의 집행의 네 가지 단계를 거치게 되지만, 항상 순차적으로 진행되지 않을 수도 있으며</u>, 순환 및 환류 과정을 거치면서 계획을 수립하게 된다.
다원주의적 계획	종합적 계획에 대한 비판으로 제시되었다. 종합적 계획이 지나치게 중앙 집중적으로 편향되어 있다는 점이어서 이를 보완하는 것으로 다원주의 계획은 논리의 일관성이나 최적의 해결 대안의 제시보다는 조정과 적용을 통하여 계획의 목표를 추구하는 접근 방법을 제시하고 있다. 월다브스키와 린드블롬이 대표적인 학자이다. <u>린드블롬은 점증주의 이론가로도 유명하다.</u>
정치·경제학적 계획	1970년대 네오 막시스트들에 의해 주장된 계획으로 국가의 역할에 대한 비판을 근거로 하고 있다. 즉 자본주의 도시 구조를 이윤 추구의 산물로 보고 이러한 관점에서 자본주의 사회와 경제적인 기관들은 사회의 생산자본들을 통제하는 자들의 이익만 체계적으로 옹호한다고 보고 있다. <u>하비(Harvey)</u>, 마세이 등의 학자가 있다.
전략계획	1980년대 도시와 지역의 경쟁력을 증진하기 위하여 활용되었으며 조직이나 지역사회로 하여금 자신의 정체성을 분명하게 하도록 하는 하나의 개념이고 과정이며 도구의 집합으로 주장된다. 전략계획의 주요 특징으로 커프만(Kaufman)과 제이콥스(Jacobs)가 정리한 것으로 참여확대, 환경탐색, 이슈 선정, 전략 수렴, 행동과 집행 지향성, 점검과 수정 등이다.
교류적 계획	<u>프리드만(Friedmann)</u>에 의하여 발전된 것으로 계획은 합리적이고 과학적이어야 한다는 인식에 대한 비판적 반응이라고 할 수 있다. 계획의 집행에 직접적으로 영향을 받는 사람들과의 상호 교류와 대화를 통해서 계획을 수립하며 신 휴머니즘의 철학적 사고에서 파생되어 사회적 학습 과정에서 형성되었다.
옹호적 계획	다비도프(Davidoff)에 의하여 주장된 것으로, 다원적인 사회에서는 <u>단일의 계획안보다는 복수의 다원적인 계획들을 수립하는 것이 바람직하다고 주장한다.</u>

유제

01 계획이론과 그 주창자가 바르게 연결된 것은?

① 점진적 계획(Incremental Planning) - 린드블롬(Lindblom)
② 옹호적 계획(Advocacy Planning) - 에치오니(Etzioni)
③ 교류적 계획(Transactive Planning) - 다비도프(Davidoff)
④ 급진적 계획(Radical Planning) - 프리드만(Friedmann)

해설

점증주의 - 린드블롬(Lindblom)

정답 ①

유제

02 다음 중 도시계획이론으로서 옹호적 계획(Advocacy Planning)을 주창한 학자는?

① C. Lindblom
② E. Etizioni
③ P. Davidoff
④ H. Simon

정답 ③

유제

03 다음 중 도시계획이론의 옹호적 계획에 대한 설명으로 옳은 것은?

① 목표와 문제, 수단과 제약조건 등이 통합적으로 명료하게 제시되는 계획이론이다.
② 분권화된 협상과정과 상호절충과정을 통하여 이루어지는 계획이 합리적임을 주장한 계획이론이다.
③ 계획은 합리적이며 과학적이어야 한다는 인식에 바탕을 둔 계획이론이다.
④ 피해구제절차와 같은 사회제도를 계획개념으로 수용한 계획이론이다.

해설

1960년대 미국의 법조계에서 형성된 피해구제절차와 같은 사회제도를 계획개념으로 수용하여 주로 강자에 대한 약자의 이익을 보호하는 데 적용하는 이론이 다비도프(Davidoff)가 주장한 '옹호적 계획' 이론이다.

정답 ④

유제

04 도시계획이론의 옹호적 계획에 대한 설명으로 옳은 것은?

① 피해구제절차와 같은 사회제도를 계획개념으로 수용한 계획이론이다.
② 계획은 합리적이며 과학적이어야 한다는 인식에 바탕을 둔 계획이론이다.
③ 목요와 문제, 수단과 제약조건 등이 종합적으로 명료하게 제시되는 계획이론이다.
④ 분권화된 협상 과정과 상호절충과정을 통하여 이루어지는 계획이 합리적임을 주장한 계획이론이다.

정답 ①

유제

05 도시계획이론에 대한 설명으로 틀린 것은?

① 합리적 계획모형은 합리성과 의사결정을 위한 일련의 선택 과정을 강조한다.
② 정치·경제 계획 모형(Political Economy Planning)은 자본주의 사회계층 간의 갈등은 도시계획의 집행 결과에 따른 현상으로 조명되어야 한다고 주장한다.
③ 점진적 계획(Incremental Planning)은 인간 합리성의 한계를 인정하고 지속적인 조정과 적용을 통해 계획의 목표를 추구하는 접근방법을 제시한다.
④ 옹호적 계획(Advocacy Planning)은 공공정책 결정을 위한 기준을 제시하는 기술·관료적 역할을 중시한다.

해설

허드슨(Hudson)은 계획이론을 총합적 계획, 점진적 계획, 교류적 계획, 옹호적 계획, 급진적 계획으로 구분하였다.

정답 ④

> 유제

06 다음 중 존 프리드만(J. Friedmann)이 주장한 교류적 계획(Transactive Planning)에 대한 설명으로 옳지 않은 것은?

① 계획의 집행에 직접적으로 영향을 받는 사람들과의 상호 교류와 대화를 통하여 계획을 수립하여야 한다.
② 인간의 존엄성에 기초를 두고 있는 신 휴머니즘(New Humanism)의 철학적 사고에서 파생하였다.
③ 주민의 복지에 영향을 주는 사회적 의사결정과정에 대한 참여를 증가시킬 수 있는 분권화된 계획체계로의 발전을 의미한다.
④ 계획의 직접적 영향을 받는 사람들조차도 무관심한 계획안으로부터 발생할 수 있는 이익을 주민의 관점에서 지지하였다.

> 해설

프리드만 – 교류적 계획, 다비도프 – 옹호적 계획

정답 ④

유형 19

가도시화(pseudo – urbanization)

개발도상국의 도시 성장이 산업화에 따른 경제성장에 미치지 못하면서 발생되는 도시팽창현상을 말한다. 산업 기반이 취약한 발전도상국의 비정상적 도시팽창 현상을 말한다.

유제

01 다음 중 가도시화(pseudo – urbanization) 현상에 대한 설명으로 옳지 않은 것은?

① 도시지역의 인구는 증가하나 일자리나 생활터전이 충분하지 못한 상황이다.
② 도시의 공간적 범위가 빠른 속도로 확대되어 각종 기능이 급격하게 성장하는 초고속 도시화 현상이다.
③ 동남아시아, 라틴아메리카 등 제3세계로 불리는 개발도상국들에서도 일반적으로 발생하였다.
④ 도시 내 비공식 경제부문인 노점상, 일용노동자 등의 비율이 매우 높은 현상을 보인다.

해설

가도시화는 도시의 부양능력 즉 고용능력에 비해 지나치게 많은 인구가 집중하여 공간적 범위는 그대로임에도 불구하고 인구만 비대해지는 도시현상을 말한다.

정답 ②

유제

02 가도시화(pseudo – urbanization)에 대한 설명으로 옳은 것은?

① 도시의 고용능력을 넘어선 인구집중으로 인해 발생한 현상이다.
② 3차 산업에 비하여 2차 산업의 비중이 높은 도시에서 주로 발생한다.
③ 경제기반이 약한 개발도상국의 도시에서 비공식부문보다 공식부문에의 취업인구가 많아지는 현상이다.
④ 농촌의 주택부족으로 인해 베드타운의 기능이 강한 인근 도시로의 인구 이동 현상을 말한다.

해설

도시화는 도시의 수가 많아지고 도시인구의 비율이 높아지는 현상은 양적 도시화, 1차 산업보다 2·3차 산업의 비중이 높아지고, 도시적 생활양식이 확대되는 현상은 질적 도시화라 한다.

정답 ①

유제

03 도시의 부양능력에 비하여 지나치게 많은 인구가 집중하여 인구적으로만 비대해진 도시화를 무엇이라 하는가?

① 역도시화(de – urbanization)
② 어반스프롤(urban sprawl)
③ 외부경제(external economy)
④ 가도시화(pseudo – urbanization)

정답 ④

유제

04 도시인구의 증가 속도가 도시산업의 발달 속도보다 훨씬 커서 직장과 주택이 없는 사람들이 도시 빈민화하고 슬럼지구를 형성하며, 이들이 생존을 위해 비공식 경제부문에 종사하는 등 도시 경제의 잉여 부분에 기생하면서 살아가야 하는 현상을 무엇이라고 하는가?

① 젠트리피케이션
② 역도시화
③ 가도시화
④ 종주도시화

해설

① 젠트리피케이션 – 도심공동화 현상을 해결하기 위해 도심의 활성화를 도모하기 위한 재개발사업 등을 말한다.
② 역도시화 – 대도시에서 비도시지역으로 인구의 전출이 전입을 초과하는 현상.
④ 종주도시화 – 종주 도시화란 수위 도시(primate city)에 인구와 기능이 과잉 집중되는 현상으로, 수위 도시의 인구가 제2위 도시의 인구보다 두 배가 넘는 현상을 의미한다.

정답 ③

유제

05 도시화가 빠르게 진행되면서 발생하는 가도시화 (Pseudo – urbanization)에 대한 설명으로 옳은 것은?

① 개발도상국가들 보다는 인구의 정체가 일어나는 국가나 지역에서 발생하는 현상이다.
② 도시의 부양능력에 비해 많은 인구가 유입되며 인구적으로 비대해진 현상을 의미한다.
③ 도심의 공동화로 인해 슬럼화되는 현상을 해결하기 위해서 도심을 재생하며 활성화를 도모하는 현상이다.
④ 대도시에서 비도시지역으로 인구가 전출되면서 대도시의 상주인구가 급격하게 감소하는 현상을 의미한다.

정답 ②

유제

06 도시화의 과정에서 도시산업의 발달 속도보다 도시인구의 증가 속도가 훨씬 크게 되는 현상은?

① 가도시화
② 간접도시화
③ 종주도시화
④ 과잉도시화

정답 ①

유형 20

입지계수(LQ)

● 어떤 지역의 산업이 전국의 동일산업에 대한 상대적인 중요도를 측정하는 방법
1. 입지계수가 1보다 크면 기반산업에 해당한다.
2. 입지계수가 1보다 작으면 비기반산업에 해당한다.
3. 입지계수가 1이 전국이 같은 수준이다.

유제

01 전국의 총 고용인구는 1800만 명이고 전국의 제조업 고용인구는 600만 명이다. 가상 도시의 제조업 고용인구가 5만 명일 때 가상도시의 총 고용인구수는? (단, 가상도시의 제조업의 입지계수는 1)

① 5만명
② 10만명
③ 15만명
④ 20만명

해설

입지계수(LQ) = 지역 ÷ 전국

정답 ③

유제

02 다음과 같은 조건에서 A도시의 섬유산업에 대한 입지계수는?

- 전국의 고용인구: 5천만 명
- 전국의 섬유산업 종사자수: 1백만 명
- A도시의 고용인구: 2백만 명
- A도시의 섬유산업 종사자수: 5만 명

① 0.5
② 0.8
③ 1.25
④ 1.50

해설

50÷40 = 1.25

정답 ③

유제

03 각 지역과 산업별 고용자수가 다음과 같을 때, A지역 X산업과 B지역 Y산업의 입지계수(LQ)를 올바르게 계산한 것은?

구분		A지역	B지역	전 지역 고용자수
X산업	고용자수	100	140	240
	입지계수	(ㄱ)	1.17	
Y산업	고용자수	100	60	160
	입지계수	1.25	(ㄴ)	
고용자수 합계		200	200	400

	ㄱ	ㄴ		ㄱ	ㄴ
①	0.75	0.83	②	0.75	1.33
③	0.83	0.75	④	0.83	1.33

정답 ③

유형 21
계획이론의 분류

계획이론은 최적의 계획안을 제시함으로써 의사결정 기준을 제시하고 계획의 실행을 통한 사회구조 개선을 유도한다. 계획이론의 분류로는 실체적 이론과 절차적 이론으로 구분하는데 실체적 이론은 특정 계획 분야의 전문 지식에 관한 이론으로 계획 현상·대상에 관한 이론이고, 절차적 이론은 계획이 어떻게 작용하는 가에 관한 이론으로 목표·가치에 따라 계획안으로 만들어 내는 과정에 관한 이론이라 할 수 있다. 또한 실체적 이론은 도시계획을 실행할 수 있는 토지이용계획, 교통계획 등 도시에 대한 전문적인 지식과 기술을 바탕으로 구체적인 계획안 작성(생산)·집행하는 과정이고, 절차적 이론은 특정 분야에 관계없이 각 분야가 추구하는 목표와 가치에 따라 계획하는 과정에 대한 공통적·일반적 이론이다.

<U>허드슨(Hudson)은 계획을 다섯 가지로 분류하였다. 종합적 계획, 점진적 계획, 교류적 계획, 옹호적 계획, 급진적 계획이 그것이다.</U>

프리드만은 계획사상에 의한 분류로 사회개혁이론, 정책분석이론, 사회학습이론, 사회동원이론 이렇게 네 가지로 구분하였다.

○ 계획이론의 구분
  (1) 절차적 이론: <U>계획의 수립 및 시행에 관련된 이론</U>
  (2) 실체적 이론: <U>계획의 대상 및 구성요소</U>에 대한 이론으로 계획이 실행되는 환경이나 계획의 대상이 되는 현상을 연구한다.
○ 팔루디(A. Faludi)에 의한 계획이론의 분류방법
  계획 현상과 계획과정에 관한 이론으로 계획이론이 계획의 실체에 관심을 갖는지 혹은 계획 절차에 관심을 갖는지에 대한 구분으로 양자는 상호 보완적이다.

유제

01 계획이론을 절차적 이론(Procedure Planning theory)과 실체적 이론(Substantive Planning theory)으로 나누어 볼 때, 다음 절차적 이론의 관심 영역에 포함되지 않는 것은?

① 합리적 계획과정에 관한 이론
② 계획목표와 대안선택과의 관계에 대한 이론
③ 도시경제의 구성요소와 분석에 관한 이론
④ 계획집행의 평가에 관한 이론

정답 ③

유제

02 도시계획의 실체적 이론과 절차적 이론에 대한 설명으로 옳지 않은 것은?

① 실체적 이론은 특정 계획 분야의 전문 지식에 관한 이론이다.
② 절차적 이론은 계획이 실행되는 환경이나 계획의 대상이 되는 현상을 이해하는데 사용되는 이론이다.
③ 팔루디(Faludi)는 실체적 이론과 절차적 이론이 완전히 상호 베타적이지는 않다고 주장하였다.
④ 도시계획에서 실체적 이론이란 토지이용계획, 교통계획 등 전문적 지식과 기술에 바탕을 둔 일련의 행위과정을 의미한다.

해설

계획이 실행되는 환경이나 계획의 대상이 되는 현상을 연구하는 이론은 실체적 이론이다.

정답 ②

유제

03 계획이론을 실체적 이론(substantive theories)과 절차적이론(procedural theories)으로 구분할 때, 다음 중 절차적 이론에 대한 설명으로 옳지 않은 것은?

① 보다 효율적이고 합리적인 계획을 수립하고 실행하기 위한 계획의 과정에 관한 이론이다.
② 경제 또는 사회의 구조나 현상 등을 설명하고 예측하여 문제의 해결 대안을 제시하는 이론이다.
③ 계획의 대상이 되는 현상에 대한 이해보다는 계획 그 자체가 어떻게 작용하는가에 관한 이론이다.
④ 계획이 추구하는 목표와 가치에 따라 계획안을 만들어 내는 과정에 관한 공통적이고 일반적인 이론이다.

정답 ②

유제

04 계획이론을 실체적 이론(Substantive Theories)과 절차적이론(Procedural Theories)으로 구분할 때, 실체적 이론에 대한 설명으로 틀린 것은?

① 경제 또는 사회의 구조나 현상 등을 설명하고 예측하여 문제의 해결 대안을 제시하는 이론이다.
② 다양한 계획 활동에 있어 필요로 하는 분야별 전문 지식에 관한 이론이다.
③ 도시계획에서 실체적 이론이란 토지이용계획, 교통계획 등에 관한 이론이 된다.
④ 계획이 추구하는 목표와 가치에 따라 계획안을 만들어내는 과정에 관한 공통적이고 일반적인 이론이다.

정답 ④

유제

05 계획이론을 실체적 이론(substantive theories)과 절차적 이론(procedural theories)으로 구분할 때, 다음 중 절차적 이론에 대한 설명으로 옳지 않은 것은?

① 보다 효율적이고 합리적인 계획을 수립하고 실행하기 위한 계획의 과정에 관한 이론이다.
② 경제 또는 사회의 구조나 현상 등을 설명하고 예측하여 문제의 해결 대안을 제시하는 이론이다.
③ 계획의 대상이 되는 현상에 대한 이해보다는 계획 그 자체가 어떻게 작용하는가에 관한 이론이다.
④ 계획이 추구하는 목표와 가치에 따라 계획안을 만들어내는 과정에 관한 공통적이고 일반적인 이론이다.

정답 ②

유제

06 계획이론을 실제적 이론(Substantive Theories)과 절차적 이론(Procedural Theories)로 구분할 때 실체적 이론에 대한 설명으로 옳지 않은 것은?

① 다양한 계획 활동에 있어 필요로 하는 분야별 전문 지식에 관한 이론이다.
② 도시계획에서 실제적 이론이란 토지이용계획 교통계획 등에 관한 이론이 된다.
③ 경제 또는 사회의 구조나 현상 등을 설명하고 예측하여 문제의 해결 대안을 제시하는 이론이다.
④ 계획이 추구하는 목표와 가치에 따라 계획안을 만들어 내는 과정에 대한 공통적이고 일반적인 이론이다.

정답 ④

유제

07 도시계획의 실체적 이론과 절차적 이론에 대한 설명으로 옳지 않은 것은?

① 실체적 이론은 특정 계획 분야의 전문 지식에 관한 이론이다.
② 절차적 이론은 계획이 실행되는 환경이나 계획의 대상이 되는 현상을 이해하는데 사용되는 이론이다.
③ 팔루디(Faludi)는 실체적 이론과 절차적 이론이 완전히 상호 배타적이지는 않다고 주장하였다.
④ 도시계획에서 실체적 이론이란 토지이용계획, 교통계획 등 전문적 지식과 기술에 바탕을 둔 일련의 행위과정을 의미한다.

정답 ②

유형 22
우리나라 도시계획

01 한성(옛날의 서울)의 가로망 계획에 대한 설명 중 가장 거리가 먼 것은?

① 일반적인 중국의 도시계획과 유사하게 계획되었다.
② 자연 지세를 활용하여 계획되었다.
③ 막다른 골목과 우회로가 사용되었다.
④ 주로 격자형의 가로망을 바탕으로 하였다.

> 해설

도시의 서북쪽에는 북악산을 뒷 배경으로 삼은 경복궁이 자리하고 있다. 주산인 북악산이 서쪽에 치우쳐 있기 때문에 경복궁 역시 서쪽에 위치하고 있지만 관념적으로 경복궁은 한성부의 정중앙으로 이런 관념에 맞춰 도시가 설계되어 있다.

경복궁 동서로 좌묘우사의 원칙에 따라 서쪽에는 사직, 동쪽에는 종묘를 배치하였으며 광화문 앞으로는 관청가인 육조거리가 있다. 한성은 동서를 잇는 도로가 발달한 도시로 도성 한가운데를 가로지르며 이어진 종로를 중심으로 크고 작은 도로가 이어져 있다. 조선의 한성도 중국의 '주례고공기'를 전범으로 삼아 건설되었다. 하지만 조선은 산이 많았고 또 외적의 방어에 산성이 중요시 되었으며 풍수리리 사상도 도서의 건설에 중요하게 작용되었기 때문에 평지에 세워진 중국의도성과는 꽤 많은 차이가 있었다. 궁성인 경복궁은 도성의 북쪽에 위치하지만 주산인 북악산을 기준으로 위치를 잡았기 때문에 도시 서쪽에 치우쳐 있다. 궁성 앞으로 주작대로에 해당하는 육조거리를 냈지만 중간에 언덕으로 막혀 바로 남대문까지 이어지지 않았다. 동서도로인 종로는 완전한 직선이 아니며 동대문과 서대문이 대칭되는 위치에 있지 않았다. 도로는 격자형으로 구획되어 있지 않고 비정형적이었다. 성곽은 도시를 둘러싸고 있는 산의 지형에 따라 쌓았기 때문에 구불구불하며 문의 위치도 정방향이 아닌 산과 산 사이에 위치하였다.

정답 ①

02 우리나라 제2기(판교, 화성, 김포, 송파 등) 신도시 계획의 특성은?

① 고밀도 유지
② 자가용교통 전제
③ 프로젝트 파이낸싱 활동
④ 하드웨어적 기반시설에 치중

정답 ③

03 1980년대 계획된 우리나라 1기 신도시와 비교하여 2000년대에 추진된 제2기 신도시의 계획 특성이 아닌 것은?

① 대중교통 지향적인 교통체계를 갖추었다.
② 녹지율을 높여 그린네트워크를 지향하였다.
③ 친환경, 첨단과 같은 신도시로서의 테마를 강조하였다.
④ 1기 신도시에 비해 토지이용에 있어 고밀도를 유지하였다.

> 해설

○ 1기 신도시(분당, 일산, 평촌, 산본, 중동)
- 80년대 후반, 서울지역 내에서의 택지개발이 개발용지의 부족으로 더 이상 불가능하게 되어 개발제한구역 외곽에 신도시를 건설하게 되었다. 5개 신도시는 업무, 주거, 상업, 공용의 청사, 체육시설 및 공원. 녹지 등 생활편익시설이 완비된 도시로 종합적인 계획을 수립하여 건설되었다.

○ 2기 신도시
- 성남판교·화성동탄·위례신도시는 서울 강남지역의 주택 수요 대체와 기능을 분담하고, 김포한강·파주운정·인천검단 신도시는 서울 강서·강북지역의 주택수요 대체와 성장거점기능을 분담하며, 광교신도시는 수도권 남부의 첨단·행정기능을, 양주(옥정·회천) 및 고덕국제화계획지구는 각각 경기 북부 및 남부의 안정적 택지공급과 거점기능을 분담하게 될 것이다.
- 12개 신도시는 서울 등 주변 지역과의 교통체계 구축 및 쾌적한 주거환경과 자족기능을 갖추게 될 것이며 아울러 수도권의 과밀해소와 주거안정에 기여하게 될 것이다.
- 1기 신도시 5개소에서 총 면적 50.1㎢를 조성하여 주택 29만2천호(인구 약 117만명)를 공급하여 수도권 주택시장 안정에 기여하였다는 평가를 받았다. 다만, 90년대 중반이후 1기 신도시 건설에 따른 수도권 집중, 물가상승, 교통체증 등 사회적 비판이 일어나자 정부는 대규모 신도시 건설보다는 소규모 택지의 분산적 개발과 준농림지역 내 소규모 민간 개발로 정책방향을 선회하였다. 그러나 준농림지역 개발정책 또한 2000년대 초반에 용인, 파주 등 교외지역에 소규모 개발이 누적되어 기반시설 부족 등에 의한 국토의 난개발 문제가 사회적으로 큰 이슈로 제기되자, 정부는 국토의 난개발 문제를 해결하기 위하여 국토이용 체계를 선 계획 - 후 개발체제로 전환하고 1기 신도시의 문제점을 개선한 계획도시 개념의 신도시를 다시 추진하게 되는데 이 시기에 추진된 신도시를 2기 신도시(2001~현재)라고도 한다.

정답 ④

04 다음 중 88올림픽 이후의 주택가격 폭등에 대처하기 위한 주택 대량 공급 방안으로 건설된 수도권 1기 신도시만을 나열한 것은?

① 분당, 일산, 평촌, 산본, 중동
② 분당, 일산, 과천, 상계, 목동
③ 판교, 송파, 파주, 분당, 일산
④ 목동, 과천, 상계, 영통, 광명

정답 ①

05 국토공간계획지원체계(Korea Planning Support System, KOPSS)에 대한 설명으로 옳지 않은 것은?

① 국토공간계획 및 정책의 수립, 시행, 평가과정에서 의사결정에 필요한 정보를 지원코자 개발된 계획지원도구이다.
② 국가공간정보체계의 자료와 한국토지정보(KLIS)등 유관시스템 자료를 온라인 또는 오프라인 형식으로 수집하여 연결, 가공, 처리하여 활용할 수 있다.
③ 지역계획, 토지이용계획, 도시정비계획, 공공시설계획, 경관계획 등 공간계획 업무를 GIS와 공간통계기법의 활용을 통해 정책의사결정을 지원할 수 있다.
④ "국가공간정보에 관한 법률" 제2조 제6항에 따라 기본공간정보데이터베이스를 기반으로 국가공간정보체계를 통합 또는 연계하여 국토교통부장관이 구축, 운용토록 되어 있다.

> **해설**

KOPSS의 근거법률 조항은 공간정보법 25조이다.
○ KOPSS(Korea Planning Support Systems) 개념
과학적이고 투명한 행정을 위해 GIS와 각종 공간분석기법을 활용하여 국토정책 및 공간계획 수립을 지원하는 의사결정지원 도구.

「국토공간정보법」

제2조(정의) 이 법에서 사용하는 용어의 뜻은 다음과 같다.
1. "공간정보"란 지상·지하·수상·수중 등 공간상에 존재하는 자연적 또는 인공적인 객체에 대한 위치정보 및 이와 관련된 공간적 인지 및 의사결정에 필요한 정보를 말한다.
2. "공간정보데이터베이스"란 공간정보를 체계적으로 정리하여 사용자가 검색하고 활용할 수 있도록 가공한 정보의 집합체를 말한다.
3. "공간정보체계"란 공간정보를 효과적으로 수집·저장·가공·분석·표현할 수 있도록 서로 유기적으로 연계된 컴퓨터의 하드웨어, 소프트웨어, 데이터베이스 및 인적자원의 결합체를 말한다.
4. "관리기관"이란 공간정보를 생산하거나 관리하는 중앙행정기관, 지방자치단체, 「공공기관의 운영에 관한 법률」제4조에 따른 공공기관(이하 "공공기관"이라 한다), 그 밖에 대통령령으로 정하는 민간기관을 말한다.
5. "국가공간정보체계"란 관리기관이 구축및관리하는 공간정보체계를 말한다.
6. <u>"국가공간정보통합체계"란 제19조제3항의 기본공간정보데이터베이스를 기반으로 국가공간정보체계를 통합 또는 연계하여 국토교통부장관이 구축·운용하는 공간정보체계를 말한다.</u>
7. "공간객체등록번호"란 공간정보를 효율적으로 관리 및 활용하기 위하여 자연적 또는 인공적 객체에 부여하는 공간정보의 유일식별번호를 말한다.

제25조(국가공간정보센터의 설치) ① 국토교통부장관은 공간정보를 수집·가공하여 정보이용자에게 제공하기 위하여 국가공간정보센터를 설치하고 운영하여야 한다.
② 제1항에 따른 국가공간정보센터(이하 "국가공간정보센터"라 한다)의 설치와 운영 등에 관하여 필요한 사항은 대통령령으로 정한다.

정답 ④

06 우리나라 도시계획제도의 성립과 변화 과정에 대한 설명으로 옳지 않은 것은?

① 근대 도시계획제도는 1934년 제정된 조선시가지계획령에서 비롯되었다.
② 1981년 도시계획법이 전면 개정되면서 20년 장기의 도시기본계획수립을 제도화 하였다.
③ 1962년 도시계획법이 제정되면서 일제의 잔재를 청산하고 새로운 도시계획체계를 확립했다.
④ 2002년 국토의 계획 및 이용에 관한 법률을 제정하면서 각각 다른 법률에 의하여 도시지역과 비도시지역으로 관리하도록 운영을 이원화 하였다.

> 해설

④ 일원화

정답 ④

07 우리나라에서 도시계획의 민주화와 공개화를 위해 지역주민에게 공청회나 의견청취 등의 기회를 부여하는 주민참여가 제도화된 시기는?

① 1960년대
② 1970년대
③ 1980년대
④ 1990년대

정답 ③

08 우리나라 최초의 도시계획법이라고도 볼 수 있으며, 지역·지구의 법적 근거를 최초로 마련한 법규는?

① 조선시가지계획령
② 토지구획정리사업법
③ 도시계획법
④ 건축법

정답 ①

09 인구의 규모, 분포, 구조, 그리고 주택의 특성을 파악하기 위해 실시하는 우리나라 인구주택 총조사의 실시 주기는?

① 2년
② 5년
③ 7년
④ 10년

정답 ②

10 우리나라의 제3차 국가 GIS사업(2006~2010)의 기본방향에 해당하지 않는 것은?

① GIS 기반 전자정부 구현
② GIS를 이용한 뉴비즈니스 창출
③ 유비쿼터스 환경을 지향한 지능형 국토건설
④ 국가 공간정보의 디지털 구축 초석 마련

해설

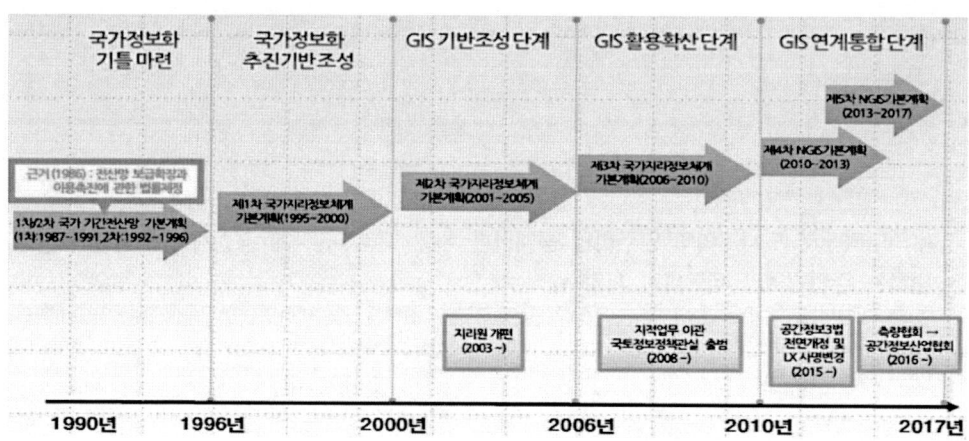

정답 ④

11 우리나라 국토종합계획의 배경에 대한 아래 내용에서 ㉠~㉣에 들어갈 말이 차례대로 모두 옳은 것은?

구분	계획 배경
㉠ 국토종합계획	국력의 신장과 공업화 추진
㉡ 국토종합계획	국토균형발전, 동북아의 중심국가로 도약하기 위한 개방형 통합국토 구축
㉢ 국토종합계획	국민생활 환경의 개선과 수도권의 과밀 완화
㉣ 국토종합계획	사회간접자본시설의 미흡에 따른 경쟁력 강화와 자율적 지역개발전개

① ㉠ 제1차 ㉡ 제2차 ㉢ 제3차 ㉣ 제4차
② ㉠ 제1차 ㉡ 제3차 ㉢ 제4차 ㉣ 제2차
③ ㉠ 제1차 ㉡ 제3차 ㉢ 제2차 ㉣ 제4차
④ ㉠ 제1차 ㉡ 제4차 ㉢ 제2차 ㉣ 제3차

해설

1972년 처음으로 1차 국토종합개발계획이 시작되었다.

정답 ④

12 아래의 설명에 해당하는 우리나라 신라시대의 가장 대표적인 도시는?

> 월성(月城)을 축조하여, 이를 중심으로 각처에 수많은 궁전과 관아, 귀족들의 저택, 분황사와 황룡사 등 대사찰과 불탑들이 신라문화를 장식하였다.

① 광주 ② 진주
③ 공주 ④ 경주

정답 ④

13 도시와 지역에 관련된 용어의 개념 중 틀린 것은?

① 교통의 결절지점을 중심으로 한 영향권을 역세권이라 한다.
② 미국의 대도시권(Metropolitan Statistical Area)은 인구 5만 이상의 중심도시가 하나 이상 포함된다.
③ 우리나라의 수도권은 서울특별시와 인천광역시, 그리고 경기북부 지역으로 구성되어 있다.
④ 거대도시권(Megalopolis)이란 대도시권이 연담되어 있는 대규모 도시지역을 의미한다.

정답 ③

14 결절지역(nodal region)에 관한 설명으로 옳지 않은 것은?

① 이질적인 공간경제의 속성과 공간적 차원을 다루는 지역분류법이다.
② 기능적 측면에서 공간상의 흐름, 접촉 상호의존성을 고려한 개념이다.
③ 인구와 경제적 활동이 집적하게 되므로 중심지역과 주변지역으로 나뉘어진다.
④ 지역경제 및 지역정책 목적을 효과적으로 달성하기 위해 인위적으로 설정한 지역이다.

> 해설
>
> 지역의 유형 중 계획지역(planning region)은 지역경제 내지 지역정책의 목적을 효과적으로 달성하기 위하여 인위적으로 설정된 영역이다.

정답 ④

15 다음 중 도시화 진전에 따른 우리나라의 도시공간구조적 특징이 아닌 것은?

① 시급 이상 도시지역 인구의 고밀도화
② 소수 대도시지역 인구집중의 편향적 도시체계
③ 수도권의 비대성장과 종주화의 심화
④ 생활권 중심의 지방거점도시의 균형적 성장

정답 ④

16 다음 중 우리나라의 조세 체계상 도시자치단체의 재원이 아닌 것은? *

① 지방양여금
② 국고보조금
③ 주민세, 재산세
④ 법인세, 교통세

> 해설

○ 국세
내국세(소득세, 법인세, 부가가치세, 상속·증여세, 부당이득세, 개별소비세, 주세, 인지세, 증권거래세), 관세, 교통세, 교육세, 농어촌특별세, 종합부동산세 등

정답 ④

17 우리나라 도시토지 이용상의 문제점과 가장 거리가 먼 것은?

① 급격한 지가 상승
② 토지의 실수요자 증대
③ 개발이익의 불공평한 배분
④ 토지이용의 비효율성

정답 ②

18 우리나라 도시관리에서 공공서비스의 전달체계 정비를 위해서 개선되어야 할 항목과 관계가 먼 것은?

① 대민 행정의 강화 및 질적 향상
② 행정조직 간의 즉시적 정보교환 운영 체계구축
③ 정보교환 과정에 시민의 적극 참여
④ 도시지역 발전에 관한 종합 조정 권한 확보

정답 ④

19 전면철거방식으로 시행하는 우리나라 불량주택재개발(합동재개발)사업의 문제점과 거리가 먼 것은?

① 토지이용의 효율성 저하
② 세입자 대책의 미흡
③ 원주민들의 재정착율 저하
④ 세입자, 가옥주 등 이해관계자 간의 갈등

> 해설

전면재개발 = 철거재개발 = 합동재개발 방식

정답 ①

20 우리나라 용도지역의 지정은 도시지역, 관리지역, 농림지역, 자연환경보전지역으로 구분하는데 다음 중 도시지역 내의 세부구분으로 옳은 것은? ★

① 주거지역, 상업지역, 공업지역, 녹지지역
② 취락지역, 방재지역, 공업지역, 풍치지역
③ 시설보호지역, 상업지역, 공업지역, 경관지역
④ 주거지역, 상업지역, 공업지역, 보존지역

정답 ①

21 토지구획정리사업에 관한 설명으로 틀린 것은? ★

① 대지로서의 효용증진과 공공시설정비를 위한 것이다.
② 사업의 시행과정에서 토지의 기존권리를 인정한다.
③ 개발주체가 대상토지를 매입 또는 수용한다.
④ 우리나라 신시가지 개발에 중요한 역할을 하였다.

> 해설

토지구획정리사업은 사업 시행 전의 권리관계에 변동을 가하지 않고, 토지의 교환과 분합 등의 환지방식이다. 공공시설을 확보하고 시가지를 개발하는 방식으로 도시재정이 충분하지 못한 상황에서 도시의 자연발생적 성장으로 인한 시가지의 무질서한 확산을 방지하고 새로이 형성되는 시가지의 공공용지 사전확보 등을 목적으로 시행되었다. 사업비 충당을 위해 체비지 및 공공용지에 해당하는 일정 면적을 토지소유자가 일정 비율대로 부담하는 환지방식의 보상을 통해 공공재원의 투자 없이 공공용지의 확보가 가능한 것이 이점으로 토지구획정리사업의 시행자는 토지소유자와 조합에 우선권이 부여된다. 그렇지 않을 경우, 국가, 지방자치단체, 대한주택공사, 한국토지개발공사 등이 시행자가 될 수 있다.

○ 토지구획정리사업
- 1966년에 시행된 대지로서의 효용증진과 공공시설의 정비를 위한 사업.
- 2000년 7월 폐지.

토지구획정리사업은 대지로서의 효용증진과 공공시설의 정비를 위하여 토지의 교환·분합, 기타의 구획변경, 지목 또는 형질의 변경이나 공공시설의 설치·변경에 관한 사업으로, 크게 계획·개발·환지의 3단계로 나누어진다. 먼저, 사업계획의 수립단계에서는 사업지구의 설계와 자금계획을 결정한다. 사업의 시행 이전에 사업지구 내 토지현황을 측량하고, 구획정리를 위한 권리관계를 조사한다. 이후 도시계획으로 결정된 가로, 공원 등의 시설을 포함하여 사업지구 전체를 설계한다. 지구설계와 자금계획에 의하여 사업계획서를 작성하고, 공동시행의 경우에는 규약을, 조합시행의 경우에는 정관을, 지방자치단체 및 국가시행의 경우에는 시행규정을 작성하여야 한다. 아울러 토지구획정리사업의 구체적인 사업계획을 작성하기 위해서는 토지 각 필지에 대한 환지를 설계하고, 체비지 혹은 환지예정지를 지정하여야 한다.

환지예정지의 지정 이후에는 종전의 대지에 있는 건물, 기타 공작물 등을 환지예정지에 이전하는 단계다. 건물 이전과 병행하여 가스, 상하수도, 철궤도, 전주 기타의 노상 노하의 공작물, 묘지 등은 이설할 필요가 있다. 건물을 이전하기 위해서는 먼저 환지선의 정지공사를 하여야 하고, 가로, 공원, 수로, 구거 등 공공시설용지에 대한 건축공사 등 제반 공사를 하게 된다.

이후 모든 개발이 끝나면 환지처분을 한다. 환지처분은 관계 권리자에게 환지계획에 정해진 청산 등의 관계사항을 통지함으로써 행해진다. 환지계획에서 정해진 환지는 환지처분에 대한 공고일 다음날부터 종전의 토지로 간주된다. 종전의 토지 위에 존재한 모든 권리는 환지 상에 각각 존속하게 되고, 지구 내의 권리관계가 확정된다.

한편, 토지의 정리 전·후의 가치를 비교 평가하여 각 대지 간의 불균형을 금전으로 평균화시키는데, 이때 평균화를 위한 금전이 청산금에 해당된다. 토지정리의 결과로 상대적으로 평균 가치 이상의 좋은 환지를 얻은 자는 청산금을 지불하며, 평균 가치 이하의 환지를 받은 자는 청산금을 수취하게 된다. 시행자가 행정청인 경우에 정리 후 대지 총가격이 정리 전의 대지 총가격보다 감소한 경우에는 그 차액에 해당하는 금액, 즉 감가보상금을 종전 토지소유자 또는 권리자에게 배분하게 된다.

토지와 건물에 대한 대위등기, 토지구획정리등기 등 등기완료 공고를 함으로써 토지구획정리사업은 종결된다.

<u>토지구획정리사업의 시행자는 개인과 조합(토지소유자 7인 이상의 조합원 전원으로 총회를 조직), 그리고 정부나 공공기관 등이며, 토지구획정리사업의 대부분을 지방자치단체 특히 시가 수행하였다.</u>

정답 ③

22 우리나라 대도시 지역의 주요 문제라고 볼 수 없는 것은?

① 토지·주택의 부족
② 교통혼잡과 환경악화
③ 도시재정의 팽창과 재원부족
④ 핵가족화 현상의 둔화

정답 ④

23 우리나라 「도시 및 주거환경정비법」에 근거한 도시정비사업 유형으로 거리가 먼 것은? *

① 재개발사업
② 재건축사업
③ 주거환경개선사업
④ 도시재개발사업

정답 ④

24 지방자치제도가 실시된 이래 우리나라 도시들간에 나타나는 현상이라고 볼 수 없는 것은?

① 핵발전소, 쓰레기 매립장 등의 관리·운영권을 둘러싼 갈등과 대립
② 지역 경제적 파급효과가 큰 국가적 차원의 기능과 시설의 유치를 위한 노력과 갈등
③ 장기발전계획을 수립하여 광역적 차원에서 지역의 발전을 도모하려는 인근 도시들 간의 협력
④ 환경보호와 지속가능한 개발을 위해 시정부 주도의 성장억제정책을 인근 도시들과 공동으로 추진

정답 ④

25 다음 중 우리나라 조선시대의 도시의 성격과 가장 거리가 먼 것은?

① 산업의 중심지
② 군사적 요충지
③ 교역의 중심지
④ 행정의 중심지

정답 ①

26 우리 도시의 경제기반 약화, 인구감소, 고령화 사회 등 경제·사회적 여건변화에 대응하여 과거 국토해양부가 제시한 '미래도시 비전 2020'에서 제시한 4대 정책목표(4C City)가 아닌 것은?

① 경쟁력(Competitive) 있는 도시
② 편리한(Convenient) 생활 도시
③ 조용한(Calm) 전원도시
④ 깨끗한(Clean) 녹색도시

해설

○ 4대 정책목표(4C City)
경쟁력 있는(Competitive) 활력도시, 편리한(Convenient) 생활도시, 매력적인(Charming) 문화도시, 깨끗한(Clean) 녹색도시를 선정하였다.

정답 ③

27 다음 중 우리나라의 도시계획에 관한 설명으로 옳지 않은 것은?

① 도시기본계획은 도시의 미래상을 제시하는 20년 단위의 장기적이고 종합적인 계획이다.
② 도시계획의 지위와 관련하여, 특별시·광역시·시 또는 군의 관할 구역에서 수립되는 다른 법률에 따른 토지의 이용·개발 및 보전에 관한 계획은 도시계획의 기본이 된다.
③ 지역주민은 공청회, 공람 등을 통하여 도시계획과정에 직·간접적으로 참여할 수 있다.
④ 도시관리계획은 광역도시계획과 도시기본계획에 부합되어야 한다.

해설

- 국토의 계획 및 이용에 관한 법률 참조

> 제4조(국가계획, 광역도시계획 및 도시·군계획의 관계 등) ① 도시·군계획은 특별시·광역시·특별자치시·특별자치도·시 또는 군의 관할 구역에서 수립되는 다른 법률에 따른 토지의 이용·개발 및 보전에 관한 계획의 기본이 된다.
> ② 광역도시계획 및 도시·군계획은 국가계획에 부합되어야 하며, 광역도시계획 또는 도시·군계획의 내용이 국가계획의 내용과 다를 때에는 국가계획의 내용이 우선한다. 이 경우 국가계획을 수립하려는 중앙행정기관의 장은 미리 지방자치단체의 장의 의견을 듣고 충분히 협의하여야 한다.
> ③ 광역도시계획이 수립되어 있는 지역에 대하여 수립하는 도시·군기본계획은 그 광역도시계획에 부합되어야 하며, 도시·군기본계획의 내용이 광역도시계획의 내용과 다를 때에는 광역도시계획의 내용이 우선한다.
> ④ 특별시장·광역시장·특별자치시장·특별자치도지사·시장 또는 군수(광역시의 관할 구역에 있는 군의 군수는 제외한다. 이하 같다. 다만, 제8조제2항 및 제3항, 제113조, 제117조부터 제124조까지, 제124조의2, 제125조, 제126조, 제133조, 제136조, 제138조제1항, 제139조제1항·제2항에서는 광역시의 관할 구역에 있는 군의 군수를 포함한다)가 관할 구역에 대하여 다른 법률에 따른 환경·교통·수도·하수도·주택 등에 관한 부문별 계획을 수립할 때에는 도시·군기본계획의 내용에 부합되게 하여야 한다.

정답 ②

28 동양의 이상적인 도시계획의 원칙을 제시한 주례고공기(周禮考工紀)에 포함된 내용이 아닌 것은? *

① 수도는 사방으로 정방형이어야 하며, 성벽으로 둘러싸야 한다.
② 남북대로의 좌측(동쪽)에는 자신을 위한 사직을, 우측(서쪽)에는 왕의 조상을 위한 종묘를 만들어야 한다.
③ 각 방위마다 3개의 성문을 두어 모두 12개의 성물을 내며, 성내에는 중정을 배치한다.
④ 성 뒤쪽에는 시장을 두고, 성의 앞쪽에는 관청거리를 만들어야 한다.

해설

종묘는 왼쪽(동쪽)에, 사직은 오른쪽(서쪽)에 있다. 좌묘우사(左廟右社)에 의해 위치가 이렇게 된 것이다. 종묘는 선대왕들께 제사를 지내던 곳이고, 사직은 국토의 신과 곡식의 신에게 제사를 지내는 것이다.

정답 ②

29 대지로서의 효용 증진과 공공시설의 정비를 목적으로 하는 것으로, 도시 정부의 재정적 부담이 적어 1970년대, 1980년대 도시개발에 자주 쓰였던 개발방식은?

① 신도시개발 ② 도시재개발
③ 토지구획정리사업 ④ 도시계획시설사업

> 해설

③ 환지방식

정답 ③

유형 23
지구단위계획

제2조(정의) 이 법에서 사용하는 용어의 뜻은 다음과 같다.
1. "광역도시계획"이란 제10조에 따라 지정된 광역계획권의 장기발전방향을 제시하는 계획을 말한다.
2. "도시·군계획"이란 특별시·광역시·특별자치시·특별자치도·시 또는 군(광역시의 관할 구역에 있는 군은 제외한다. 이하 같다)의 관할 구역에 대하여 수립하는 공간구조와 발전방향에 대한 계획으로서 도시·군기본계획과 도시·군관리계획으로 구분한다.
3. "도시·군기본계획"이란 특별시·광역시·특별자치시·특별자치도·시 또는 군의 관할 구역에 대하여 기본적인 공간구조와 장기발전방향을 제시하는 종합계획으로서 도시·군관리계획 수립의 지침이 되는 계획을 말한다.
4. "도시·군관리계획"이란 특별시·광역시·특별자치시·특별자치도·시 또는 군의 개발·정비 및 보전을 위하여 수립하는 토지 이용, 교통, 환경, 경관, 안전, 산업, 정보통신, 보건, 복지, 안보, 문화 등에 관한 다음 각 목의 계획을 말한다.
   가. 용도지역·용도지구의 지정 또는 변경에 관한 계획
   나. 개발제한구역, 도시자연공원구역, 시가화조정구역(市街化調整區域), 수산자원보호구역의 지정 또는 변경에 관한 계획
   다. 기반시설의 설치·정비 또는 개량에 관한 계획
   라. 도시개발사업이나 정비사업에 관한 계획
   마. 지구단위계획구역의 지정 또는 변경에 관한 계획과 지구단위계획
   바. 입지규제최소구역의 지정 또는 변경에 관한 계획과 입지규제최소구역계획
5. "지구단위계획"이란 도시·군계획 수립 대상지역의 일부에 대하여 토지 이용을 합리화하고 그 기능을 증진시키며 미관을 개선하고 양호한 환경을 확보하며, 그 지역을 체계적·계획적으로 관리하기 위하여 수립하는 도시·군관리계획을 말한다.
5의2. "입지규제최소구역계획"이란 입지규제최소구역에서의 토지의 이용 및 건축물의 용도·건폐율·용적률·높이 등의 제한에 관한 사항 등 입지규제최소구역의 관리에 필요한 사항을 정하기 위하여 수립하는 도시·군관리계획을 말한다.
6. "기반시설"이란 다음 각 목의 시설로서 대통령령으로 정하는 시설을 말한다.
   가. 도로·철도·항만·공항·주차장 등 교통시설
   나. 광장·공원·녹지 등 공간시설
   다. 유통업무설비, 수도·전기·가스공급설비, 방송·통신시설, 공동구 등 유통·공급시설
   라. 학교·공공청사·문화시설 및 공공필요성이 인정되는 체육시설 등 공공·문화체육시설
   마. 하천·유수지(遊水池)·방화설비 등 방재시설
   바. 장사시설 등 보건위생시설
   사. 하수도, 폐기물처리 및 재활용시설, 빗물저장 및 이용시설 등 환경기초시설
7. "도시·군계획시설"이란 기반시설 중 도시·군관리계획으로 결정된 시설을 말한다.
8. "광역시설"이란 기반시설 중 광역적인 정비체계가 필요한 다음 각 목의 시설로서 대통령령으로 정하는 시설을 말한다.

가. 둘 이상의 특별시·광역시·특별자치시·특별자치도·시 또는 군의 관할 구역에 걸쳐 있는 시설
나. 둘 이상의 특별시·광역시·특별자치시·특별자치도·시 또는 군이 공동으로 이용하는 시설
9. "공동구"란 전기·가스·수도 등의 공급설비, 통신시설, 하수도시설 등 지하매설물을 공동 수용함으로써 미관의 개선, 도로구조의 보전 및 교통의 원활한 소통을 위하여 지하에 설치하는 시설물을 말한다.
10. "도시·군계획시설사업"이란 도시·군계획시설을 설치·정비 또는 개량하는 사업을 말한다.
11. "도시·군계획사업"이란 도시·군관리계획을 시행하기 위한 다음 각 목의 사업을 말한다.
   가. 도시·군계획시설사업
   나. 「도시개발법」에 따른 도시개발사업
   다. 「도시 및 주거환경정비법」에 따른 정비사업
12. "도시·군계획사업시행자"란 이 법 또는 다른 법률에 따라 도시·군계획사업을 하는 자를 말한다.
13. "공공시설"이란 도로·공원·철도·수도, 그 밖에 대통령령으로 정하는 공공용 시설을 말한다.
14. "국가계획"이란 중앙행정기관이 법률에 따라 수립하거나 국가의 정책적인 목적을 이루기 위하여 수립하는 계획 중 제19조제1항제1호부터 제9호까지에 규정된 사항이나 도시·군관리계획으로 결정하여야 할 사항이 포함된 계획을 말한다.
15. "용도지역"이란 토지의 이용 및 건축물의 용도, 건폐율(「건축법」제55조의 건폐율을 말한다. 이하 같다), 용적률(「건축법」제56조의 용적률을 말한다. 이하 같다), 높이 등을 제한함으로써 토지를 경제적·효율적으로 이용하고 공공복리의 증진을 도모하기 위하여 서로 중복되지 아니하게 도시·군관리계획으로 결정하는 지역을 말한다.
16. "용도지구"란 토지의 이용 및 건축물의 용도·건폐율·용적률·높이 등에 대한 용도지역의 제한을 강화하거나 완화하여 적용함으로써 용도지역의 기능을 증진시키고 경관·안전 등을 도모하기 위하여 도시·군관리계획으로 결정하는 지역을 말한다.
17. "용도구역"이란 토지의 이용 및 건축물의 용도·건폐율·용적률·높이 등에 대한 용도지역 및 용도지구의 제한을 강화하거나 완화하여 따로 정함으로써 시가지의 무질서한 확산방지, 계획적이고 단계적인 토지이용의 도모, 토지이용의 종합적 조정·관리 등을 위하여 도시·군관리계획으로 결정하는 지역을 말한다.
18. "개발밀도관리구역"이란 개발로 인하여 기반시설이 부족할 것으로 예상되나 기반시설을 설치하기 곤란한 지역을 대상으로 건폐율이나 용적률을 강화하여 적용하기 위하여 제66조에 따라 지정하는 구역을 말한다.
19. "기반시설부담구역"이란 개발밀도관리구역 외의 지역으로서 개발로 인하여 도로, 공원, 녹지 등 대통령령으로 정하는 기반시설의 설치가 필요한 지역을 대상으로 기반시설을 설치하거나 그에 필요한 용지를 확보하게 하기 위하여 제67조에 따라 지정·고시하는 구역을 말한다.
20. "기반시설설치비용"이란 단독주택 및 숙박시설 등 대통령령으로 정하는 시설의 신·증축 행위로 인하여 유발되는 기반시설을 설치하거나 그에 필요한 용지를 확보하기 위하여 제69조에 따라 부과·징수하는 금액을 말한다.

제49조(지구단위계획의 수립) ① 지구단위계획은 다음 각 호의 사항을 고려하여 수립한다.
1. 도시의 정비·관리·보전·개발 등 지구단위계획구역의 지정 목적
2. 주거·산업·유통·관광휴양·복합 등 지구단위계획구역의 중심기능
3. 해당 용도지역의 특성
4. 그 밖에 대통령령으로 정하는 사항
② 지구단위계획의 수립기준 등은 대통령령으로 정하는 바에 따라 국토교통부장관이 정한다.

제50조(지구단위계획구역 및 지구단위계획의 결정) 지구단위계획구역 및 지구단위계획은 도시·군관리계획으로 결정한다.

제51조(지구단위계획구역의 지정 등) ① 국토교통부장관, 시·도지사, 시장 또는 군수는 다음 각 호의 어느 하나에 해당하는 지역의 전부 또는 일부에 대하여 지구단위계획구역을 지정할 수 있다.
1. 제37조에 따라 지정된 용도지구
2. 「도시개발법」 제3조에 따라 지정된 도시개발구역
3. 「도시 및 주거환경정비법」 제8조에 따라 지정된 정비구역
4. 「택지개발촉진법」 제3조에 따라 지정된 택지개발지구
5. 「주택법」 제15조에 따른 대지조성사업지구
6. 「산업입지 및 개발에 관한 법률」 제2조제8호의 산업단지와 같은 조 제12호의 준산업단지
7. 「관광진흥법」 제52조에 따라 지정된 관광단지와 같은 법 제70조에 따라 지정된 관광특구
8. 개발제한구역·도시자연공원구역·시가화조정구역 또는 공원에서 해제되는 구역, 녹지지역에서 주거·상업·공업지역으로 변경되는 구역과 새로 도시지역으로 편입되는 구역 중 계획적인 개발 또는 관리가 필요한 지역
8의2. 도시지역 내 주거·상업·업무 등의 기능을 결합하는 등 복합적인 토지 이용을 증진시킬 필요가 있는 지역으로서 대통령령으로 정하는 요건에 해당하는 지역
8의3. 도시지역 내 유휴토지를 효율적으로 개발하거나 교정시설, 군사시설, 그 밖에 대통령령으로 정하는 시설을 이전 또는 재배치하여 토지 이용을 합리화하고, 그 기능을 증진시키기 위하여 집중적으로 정비가 필요한 지역으로서 대통령령으로 정하는 요건에 해당하는 지역
9. 도시지역의 체계적·계획적인 관리 또는 개발이 필요한 지역
10. 그 밖에 양호한 환경의 확보나 기능 및 미관의 증진 등을 위하여 필요한 지역으로서 대통령령으로 정하는 지역
② 국토교통부장관, 시·도지사, 시장 또는 군수는 다음 각 호의 어느 하나에 해당하는 지역은 지구단위계획구역으로 지정하여야 한다. 다만, 관계 법률에 따라 그 지역에 토지 이용과 건축에 관한 계획이 수립되어 있는 경우에는 그러하지 아니하다.
1. 제1항제3호 및 제4호의 지역에서 시행되는 사업이 끝난 후 10년이 지난 지역
2. 제1항 각 호 중 체계적·계획적인 개발 또는 관리가 필요한 지역으로서 대통령령으로 정하는 지역
③ 도시지역 외의 지역을 지구단위계획구역으로 지정하려는 경우 다음 각 호의 어느 하나에 해당하여야 한다.
1. 지정하려는 구역 면적의 100분의 50 이상이 제36조에 따라 지정된 계획관리지역으로서 대통령령으로 정하는 요건에 해당하는 지역
2. 제37조에 따라 지정된 개발진흥지구로서 대통령령으로 정하는 요건에 해당하는 지역
3. 제37조에 따라 지정된 용도지구를 폐지하고 그 용도지구에서의 행위 제한 등을 지구단위계획으로 대체하려는 지역

제52조(지구단위계획의 내용) ① 지구단위계획구역의 지정목적을 이루기 위하여 지구단위계획에는 다음 각 호의 사항 중 제2호와 제4호의 사항을 포함한 둘 이상의 사항이 포함되어야 한다. 다만, 제1호의2를 내용으로 하는 지구단위계획의 경우에는 그러하지 아니하다.
1. 용도지역이나 용도지구를 대통령령으로 정하는 범위에서 세분하거나 변경하는 사항
1의2. 기존의 용도지구를 폐지하고 그 용도지구에서의 건축물이나 그 밖의 시설의 용도·종류 및 규모 등의 제한을 대체하는 사항
2. 대통령령으로 정하는 기반시설의 배치와 규모

3. 도로로 둘러싸인 일단의 지역 또는 계획적인 개발·정비를 위하여 구획된 일단의 토지의 규모와 조성계획
4. <u>건축물의 용도제한, 건축물의 건폐율 또는 용적률, 건축물 높이의 최고한도 또는 최저한도</u>
5. 건축물의 배치·형태·색채 또는 건축선에 관한 계획
6. 환경관리계획 또는 경관계획
7. 교통처리계획
8. 그 밖에 토지 이용의 합리화, 도시나 농·산·어촌의 기능 증진 등에 필요한 사항으로서 대통령령으로 정하는 사항
② 지구단위계획은 도로, 상하수도 등 대통령령으로 정하는 도시·군계획시설의 처리·공급 및 수용능력이 지구단위계획구역에 있는 건축물의 연면적, 수용인구 등 개발밀도와 적절한 조화를 이룰 수 있도록 하여야 한다.
③ 지구단위계획구역에서는 제76조부터 제78조까지의 규정과 「건축법」 제42조·제43조·제44조·제60조 및 제61조, 「주차장법」 제19조 및 제19조의2를 대통령령으로 정하는 범위에서 지구단위계획으로 정하는 바에 따라 완화하여 적용할 수 있다.

제53조(지구단위계획구역의 지정 및 지구단위계획에 관한 도시·군관리계획결정의 실효 등) ① 지구단위계획구역의 지정에 관한 도시·군관리계획결정의 고시일부터 3년 이내에 그 지구단위계획구역에 관한 지구단위계획이 결정·고시되지 아니하면 그 3년이 되는 날의 다음날에 그 지구단위계획구역의 지정에 관한 도시·군관리계획결정은 효력을 잃는다. 다만, 다른 법률에서 지구단위계획의 결정(결정된 것으로 보는 경우를 포함한다)에 관하여 따로 정한 경우에는 그 법률에 따라 지구단위계획을 결정할 때까지 지구단위계획구역의 지정은 그 효력을 유지한다.
② 지구단위계획(제26조제1항에 따라 주민이 입안을 제안한 것에 한정한다)에 관한 도시·군관리계획결정의 고시일부터 5년 이내에 이 법 또는 다른 법률에 따라 허가·인가·승인 등을 받아 사업이나 공사에 착수하지 아니하면 그 5년이 된 날의 다음날에 그 지구단위계획에 관한 도시·군관리계획결정은 효력을 잃는다. 이 경우 지구단위계획과 관련한 도시·군관리계획결정에 관한 사항은 해당 지구단위계획구역 지정 당시의 도시·군관리계획으로 환원된 것으로 본다.
③ 국토교통부장관, 시·도지사, 시장 또는 군수는 제1항 및 제2항에 따른 지구단위계획구역 지정 및 지구단위계획 결정이 효력을 잃으면 대통령령으로 정하는 바에 따라 지체 없이 그 사실을 고시하여야 한다.

제54조(지구단위계획구역에서의 건축 등) 지구단위계획구역에서 건축물을 건축 또는 용도변경하거나 공작물을 설치하려면 그 지구단위계획에 맞게 하여야 한다. 다만, 지구단위계획이 수립되어 있지 아니한 경우에는 그러하지 아니하다.

영 제4절 지구단위계획

제43조(도시지역 내 지구단위계획구역 지정대상지역) ① 법 제51조제1항제8호의2에서 "대통령령으로 정하는 요건에 해당하는 지역"이란 준주거지역, 준공업지역 및 상업지역에서 낙후된 도심 기능을 회복하거나 도시균형발전을 위한 중심지 육성이 필요하여 도시·군기본계획에 반영된 경우로서 다음 각 호의 어느 하나에 해당하는 지역을 말한다.
1. 주요 역세권, 고속버스 및 시외버스 터미널, 간선도로의 교차지 등 양호한 기반시설을 갖추고 있어 대중교통 이용이 용이한 지역
2. 역세권의 체계적·계획적 개발이 필요한 지역
3. 세 개 이상의 노선이 교차하는 대중교통 결절지(結節地)로부터 1킬로미터 이내에 위치한 지역
4. 「역세권의 개발 및 이용에 관한 법률」에 따른 역세권개발구역, 「도시재정비 촉진을 위한 특별법」에 따른 고밀복합형 재정비촉진지구로 지정된 지역

② 법 제51조제1항제8호의3에서 "대통령령으로 정하는 시설"이란 다음 각 호의 시설을 말한다.
1. 철도, 항만, 공항, 공장, 병원, 학교, 공공청사, 공공기관, 시장, 운동장 및 터미널
2. 그 밖에 제1호와 유사한 시설로서 특별시·광역시·특별자치시·특별자치도·시 또는 군의 도시·군계획조례로 정하는 시설
③ 법 제51조제1항제8호의3에서 "대통령령으로 정하는 요건에 해당하는 지역"이란 5천제곱미터 이상으로서 도시·군계획조례로 정하는 면적 이상의 유휴토지 또는 대규모 시설의 이전부지로서 다음 각 호의 어느 하나에 해당하는 지역을 말한다.
1. 대규모 시설의 이전에 따라 도시기능의 재배치 및 정비가 필요한 지역
2. 토지의 활용 잠재력이 높고 지역거점 육성이 필요한 지역
3. 지역경제 활성화와 고용창출의 효과가 클 것으로 예상되는 지역
④ 법 제51조제1항제10호에서 "대통령령으로 정하는 지역"이란 다음 각 호의 지역을 말한다.
1. 법 제127조제1항의 규정에 의하여 지정된 시범도시
2. 법 제63조제2항의 규정에 의하여 고시된 개발행위허가제한지역
3. 지하 및 공중공간을 효율적으로 개발하고자 하는 지역
4. 용도지역의 지정·변경에 관한 도시·군관리계획을 입안하기 위하여 열람공고된 지역
5. 삭제
6. 주택재건축사업에 의하여 공동주택을 건축하는 지역
7. 지구단위계획구역으로 지정하고자 하는 토지와 접하여 공공시설을 설치하고자 하는 자연녹지지역
8. 그 밖에 양호한 환경의 확보 또는 기능 및 미관의 증진 등을 위하여 필요한 지역으로서 특별시·광역시·특별자치시·특별자치도·시 또는 군의 도시·군계획조례가 정하는 지역
⑤ 법 제51조제2항제2호에서 "대통령령으로 정하는 지역"이란 다음 각호의 지역으로서 그 면적이 30만제곱미터 이상인 지역을 말한다.
1. 시가화조정구역 또는 공원에서 해제되는 지역. 다만, 녹지지역으로 지정 또는 존치되거나 법 또는 다른 법령에 의하여 도시·군계획사업 등 개발계획이 수립되지 아니하는 경우를 제외한다.
2. 녹지지역에서 주거지역·상업지역 또는 공업지역으로 변경되는 지역
3. 그 밖에 특별시·광역시·특별자치시·특별자치도·시 또는 군의 도시·군계획조례로 정하는 지역

제44조(도시지역 외 지역에서의 지구단위계획구역 지정대상지역) ①법 제51조제3항제1호에서 "대통령령으로 정하는 요건"이란 다음 각 호의 요건을 말한다.
1. 계획관리지역 외에 지구단위계획구역에 포함하는 지역은 생산관리지역 또는 보전관리지역일 것
1의2. 지구단위계획구역에 보전관리지역을 포함하는 경우 해당 보전관리지역의 면적은 다음 각 목의 구분에 따른 요건을 충족할 것. 이 경우 개발행위허가를 받는 등 이미 개발된 토지, 「산지관리법」 제25조에 따른 토석채취허가를 받고 토석의 채취가 완료된 토지로서 같은 법 제4조제1항제2호의 준보전산지에 해당하는 토지 및 해당 토지를 개발하여도 주변지역의 환경오염·환경훼손 우려가 없는 경우로서 해당 도시계획위원회 또는 제25조제2항에 따른 공동위원회의 심의를 거쳐 지구단위계획구역에 포함되는 토지의 면적은 다음 각 목에 따른 보전관리지역의 면적 산정에서 제외한다.
　가. 전체 지구단위계획구역 면적이 10만제곱미터 이하인 경우: 전체 지구단위계획구역 면적의 20퍼센트 이내
　나. 전체 지구단위계획구역 면적이 10만제곱미터를 초과하는 경우: 전체 지구단위계획구역 면적의 10퍼센트 이내
2. 지구단위계획구역으로 지정하고자 하는 토지의 면적이 다음 각목의 어느 하나에 규정된 면적 요건에 해당할 것

가. 지정하고자 하는 지역에 「건축법 시행령」 별표 1 제2호의 공동주택중 아파트 또는 연립주택의 건설계획이 포함되는 경우에는 30만제곱미터 이상일 것. 이 경우 다음 요건에 해당하는 때에는 일단의 토지를 통합하여 하나의 지구단위계획구역으로 지정할 수 있다.
  (1) 아파트 또는 연립주택의 건설계획이 포함되는 각각의 토지의 면적이 10만제곱미터 이상이고, 그 총면적이 30만제곱미터 이상일 것
  (2) (1)의 각 토지는 국토교통부장관이 정하는 범위안에 위치하고, 국토교통부장관이 정하는 규모 이상의 도로로 서로 연결되어 있거나 연결도로의 설치가 가능할 것
나. 지정하고자 하는 지역에 「건축법시행령」 별표 1 제2호의 공동주택중 아파트 또는 연립주택의 건설계획이 포함되는 경우로서 다음의 어느 하나에 해당하는 경우에는 10만제곱미터 이상일 것
  (1) 지구단위계획구역이 「수도권정비계획법」 제6조제1항제3호의 규정에 의한 자연보전권역인 경우
  (2) 지구단위계획구역 안에 초등학교 용지를 확보하여 관할 교육청의 동의를 얻거나 지구단위계획구역 안 또는 지구단위계획구역으로부터 통학이 가능한 거리에 초등학교가 위치하고 학생수용이 가능한 경우로서 관할 교육청의 동의를 얻은 경우
다. 가목 및 나목의 경우를 제외하고는 3만제곱미터 이상일 것
3. 당해 지역에 도로·수도공급설비·하수도 등 기반시설을 공급할 수 있을 것
4. 자연환경·경관·미관 등을 해치지 아니하고 문화재의 훼손우려가 없을 것
② 법 제51조제3항제2호에서 "대통령령으로 정하는 요건"이란 다음 각 호의 요건을 말한다.
1. 제1항제2호부터 제4호까지의 요건에 해당할 것
2. 당해 개발진흥지구가 다음 각 목의 지역에 위치할 것
  가. 주거개발진흥지구, 복합개발진흥지구(주거기능이 포함된 경우에 한한다) 및 특정개발진흥지구: 계획관리지역
  나. 산업·유통개발진흥지구 및 복합개발진흥지구(주거기능이 포함되지 아니한 경우에 한한다): 계획관리지역·생산관리지역 또는 농림지역
  다. 관광·휴양개발진흥지구: 도시지역외의 지역
③ 국토교통부장관은 지구단위계획구역이 합리적으로 지정될 수 있도록 하기 위하여 필요한 경우에는 제1항 각호 및 제2항 각호의 지정요건을 세부적으로 정할 수 있다.

제45조(지구단위계획의 내용) ① 삭제
② 법 제52조제1항제1호의 규정에 의한 용도지역 또는 용도지구의 세분 또는 변경은 제30조 각호의 용도지역 또는 제31조제2항 각호의 용도지구를 그 각호의 범위(제31조제3항의 규정에 의하여 도시·군계획조례로 세분되는 용도지구를 포함한다)안에서 세분 또는 변경하는 것으로 한다. 이 경우 법 제51조제1항제8호의2 및 제8호의3에 따라 지정된 지구단위계획구역에서는 제30조 각 호에 따른 용도지역 간의 변경을 포함한다.
③ 법 제52조제1항 제2호에서 "대통령령으로 정하는 기반시설"이란 다음 각 호의 시설로서 해당 지구단위계획구역의 지정목적 달성을 위하여 필요한 시설을 말한다.
1. 법 제51조 제1항 제2호부터 제7호까지의 규정에 따른 지역인 경우에는 해당 법률에 따른 개발사업으로 설치하는 기반시설
2. 제2조 제1항에 따른 기반시설. 다만, 다음 각 목의 시설 중 시·도 또는 대도시의 도시·군계획조례로 정하는 기반시설은 제외한다.
  가. 철도
  나. 항만

다. 공항
라. 궤도
마. 공원(「도시공원 및 녹지 등에 관한 법률」 제15조제1항제3호라목에 따른 묘지공원으로 한정한다)
바. 유원지
사. 방송·통신시설
아. 유류저장 및 송유설비
자. 학교(「고등교육법」 제2조에 따른 학교로 한정한다) → 전문대학 이상
차. 저수지
카. 도축장

3. 삭제

④ 법 제52조제1항제8호에서 "대통령령으로 정하는 사항"이란 다음 각 호의 사항을 말한다.
1. 지하 또는 공중공간에 설치할 시설물의 높이·깊이·배치 또는 규모
2. 대문·담 또는 울타리의 형태 또는 색채
3. 간판의 크기·형태·색채 또는 재질
4. 장애인·노약자 등을 위한 편의시설계획
5. 에너지 및 자원의 절약과 재활용에 관한 계획
6. 생물서식공간의 보호·조성·연결 및 물과 공기의 순환 등에 관한 계획
7. 문화재 및 역사문화환경 보호에 관한 계획

⑤ 법 제52조제2항에서 "대통령령으로 정하는 도시·군계획시설"이란 도로·주차장·공원·녹지·공공공지, 수도·전기·가스·열공급설비, 학교(초등학교 및 중학교에 한한다)·하수도·폐기물처리 및 재활용시설을 말한다.

★제46조(도시지역 내 지구단위계획구역에서의 건폐율 등의 완화적용) ① 지구단위계획구역(도시지역 내에 지정하는 경우로 한정한다. 이하 이 조에서 같다)에서 건축물을 건축하려는 자가 그 대지의 일부를 공공시설등의 부지로 제공하거나 공공시설등을 설치하여 제공하는 경우[지구단위계획구역 밖의 「하수도법」 제2조제14호에 따른 배수구역에 공공하수처리시설을 설치하여 제공하는 경우(지구단위계획구역에 다른 공공시설 및 기반시설이 충분히 설치되어 있는 경우로 한정한다)를 포함한다]에는 법 제52조제3항에 따라 그 건축물에 대하여 지구단위계획으로 다음 각 호의 구분에 따라 건폐율·용적률 및 높이제한을 완화하여 적용할 수 있다. 이 경우 제공받은 공공시설등은 국유재산 또는 공유재산으로 관리한다.

1. 공공시설등의 부지를 제공하는 경우에는 다음 각 목의 비율까지 건폐율·용적률 및 높이제한을 완화하여 적용할 수 있다. 다만, 지구단위계획구역 안의 일부 토지를 공공시설등의 부지로 제공하는 자가 해당 지구단위계획구역 안의 다른 대지에서 건축물을 건축하는 경우에는 나목의 비율까지 그 용적률을 완화하여 적용할 수 있다.
   가. 완화할 수 있는 건폐율 = 해당 용도지역에 적용되는 건폐율 × [1 + 공공시설등의 부지로 제공하는 면적(공공시설등의 부지를 제공하는 자가 법 제65조제2항에 따라 용도가 폐지되는 공공시설을 무상으로 양수받은 경우에는 그 양수받은 부지면적을 빼고 산정한다. 이하 이 조에서 같다) ÷ 원래의 대지면적] 이내
   나. 완화할 수 있는 용적률 = 해당 용도지역에 적용되는 용적률 + [1.5 × (공공시설등의 부지로 제공하는 면적 × 공공시설등 제공 부지의 용적률) ÷ 공공시설등의 부지 제공 후의 대지면적] 이내
   다. 완화할 수 있는 높이 = 「건축법」 제60조에 따라 제한된 높이 × (1 + 공공시설등의 부지로 제공하는 면적 ÷ 원래의 대지면적) 이내
2. 공공시설등을 설치하여 제공(그 부지의 제공은 제외한다)하는 경우에는 공공시설등을 설치하는 데에 드는 비용에 상응하는 가액(價額)의 부지를 제공한 것으로 보아 제1호에 따른 비율까지 건폐율·용적률 및 높이제한을

완화하여 적용할 수 있다. 이 경우 공공시설등 설치비용 및 이에 상응하는 부지 가액의 산정 방법 등은 시·도 또는 대도시의 도시·군계획조례로 정한다.
3. 공공시설등을 설치하여 그 부지와 함께 제공하는 경우에는 제1호 및 제2호에 따라 완화할 수 있는 건폐율·용적률 및 높이를 합산한 비율까지 완화하여 적용할 수 있다.

② 특별시장·광역시장·특별자치시장·특별자치도지사·시장 또는 군수는 지구단위계획구역에 있는 토지를 공공시설부지로 제공하고 보상을 받은 자 또는 그 포괄승계인이 그 보상금액에 국토교통부령이 정하는 이자를 더한 금액(이하 이 항에서 "반환금"이라 한다)을 반환하는 경우에는 당해 지방자치단체의 도시·군계획조례가 정하는 바에 따라 제1항제1호 각 목을 적용하여 당해 건축물에 대한 건폐율·용적률 및 높이제한을 완화할 수 있다. 이 경우 그 반환금은 기반시설의 확보에 사용하여야 한다.

③ 지구단위계획구역에서 건축물을 건축하고자 하는 자가 「건축법」 제43조제1항에 따른 공개공지 또는 공개공간을 같은 항에 따른 의무면적을 초과하여 설치한 경우에는 법 제52조제3항에 따라 당해 건축물에 대하여 지구단위계획으로 다음 각 호의 비율까지 용적률 및 높이제한을 완화하여 적용할 수 있다.
1. 완화할 수 있는 용적률 = 「건축법」 제43조제2항에 따라 완화된 용적률+(당해 용도지역에 적용되는 용적률× 의무면적을 초과하는 공개공지 또는 공개공간의 면적의 절반÷대지면적) 이내
2. 완화할 수 있는 높이 = 「건축법」 제43조제2항에 따라 완화된 높이+(「건축법」 제60조에 따른 높이×의무면적을 초과하는 공개공지 또는 공개공간의 면적의 절반÷대지면적) 이내

④ 지구단위계획구역에서는 법 제52조제3항의 규정에 의하여 도시·군계획조례의 규정에 불구하고 지구단위계획으로 제84조에 규정된 범위안에서 건폐율을 완화하여 적용할 수 있다.

⑤ 지구단위계획구역에서는 법 제52조제3항의 규정에 의하여 지구단위계획으로 법 제76조의 규정에 의하여 제30조 각호의 용도지역안에서 건축할 수 있는 건축물(도시·군계획조례가 정하는 바에 의하여 건축할 수 있는 건축물의 경우 도시·군계획조례에서 허용되는 건축물에 한한다)의 용도·종류 및 규모 등의 범위안에서 이를 완화하여 적용할 수 있다.

⑥ 지구단위계획구역의 지정목적이 다음 각호의 1에 해당하는 경우에는 법 제52조제3항의 규정에 의하여 지구단위계획으로 「주차장법」 제19조제3항의 규정에 의한 주차장 설치기준을 100퍼센트까지 완화하여 적용할 수 있다.
1. 한옥마을을 보존하고자 하는 경우
2. 차 없는 거리를 조성하고자 하는 경우(지구단위계획으로 보행자전용도로를 지정하거나 차량의 출입을 금지한 경우를 포함한다)
3. 그 밖에 국토교통부령이 정하는 경우

⑦ 다음 각호의 1에 해당하는 경우에는 법 제52조제3항의 규정에 의하여 지구단위계획으로 당해 용도지역에 적용되는 용적률의 120퍼센트 이내에서 용적률을 완화하여 적용할 수 있다.
1. 도시지역에 개발진흥지구를 지정하고 당해 지구를 지구단위계획구역으로 지정한 경우
2. 다음 각목의 1에 해당하는 경우로서 특별시장·광역시장·특별자치시장·특별자치도지사·시장 또는 군수의 권고에 따라 공동개발을 하는 경우
    가. 지구단위계획에 2필지 이상의 토지에 하나의 건축물을 건축하도록 되어 있는 경우
    나. 지구단위계획에 합벽건축을 하도록 되어 있는 경우
    다. 지구단위계획에 주차장·보행자통로 등을 공동으로 사용하도록 되어 있어 2필지 이상의 토지에 건축물을 동시에 건축할 필요가 있는 경우

⑧ 도시지역에 개발진흥지구를 지정하고 당해 지구를 지구단위계획구역으로 지정한 경우에는 법 제52조제3항에 따라 지구단위계획으로 「건축법」 제60조에 따라 제한된 건축물높이의 120퍼센트 이내에서 높이제한을 완화하여 적용할 수 있다.

⑨ 제1항제1호나목(제1항제2호 및 제2항에 따라 적용되는 경우를 포함한다), 제3항제1호 및 제7항은 다음 각 호의 어느 하나에 해당하는 경우에는 적용하지 아니한다.
1. 개발제한구역·시가화조정구역·녹지지역 또는 공원에서 해제되는 구역과 새로이 도시지역으로 편입되는 구역 중 계획적인 개발 또는 관리가 필요한 지역인 경우
2. 기존의 용도지역 또는 용도지구가 용적률이 높은 용도지역 또는 용도지구로 변경되는 경우로서 기존의 용도지역 또는 용도지구의 용적률을 적용하지 아니하는 경우
⑩ 제1항 내지 제4항 및 제7항의 규정에 의하여 완화하여 적용되는 건폐율 및 용적률은 당해 용도지역 또는 용도지구에 적용되는 건폐율의 150퍼센트 및 용적률의 200퍼센트를 각각 초과할 수 없다.

제47조(도시지역 외 지구단위계획구역에서의 건폐율 등의 완화적용) ① 지구단위계획구역(도시지역 외에 지정하는 경우로 한정한다. 이하 이 조에서 같다)에서는 법 제52조제3항에 따라 지구단위계획으로 당해 용도지역 또는 개발진흥지구에 적용되는 건폐율의 150퍼센트 및 용적률의 200퍼센트 이내에서 건폐율 및 용적률을 완화하여 적용할 수 있다.
② 지구단위계획구역에서는 법 제52조제3항의 규정에 의하여 지구단위계획으로 법 제76조의 규정에 의한 건축물의 용도·종류 및 규모 등을 완화하여 적용할 수 있다. 다만, 개발진흥지구(계획관리지역에 지정된 개발진흥지구를 제외한다)에 지정된 지구단위계획구역에 대하여는 「건축법 시행령」 별표 1 제2호의 공동주택중 아파트 및 연립주택은 허용되지 아니한다.

제48조 삭제

제49조(지구단위계획안에 대한 주민 등의 의견) 다음 각 호의 어느 하나에 해당하는 자는 지구단위계획안에 포함시키고자 하는 사항을 특별시장·광역시장·특별자치시장·특별자치도지사·시장 또는 군수에게 제출할 수 있으며, 특별시장·광역시장·특별자치시장·특별자치도지사·시장 또는 군수는 제출된 사항이 타당하다고 인정되는 때에는 이를 지구단위계획안에 반영하여야 한다.
1. 지구단위계획구역이 법 제26조의 규정에 의한 주민의 제안에 의하여 지정된 경우에는 그 제안자
2. 지구단위계획구역이 법 제51조제1항제2호부터 제7호까지의 지역에 대하여 지정된 경우에는 그 지정근거가 되는 개별법률에 의한 개발사업의 시행자

제50조(지구단위계획구역지정의 실효고시) 법 제53조제3항에 따른 지구단위계획구역지정의 실효고시는 실효일자 및 실효사유와 실효된 지구단위계획구역의 내용을 국토교통부장관이 하는 경우에는 관보에, 시·도지사 또는 시장·군수가 하는 경우에는 해당 시·도 또는 시·군의 공보에 게재하는 방법에 의한다.

01 도시계획시설 중 지구단위계획으로 정할 수 없는 시설은?

① 공원
② 대학교
③ 공동구
④ 종합의료시설

해설

법 제43조(도시·군계획시설의 설치·관리) ① 지상·수상·공중·수중 또는 지하에 기반시설을 설치하려면 그 시설의 종류·명칭·위치·규모 등을 미리 도시·군관리계획으로 결정하여야 한다. 다만, 용도지역·기반시설의 특성 등을 고려하여 대통령령으로 정하는 경우에는 그러하지 아니하다.
② 도시·군계획시설의 결정·구조 및 설치의 기준 등에 필요한 사항은 국토교통부령으로 정하고, 그 세부사항은 국토교통부령으로 정하는 범위에서 시·도의 조례로 정할 수 있다. 다만, 다른 법률에 특별한 규정이 있는 경우에는 그 법률에 따른다.
③ 제1항에 따라 설치한 도시·군계획시설의 관리에 관하여 이 법 또는 다른 법률에 특별한 규정이 있는 경우 외에는 국가가 관리하는 경우에는 대통령령으로, 지방자치단체가 관리하는 경우에는 그 지방자치단체의 조례로 도시·군계획시설의 관리에 관한 사항을 정한다.

제52조(지구단위계획의 내용) ① 지구단위계획구역의 지정목적을 이루기 위하여 지구단위계획에는 다음 각 호의 사항 중 제2호와 제4호의 사항을 포함한 둘 이상의 사항이 포함되어야 한다. 다만, 제1호의2를 내용으로 하는 지구단위계획의 경우에는 그러하지 아니하다.
1. 용도지역이나 용도지구를 대통령령으로 정하는 범위에서 세분하거나 변경하는 사항
1의2. 기존의 용도지구를 폐지하고 그 용도지구에서의 건축물이나 그 밖의 시설의 용도·종류 및 규모 등의 제한을 대체하는 사항
2. 대통령령으로 정하는 기반시설의 배치와 규모
3. 도로로 둘러싸인 일단의 지역 또는 계획적인 개발·정비를 위하여 구획된 일단의 토지의 규모와 조성계획
4. 건축물의 용도제한, 건축물의 건폐율 또는 용적률, 건축물 높이의 최고한도 또는 최저한도
5. 건축물의 배치·형태·색채 또는 건축선에 관한 계획
6. 환경관리계획 또는 경관계획
7. 교통처리계획
8. 그 밖에 토지 이용의 합리화, 도시나 농·산·어촌의 기능 증진 등에 필요한 사항으로서 대통령령으로 정하는 사항
② 지구단위계획은 도로, 상하수도 등 대통령령으로 정하는 도시·군계획시설의 처리·공급 및 수용능력이 지구단위계획구역에 있는 건축물의 연면적, 수용인구 등 개발밀도와 적절한 조화를 이룰 수 있도록 하여야 한다.
③ 지구단위계획구역에서는 제76조부터 제78조까지의 규정과 「건축법」 제42조·제43조·제44조·제60조 및 제61조, 「주차장법」 제19조 및 제19조의2를 대통령령으로 정하는 범위에서 지구단위계획으로 정하는 바에 따라 완화하여 적용할 수 있다.

제53조(지구단위계획구역의 지정 및 지구단위계획에 관한 도시·군관리계획결정의 실효 등) ① 지구단위계획구역의 지정에 관한 도시·군관리계획결정의 고시일부터 3년 이내에 그 지구단위계획구역에 관한 지구단위계획이 결정·고시되지 아니하면 그 3년이 되는 날의 다음날에 그 지구단위계획구역의 지정에 관한

도시·군관리계획결정은 효력을 잃는다. 다만, 다른 법률에서 지구단위계획의 결정(결정된 것으로 보는 경우를 포함한다)에 관하여 따로 정한 경우에는 그 법률에 따라 지구단위계획을 결정할 때까지 지구단위계획구역의 지정은 그 효력을 유지한다.
② 지구단위계획(제26조제1항에 따라 주민이 입안을 제안한 것에 한정한다)에 관한 도시·군관리계획결정의 고시일부터 5년 이내에 이 법 또는 다른 법률에 따라 허가·인가·승인 등을 받아 사업이나 공사에 착수하지 아니하면 그 5년이 된 날의 다음날에 그 지구단위계획에 관한 도시·군관리계획결정은 효력을 잃는다. 이 경우 지구단위계획과 관련한 도시·군관리계획결정에 관한 사항은 해당 지구단위계획구역 지정 당시의 도시·군관리계획으로 환원된 것으로 본다.
③ 국토교통부장관, 시·도지사, 시장 또는 군수는 제1항 및 제2항에 따른 지구단위계획구역 지정 및 지구단위계획 결정이 효력을 잃으면 대통령령으로 정하는 바에 따라 지체 없이 그 사실을 고시하여야 한다.

영 제45조(지구단위계획의 내용) ① 삭제
② 법 제52조제1항제1호의 규정에 의한 용도지역 또는 용도지구의 세분 또는 변경은 제30조 각호의 용도지역 또는 제31조제2항 각호의 용도지구를 그 각호의 범위(제31조제3항의 규정에 의하여 도시·군계획조례로 세분되는 용도지구를 포함한다)안에서 세분 또는 변경하는 것으로 한다. 이 경우 법 제51조제1항제8호의2 및 제8호의3에 따라 지정된 지구단위계획구역에서는 제30조 각 호에 따른 용도지역 간의 변경을 포함한다.
③ 법 제52조 제1항 제2호에서 "대통령령으로 정하는 기반시설"이란 다음 각 호의 시설로서 해당 지구단위계획구역의 지정목적 달성을 위하여 필요한 시설을 말한다.
1. 법 제51조제1항 제2호부터 제7호까지의 규정에 따른 지역인 경우에는 해당 법률에 따른 개발사업으로 설치하는 기반시설
2. 제2조 제1항에 따른 기반시설. 다만, 다음 각 목의 시설 중 시·도 또는 대도시의 도시·군계획조례로 정하는 기반시설은 제외한다.
    가. 철도
    나. 항만
    다. 공항
    라. 궤도
    마. 공원(「도시공원 및 녹지 등에 관한 법률」 제15조제1항제3호라목에 따른 <u>묘지공원</u>으로 한정한다)
    바. 유원지
    사. 방송·통신시설
    아. 유류저장 및 송유설비
    자. <u>학교(「고등교육법」 제2조에 따른 학교로 한정한다)</u> →전문대학교, 대학교
    차. 저수지
    카. 도축장
3. 삭제
④ 법 제52조제1항제8호에서 "대통령령으로 정하는 사항"이란 다음 각 호의 사항을 말한다.
1. 지하 또는 공중공간에 설치할 시설물의 높이·깊이·배치 또는 규모
2. 대문·담 또는 울타리의 형태 또는 색채
3. 간판의 크기·형태·색채 또는 재질
4. 장애인·노약자 등을 위한 편의시설계획
5. 에너지 및 자원의 절약과 재활용에 관한 계획

6. 생물서식공간의 보호·조성·연결 및 물과 공기의 순환 등에 관한 계획
7. 문화재 및 역사문화환경 보호에 관한 계획
⑤ 법 제52조제2항에서 "대통령령으로 정하는 도시·군계획시설"이란 도로·주차장·공원·녹지·공공공지, 수도·전기·가스·열공급설비, 학교(초등학교 및 중학교에 한한다)·하수도·폐기물처리 및 재활용시설을 말한다.

법 제51조(지구단위계획구역의 지정 등) ① <u>국토교통부장관, 시·도지사, 시장 또는 군수는 다음 각 호의 어느 하나에 해당하는 지역의 전부 또는 일부에 대하여 지구단위계획구역을 지정할 수 있다.</u>
1. 제37조에 따라 지정된 용도지구
2. 「도시개발법」 제3조에 따라 지정된 도시개발구역
3. 「도시 및 주거환경정비법」 제8조에 따라 지정된 정비구역
4. 「택지개발촉진법」 제3조에 따라 지정된 택지개발지구
5. 「주택법」 제15조에 따른 대지조성사업지구
6. 「산업입지 및 개발에 관한 법률」 제2조 제8호의 산업단지와 같은 조 제12호의 준산업단지
7. 「관광진흥법」 제52조에 따라 지정된 관광단지와 같은 법 제70조에 따라 지정된 관광특구
8. 개발제한구역·도시자연공원구역·시가화조정구역 또는 공원에서 해제되는 구역, 녹지지역에서 주거·상업·공업지역으로 변경되는 구역과 새로 도시지역으로 편입되는 구역 중 계획적인 개발 또는 관리가 필요한 지역
8의2. 도시지역 내 주거·상업·업무 등의 기능을 결합하는 등 복합적인 토지 이용을 증진시킬 필요가 있는 지역으로서 대통령령으로 정하는 요건에 해당하는 지역
8의3. <u>도시지역 내 유휴토지를 효율적으로 개발하거나 교정시설, 군사시설, 그 밖에 대통령령으로 정하는 시설을 이전 또는 재배치하여 토지 이용을 합리화하고, 그 기능을 증진시키기 위하여 집중적으로 정비가 필요한 지역으로서 대통령령으로 정하는 요건에 해당하는 지역</u>
9. 도시지역의 체계적·계획적인 관리 또는 개발이 필요한 지역
10. 그 밖에 양호한 환경의 확보나 기능 및 미관의 증진 등을 위하여 필요한 지역으로서 대통령령으로 정하는 지역

정답 ②

02 다음 중 우리나라 현재 도시계획의 종류와 위계를 맞게 나열한 것은? *

① 광역도시계획 – 도시기본계획 – 도시관리계획 – 지구단위계획
② 수도권계획 – 도시기본계획 – 도시설계
③ 도시기본계획 – 광역도시계획 – 도시재정비 – 지구단위계획
④ 광역도시계획 – 수도권정비계획 – 도시관리계획 – 도시기본계획 – 도시설계

정답 ①

03 지구단위계획에 대한 설명으로 틀린 것은? ★

① 지구단위계획은 도시계획수립 대상지역 일부에 대하여 체계적이고 계획적으로 관리하기 위하여 수립되는 도시·군관리계획이다.
② 지구단위계획은 입체적 계획이라고 할 수 있다.
③ 지구단위계획은 계획내용에 맞게 건축행위를 유도하는 적극적 계획이다.
④ 지구단위계획에서는 필지나 획지별로 차등을 두지 않고 전체적으로 건축행위를 제한한다.

해설

- 도시계획은 일반적인 도시계획보다 구체화된 계획이다.
- 도시계획이 토지이용계획과 정비기반시설에 중점을 두고, 건축계획이 입체적 시설계획에 중점을 둔다면 지구단위계획은 양자의 조화를 이루는 계획이다.
- 지구단위계획은 도시계획에 비해 상대적으로 입체적인 계획이라 할 수 있다.
- 지구단위계획은 '일부'에 인정하는 것이 특징이다.

정답 ④

04 다음 중 국토의 계획 및 이용에 관한 법률상의 내용에 대한 설명이 옳지 않은 것은?

① 도시지역 외 지구단위계획은 계획관리지역을 체계적·계획적으로 개발·관리하기 위하여 용도지역의 건축물의 건폐율 또는 용적률을 완화하여 수립하는 계획이다.
② 개발밀도관리구역은 개발로 인하여 기반시설이 부족할 것으로 예상되나 기반시설물을 설치하기 곤란한 지역을 대상으로 용적률 또는 건폐율을 강화하여 적용하기 위하여 지정하는 구역을 말한다.
③ 기반시설부담구역에서 기반시설 설치비용의 부과대상인 건축행위는 "기반시설설치비용"의 정의와 관련한 규정에 따른 시설로서 330m²(기존 건축물의 연면적 제외)이하인 건축물의 신축·증축 행위로 한다.
④ 국토의 계획 및 이용에 관한 법률에서 규정하는 개발행위를 하려는 자는 특별시장·광역시장·시장 또는 군수의 허가를 받아야 한다. 다만, 도시계획사업에 의한 행위는 그러하지 아니하다.

해설

법 제68조(기반시설설치비용의 부과대상 및 산정기준) ① 기반시설부담구역에서 기반시설설치비용의 부과대상인 건축행위는 제2조제20호에 따른 시설로서 200제곱미터(기존 건축물의 연면적을 포함한다)를 초과하는 건축물의 신축·증축 행위로 한다. 다만, 기존 건축물을 철거하고 신축하는 경우에는 기존 건축물의 건축연면적을 초과하는 건축행위만 부과대상으로 한다.

제2조(정의) 이 법에서 사용하는 용어의 뜻은 다음과 같다.

19. "기반시설부담구역"이란 개발밀도관리구역 외의 지역으로서 개발로 인하여 도로, 공원, 녹지 등 대통령령으로 정하는 기반시설의 설치가 필요한 지역을 대상으로 기반시설을 설치하거나 그에 필요한 용지를 확보하게 하기 위하여 제67조에 따라 지정·고시하는 구역을 말한다.
20. "기반시설설치비용"이란 단독주택 및 숙박시설 등 대통령령으로 정하는 시설의 신·증축 행위로 인하여 유발되는 기반시설을 설치하거나 그에 필요한 용지를 확보하기 위하여 제69조에 따라 부과·징수하는 금액을 말한다.

영 제2조(기반시설) ① 「국토의 계획 및 이용에 관한 법률」(이하 "법"이라 한다) 제2조제6호 각 목 외의 부분에서 "대통령령으로 정하는 시설"이란 다음 각 호의 시설(당해 시설 그 자체의 기능발휘와 이용을 위하여 필요한 부대시설 및 편익시설을 포함한다)을 말한다.
1. 교통시설: 도로·철도·항만·공항·주차장·자동차정류장·궤도·차량 검사 및 면허시설
2. 공간시설: 광장·공원·녹지·유원지·공공공지
3. 유통·공급시설: 유통업무설비, 수도·전기·가스·열공급설비, 방송·통신시설, 공동구·시장, 유류저장 및 송유설비
4. 공공·문화체육시설: 학교·공공청사·문화시설·공공필요성이 인정되는 체육시설·연구시설·사회복지시설·공공직업훈련시설·청소년수련시설
5. 방재시설: 하천·유수지·저수지·방화설비·방풍설비·방수설비·사방설비·방조설비
6. 보건위생시설: 장사시설·도축장·종합의료시설
7. 환경기초시설: 하수도·폐기물처리 및 재활용시설·빗물저장 및 이용시설·수질오염방지시설·폐차장
② 제1항에 따른 기반시설중 도로·자동차정류장 및 광장은 다음 각 호와 같이 세분할 수 있다.
1. 도로
   가. 일반도로
   나. 자동차전용도로
   다. 보행자전용도로
   라. 보행자우선도로
   마. 자전거전용도로
   바. 고가도로
   사. 지하도로
2. 자동차정류장
   가. 여객자동차터미널
   나. 화물터미널
   다. 공영차고지
   라. 공동차고지
   마. 화물자동차 휴게소
   바. 복합환승센터
3. 광장
   가. 교통광장
   나. 일반광장
   다. 경관광장
   라. 지하광장
   마. 건축물부설광장

③ 제1항 및 제2항의 규정에 의한 기반시설의 추가적인 세분 및 구체적인 범위는 국토교통부령으로 정한다.

영 제4조의2(기반시설부담구역에 설치가 필요한 기반시설) 법 제2조제19호에서 "도로, 공원, 녹지 등 대통령령으로 정하는 기반시설"이란 다음 각 호의 기반시설(해당 시설의 이용을 위하여 필요한 부대시설 및 편의시설을 포함한다)을 말한다.
1. 도로(인근의 간선도로로부터 기반시설부담구역까지의 진입도로를 포함한다)
2. 공원
3. 녹지
4. 학교(「고등교육법」 제2조에 따른 학교는 제외한다)
5. 수도(인근의 수도로부터 기반시설부담구역까지 연결하는 수도를 포함한다)
6. 하수도(인근의 하수도로부터 기반시설부담구역까지 연결하는 하수도를 포함한다)
7. 폐기물처리 및 재활용시설
8. 그 밖에 특별시장·광역시장·특별자치시장·특별자치도지사·시장 또는 군수가 법 제68조제2항 단서에 따른 기반시설부담계획에서 정하는 시설

제4조의3(기반시설을 유발하는 시설의 종류) 법 제2조제20호에서 "단독주택 및 숙박시설 등 대통령령으로 정하는 시설"이란 「건축법 시행령」 별표 1에 따른 용도별 건축물을 말한다. 다만, 별표 1의 건축물은 제외한다.

■ 건축법 시행령 [별표 1] 〈개정 2019. 10. 22.〉

용도별 건축물의 종류(제3조의5 관련)

1. 단독주택[단독주택의 형태를 갖춘 가정어린이집·공동생활가정·지역아동센터 및 노인복지시설(노인복지주택은 제외한다)을 포함한다]
   가. 단독주택
   나. 다중주택: 다음의 요건을 모두 갖춘 주택을 말한다.
      1) 학생 또는 직장인 등 여러 사람이 장기간 거주할 수 있는 구조로 되어 있는 것
      2) 독립된 주거의 형태를 갖추지 아니한 것(각 실별로 욕실은 설치할 수 있으나, 취사시설은 설치하지 아니한 것을 말한다. 이하 같다)
      3) 1개 동의 주택으로 쓰이는 바닥면적의 합계가 330제곱미터 이하이고 주택으로 쓰는 층수(지하층은 제외한다)가 3개 층 이하일 것
   다. 다가구주택: 다음의 요건을 모두 갖춘 주택으로서 공동주택에 해당하지 아니하는 것을 말한다.
      1) 주택으로 쓰는 층수(지하층은 제외한다)가 3개 층 이하일 것. 다만, 1층의 전부 또는 일부를 필로티 구조로 하여 주차장으로 사용하고 나머지 부분을 주택 외의 용도로 쓰는 경우에는 해당 층을 주택의 층수에서 제외한다.
      2) 1개 동의 주택으로 쓰이는 바닥면적(부설 주차장 면적은 제외한다. 이하 같다)의 합계가 660제곱미터 이하일 것
      3) 19세대(대지 내 동별 세대수를 합한 세대를 말한다) 이하가 거주할 수 있을 것
   라. 공관(公館)
2. 공동주택[공동주택의 형태를 갖춘 가정어린이집·공동생활가정·지역아동센터·노인복지시설(노인복

지주택은 제외한다) 및 「주택법 시행령」 제10조제1항제1호에 따른 원룸형 주택을 포함한다]. 다만, 가목이나 나목에서 층수를 산정할 때 1층 전부를 필로티 구조로 하여 주차장으로 사용하는 경우에는 필로티 부분을 층수에서 제외하고, 다목에서 층수를 산정할 때 1층의 전부 또는 일부를 필로티 구조로 하여 주차장으로 사용하고 나머지 부분을 주택 외의 용도로 쓰는 경우에는 해당 층을 주택의 층수에서 제외하며, 가목부터 라목까지의 규정에서 층수를 산정할 때 지하층을 주택의 층수에서 제외한다.

  가. 아파트: 주택으로 쓰는 층수가 5개 층 이상인 주택
  나. 연립주택: 주택으로 쓰는 1개 동의 바닥면적(2개 이상의 동을 지하주차장으로 연결하는 경우에는 각각의 동으로 본다) 합계가 660제곱미터를 초과하고, 층수가 4개 층 이하인 주택
  다. 다세대주택: 주택으로 쓰는 1개 동의 바닥면적 합계가 660제곱미터 이하이고, 층수가 4개 층 이하인 주택(2개 이상의 동을 지하주차장으로 연결하는 경우에는 각각의 동으로 본다)
  라. 기숙사: 학교 또는 공장 등의 학생 또는 종업원 등을 위하여 쓰는 것으로서 1개 동의 공동취사시설 이용 세대 수가 전체의 50퍼센트 이상인 것(「교육기본법」 제27조제2항에 따른 학생복지주택을 포함한다)

3. 제1종 근린생활시설
  가. 식품·잡화·의류·완구·서적·건축자재·의약품·의료기기 등 일용품을 판매하는 소매점으로서 같은 건축물(하나의 대지에 두 동 이상의 건축물이 있는 경우에는 이를 같은 건축물로 본다. 이하 같다)에 해당 용도로 쓰는 바닥면적의 합계가 1천 제곱미터 미만인 것
  나. 휴게음식점, 제과점 등 음료·차(茶)·음식·빵·떡·과자 등을 조리하거나 제조하여 판매하는 시설(제4호너목 또는 제17호에 해당하는 것은 제외한다)로서 같은 건축물에 해당 용도로 쓰는 바닥면적의 합계가 300제곱미터 미만인 것
  다. 이용원, 미용원, 목욕장, 세탁소 등 사람의 위생관리나 의류 등을 세탁·수선하는 시설(세탁소의 경우 공장에 부설되는 것과 「대기환경보전법」, 「물환경보전법」 또는 「소음·진동관리법」에 따른 배출시설의 설치 허가 또는 신고의 대상인 것은 제외한다)
  라. 의원, 치과의원, 한의원, 침술원, 접골원(接骨院), 조산원, 안마원, 산후조리원 등 주민의 진료·치료 등을 위한 시설
  마. 탁구장, 체육도장으로서 같은 건축물에 해당 용도로 쓰는 바닥면적의 합계가 500제곱미터 미만인 것
  바. 지역자치센터, 파출소, 지구대, 소방서, 우체국, 방송국, 보건소, 공공도서관, 건강보험공단 사무소 등 주민의 편의를 위하여 공공업무를 수행하는 시설로서 같은 건축물에 해당 용도로 쓰는 바닥면적의 합계가 1천 제곱미터 미만인 것
  사. 마을회관, 마을공동작업소, 마을공동구판장, 공중화장실, 대피소, 지역아동센터(단독주택과 공동주택에 해당하는 것은 제외한다) 등 주민이 공동으로 이용하는 시설
  아. 변전소, 도시가스배관시설, 통신용 시설(해당 용도로 쓰는 바닥면적의 합계가 1천제곱미터 미만인 것에 한정한다), 정수장, 양수장 등 주민의 생활에 필요한 에너지공급·통신서비스제공이나 급수·배수와 관련된 시설
  자. 금융업소, 사무소, 부동산중개사무소, 결혼상담소 등 소개업소, 출판사 등 일반업무시설로서 같은 건축물에 해당 용도로 쓰는 바닥면적의 합계가 30제곱미터 미만인 것

4. 제2종 근린생활시설
  가. 공연장(극장, 영화관, 연예장, 음악당, 서커스장, 비디오물감상실, 비디오물소극장, 그 밖에 이와 비슷한 것을 말한다. 이하 같다)으로서 같은 건축물에 해당 용도로 쓰는 바닥면적의 합계가 500제곱미터 미만인 것

나. 종교집회장[교회, 성당, 사찰, 기도원, 수도원, 수녀원, 제실(祭室), 사당, 그 밖에 이와 비슷한 것을 말한다. 이하 같다]으로서 같은 건축물에 해당 용도로 쓰는 바닥면적의 합계가 500제곱미터 미만인 것
다. 자동차영업소로서 같은 건축물에 해당 용도로 쓰는 바닥면적의 합계가 1천제곱미터 미만인 것
라. 서점(제1종 근린생활시설에 해당하지 않는 것)
마. 총포판매소
바. 사진관, 표구점
사. 청소년게임제공업소, 복합유통게임제공업소, 인터넷컴퓨터게임시설제공업소, 그 밖에 이와 비슷한 게임 관련 시설로서 같은 건축물에 해당 용도로 쓰는 바닥면적의 합계가 500제곱미터 미만인 것
아. 휴게음식점, 제과점 등 음료·차(茶)·음식·빵·떡·과자 등을 조리하거나 제조하여 판매하는 시설(너목 또는 제17호에 해당하는 것은 제외한다)로서 같은 건축물에 해당 용도로 쓰는 바닥면적의 합계가 300제곱미터 이상인 것
자. 일반음식점
차. 장의사, 동물병원, 동물미용실, 그 밖에 이와 유사한 것
카. 학원(자동차학원·무도학원 및 정보통신기술을 활용하여 원격으로 교습하는 것은 제외한다), 교습소(자동차교습·무도교습 및 정보통신기술을 활용하여 원격으로 교습하는 것은 제외한다), 직업훈련소(운전·정비 관련 직업훈련소는 제외한다)로서 같은 건축물에 해당 용도로 쓰는 바닥면적의 합계가 500제곱미터 미만인 것
타. 독서실, 기원
파. 테니스장, 체력단련장, 에어로빅장, 볼링장, 당구장, 실내낚시터, 골프연습장, 놀이형시설(「관광진흥법」에 따른 기타유원시설업의 시설을 말한다. 이하 같다) 등 주민의 체육 활동을 위한 시설(제3호마목의 시설은 제외한다)로서 같은 건축물에 해당 용도로 쓰는 바닥면적의 합계가 500제곱미터 미만인 것
하. 금융업소, 사무소, 부동산중개사무소, 결혼상담소 등 소개업소, 출판사 등 일반업무시설로서 같은 건축물에 해당 용도로 쓰는 바닥면적의 합계가 500제곱미터 미만인 것(제1종 근린생활시설에 해당하는 것은 제외한다)
거. 다중생활시설(「다중이용업소의 안전관리에 관한 특별법」에 따른 다중이용업 중 고시원업의 시설로서 국토교통부장관이 고시하는 기준에 적합한 것을 말한다. 이하 같다)로서 같은 건축물에 해당 용도로 쓰는 바닥면적의 합계가 500제곱미터 미만인 것
너. 제조업소, 수리점 등 물품의 제조·가공·수리 등을 위한 시설로서 같은 건축물에 해당 용도로 쓰는 바닥면적의 합계가 500제곱미터 미만이고, 다음 요건 중 어느 하나에 해당하는 것
  1) 「대기환경보전법」, 「물환경보전법」 또는 「소음·진동관리법」에 따른 배출시설의 설치 허가 또는 신고의 대상이 아닌 것
  2) 「대기환경보전법」, 「물환경보전법」 또는 「소음·진동관리법」에 따른 배출시설의 설치 허가 또는 신고의 대상 시설로서 발생되는 폐수를 전량 위탁처리하는 것
더. 단란주점으로서 같은 건축물에 해당 용도로 쓰는 바닥면적의 합계가 150제곱미터 미만인 것
러. 안마시술소, 노래연습장

5. 문화 및 집회시설
가. 공연장으로서 제2종 근린생활시설에 해당하지 아니하는 것
나. 집회장[예식장, 공회당, 회의장, 마권(馬券) 장외 발매소, 마권 전화투표소, 그 밖에 이와 비슷한

것을 말한다]으로서 제2종 근린생활시설에 해당하지 아니하는 것
다. 관람장(경마장, 경륜장, 경정장, 자동차 경기장, 그 밖에 이와 비슷한 것과 체육관 및 운동장으로서 관람석의 바닥면적의 합계가 1천 제곱미터 이상인 것을 말한다)
라. 전시장(박물관, 미술관, 과학관, 문화관, 체험관, 기념관, 산업전시장, 박람회장, 그 밖에 이와 비슷한 것을 말한다)
마. 동·식물원(동물원, 식물원, 수족관, 그 밖에 이와 비슷한 것을 말한다)

6. 종교시설
가. 종교집회장으로서 제2종 근린생활시설에 해당하지 아니하는 것
나. 종교집회장(제2종 근린생활시설에 해당하지 아니하는 것을 말한다)에 설치하는 봉안당(奉安堂)

7. 판매시설
가. 도매시장(「농수산물유통 및 가격안정에 관한 법률」에 따른 농수산물도매시장, 농수산물공판장, 그 밖에 이와 비슷한 것을 말하며, 그 안에 있는 근린생활시설을 포함한다)
나. 소매시장(「유통산업발전법」 제2조제3호에 따른 대규모 점포, 그 밖에 이와 비슷한 것을 말하며, 그 안에 있는 근린생활시설을 포함한다)
다. 상점(그 안에 있는 근린생활시설을 포함한다)으로서 다음의 요건 중 어느 하나에 해당하는 것
  1) 제3호가목에 해당하는 용도(서점은 제외한다)로서 제1종 근린생활시설에 해당하지 아니하는 것
  2) 「게임산업진흥에 관한 법률」 제2조제6호의2가목에 따른 청소년게임제공업의 시설, 같은 호 나목에 따른 일반게임제공업의 시설, 같은 조 제7호에 따른 인터넷컴퓨터게임시설제공업의 시설 및 같은 조 제8호에 따른 복합유통게임제공업의 시설로서 제2종 근린생활시설에 해당하지 아니하는 것

8. 운수시설
가. 여객자동차터미널
나. 철도시설
다. 공항시설
라. 항만시설
마. 그 밖에 가목부터 라목까지의 규정에 따른 시설과 비슷한 시설

9. 의료시설
가. 병원(종합병원, 병원, 치과병원, 한방병원, 정신병원 및 요양병원을 말한다)
나. 격리병원(전염병원, 마약진료소, 그 밖에 이와 비슷한 것을 말한다)

10. 교육연구시설(제2종 근린생활시설에 해당하는 것은 제외한다)
가. 학교(유치원, 초등학교, 중학교, 고등학교, 전문대학, 대학, 대학교, 그 밖에 이에 준하는 각종 학교를 말한다)
나. 교육원(연수원, 그 밖에 이와 비슷한 것을 포함한다)
다. 직업훈련소(운전 및 정비 관련 직업훈련소는 제외한다)
라. 학원(자동차학원·무도학원 및 정보통신기술을 활용하여 원격으로 교습하는 것은 제외한다)
마. 연구소(연구소에 준하는 시험소와 계측계량소를 포함한다)
바. 도서관

11. 노유자시설
    가. 아동 관련 시설(어린이집, 아동복지시설, 그 밖에 이와 비슷한 것으로서 단독주택, 공동주택 및 제1종 근린생활시설에 해당하지 아니하는 것을 말한다)
    나. 노인복지시설(단독주택과 공동주택에 해당하지 아니하는 것을 말한다)
    다. 그 밖에 다른 용도로 분류되지 아니한 사회복지시설 및 근로복지시설

12. 수련시설
    가. 생활권 수련시설(「청소년활동진흥법」에 따른 청소년수련관, 청소년문화의집, 청소년특화시설, 그 밖에 이와 비슷한 것을 말한다)
    나. 자연권 수련시설(「청소년활동진흥법」에 따른 청소년수련원, 청소년야영장, 그 밖에 이와 비슷한 것을 말한다)
    다. 「청소년활동진흥법」에 따른 유스호스텔
    라. 「관광진흥법」에 따른 야영장 시설로서 제29호에 해당하지 아니하는 시설

13. 운동시설
    가. 탁구장, 체육도장, 테니스장, 체력단련장, 에어로빅장, 볼링장, 당구장, 실내낚시터, 골프연습장, 놀이형시설, 그 밖에 이와 비슷한 것으로서 제1종 근린생활시설 및 제2종 근린생활시설에 해당하지 아니하는 것
    나. 체육관으로서 관람석이 없거나 관람석의 바닥면적이 1천제곱미터 미만인 것
    다. 운동장(육상장, 구기장, 볼링장, 수영장, 스케이트장, 롤러스케이트장, 승마장, 사격장, 궁도장, 골프장 등과 이에 딸린 건축물을 말한다)으로서 관람석이 없거나 관람석의 바닥면적이 1천 제곱미터 미만인 것

14. 업무시설
    가. 공공업무시설: 국가 또는 지방자치단체의 청사와 외국공관의 건축물로서 제1종 근린생활시설에 해당하지 아니하는 것
    나. 일반업무시설: 다음 요건을 갖춘 업무시설을 말한다.
        1) 금융업소, 사무소, 결혼상담소 등 소개업소, 출판사, 신문사, 그 밖에 이와 비슷한 것으로서 제1종 근린생활시설 및 제2종 근린생활시설에 해당하지 않는 것
        2) 오피스텔(업무를 주로 하며, 분양하거나 임대하는 구획 중 일부 구획에서 숙식을 할 수 있도록 한 건축물로서 국토교통부장관이 고시하는 기준에 적합한 것을 말한다)

15. 숙박시설
    가. 일반숙박시설 및 생활숙박시설
    나. 관광숙박시설(관광호텔, 수상관광호텔, 한국전통호텔, 가족호텔, 호스텔, 소형호텔, 의료관광호텔 및 휴양 콘도미니엄)
    다. 다중생활시설(제2종 근린생활시설에 해당하지 아니하는 것을 말한다)
    라. 그 밖에 가목부터 다목까지의 시설과 비슷한 것

16. 위락시설
    가. 단란주점으로서 제2종 근린생활시설에 해당하지 아니하는 것
    나. 유흥주점이나 그 밖에 이와 비슷한 것
    다. 「관광진흥법」에 따른 유원시설업의 시설, 그 밖에 이와 비슷한 시설(제2종 근린생활시설과 운동

시설에 해당하는 것은 제외한다)
라. 삭제 〈2010.2.18〉
마. 무도장, 무도학원
바. 카지노영업소

17. 공장
물품의 제조·가공[염색·도장(塗裝)·표백·재봉·건조·인쇄 등을 포함한다] 또는 수리에 계속적으로 이용되는 건축물로서 제1종 근린생활시설, 제2종 근린생활시설, 위험물저장 및 처리시설, 자동차 관련 시설, 자원순환 관련 시설 등으로 따로 분류되지 아니한 것

18. 창고시설(위험물 저장 및 처리 시설 또는 그 부속용도에 해당하는 것은 제외한다)
가. 창고(물품저장시설로서 「물류정책기본법」에 따른 일반창고와 냉장 및 냉동 창고를 포함한다)
나. 하역장
다. 「물류시설의 개발 및 운영에 관한 법률」에 따른 물류터미널
라. 집배송 시설

19. 위험물 저장 및 처리 시설
「위험물안전관리법」, 「석유 및 석유대체연료 사업법」, 「도시가스사업법」, 「고압가스 안전관리법」, 「액화석유가스의 안전관리 및 사업법」, 「총포·도검·화약류 등 단속법」, 「화학물질 관리법」 등에 따라 설치 또는 영업의 허가를 받아야 하는 건축물로서 다음 각 목의 어느 하나에 해당하는 것. 다만, 자가난방, 자가발전, 그 밖에 이와 비슷한 목적으로 쓰는 저장시설은 제외한다.
가. 주유소(기계식 세차설비를 포함한다) 및 석유 판매소
나. 액화석유가스 충전소·판매소·저장소(기계식 세차설비를 포함한다)
다. 위험물 제조소·저장소·취급소
라. 액화가스 취급소·판매소
마. 유독물 보관·저장·판매시설
바. 고압가스 충전소·판매소·저장소
사. 도료류 판매소
아. 도시가스 제조시설
자. 화약류 저장소
차. 그 밖에 가목부터 자목까지의 시설과 비슷한 것

20. 자동차 관련 시설(건설기계 관련 시설을 포함한다)
가. 주차장
나. 세차장
다. 폐차장
라. 검사장
마. 매매장
바. 정비공장
사. 운전학원 및 정비학원(운전 및 정비 관련 직업훈련시설을 포함한다)
아. 「여객자동차 운수사업법」, 「화물자동차 운수사업법」 및 「건설기계관리법」에 따른 차고 및 주기장(駐機場)

21. 동물 및 식물 관련 시설
    가. 축사(양잠·양봉·양어·양돈·양계·곤충사육 시설 및 부화장 등을 포함한다)
    나. 가축시설[가축용 운동시설, 인공수정센터, 관리사(管理舍), 가축용 창고, 가축시장, 동물검역소, 실험동물 사육시설, 그 밖에 이와 비슷한 것을 말한다]
    다. 도축장
    라. 도계장
    마. 작물 재배사
    바. 종묘배양시설
    사. 화초 및 분재 등의 온실
    아. 동물 또는 식물과 관련된 가목부터 사목까지의 시설과 비슷한 것(동·식물원은 제외한다)

22. 자원순환 관련 시설
    가. 하수 등 처리시설
    나. 고물상
    다. 폐기물재활용시설
    라. 폐기물 처분시설
    마. 폐기물감량화시설

23. 교정 및 군사 시설(제1종 근린생활시설에 해당하는 것은 제외한다)
    가. 교정시설(보호감호소, 구치소 및 교도소를 말한다)
    나. 갱생보호시설, 그 밖에 범죄자의 갱생·보육·교육·보건 등의 용도로 쓰는 시설
    다. 소년원 및 소년분류심사원
    라. 국방·군사시설

24. 방송통신시설(제1종 근린생활시설에 해당하는 것은 제외한다)
    가. 방송국(방송프로그램 제작시설 및 송신·수신·중계시설을 포함한다)
    나. 전신전화국
    다. 촬영소
    라. 통신용 시설
    마. 데이터센터
    바. 그 밖에 가목부터 마목까지의 시설과 비슷한 것

25. 발전시설
    발전소(집단에너지 공급시설을 포함한다)로 사용되는 건축물로서 제1종 근린생활시설에 해당하지 아니하는 것

26. 묘지 관련 시설
    가. 화장시설
    나. 봉안당(종교시설에 해당하는 것은 제외한다)
    다. 묘지와 자연장지에 부수되는 건축물
    라. 동물화장시설, 동물건조장(乾燥葬)시설 및 동물 전용의 납골시설

27. 관광 휴게시설
    가. 야외음악당

나. 야외극장
다. 어린이회관
라. 관망탑
마. 휴게소
바. 공원·유원지 또는 관광지에 부수되는 시설

28. 장례시설
    가. 장례식장[의료시설의 부수시설(「의료법」 제36조제1호에 따른 의료기관의 종류에 따른 시설을 말한다)에 해당하는 것은 제외한다]
    나. 동물 전용의 장례식장

29. 야영장 시설
    「관광진흥법」에 따른 야영장 시설로서 관리동, 화장실, 샤워실, 대피소, 취사시설 등의 용도로 쓰는 바닥면적의 합계가 300제곱미터 미만인 것

■ 국토의 계획 및 이용에 관한 법률 시행령 [별표 1] 〈개정 2020. 8. 26.〉

기반시설을 유발하는 시설에서 제외되는 건축물
(제4조의3 관련)

1. 국가 또는 지방자치단체가 건축하는 건축물
2. 국가 또는 지방자치단체에 기부 채납하는 건축물
3. 「산업집적활성화 및 공장설립에 관한 법률」 제2조에 따른 공장
4. 「공익사업을 위한 토지 등의 취득 및 보상에 관한 법률」 제78조제1항의 이주대책대상자(그 상속인을 포함한다) 또는 같은 법 제2조제3호의 사업시행자가 이주대책을 위하여 건축하는 건축물
5. 「농수산물유통 및 가격안정에 관한 법률」 제2조제2호에 따른 농수산물도매시장에 같은 법 제21조제1항에 따라 도매시장의 개설자로부터 시장관리자로 지정받은 다음 각 목의 어느 하나에 해당하는 자가 건축하는 건축물
    가. 같은 법 제24조에 따른 공공출자법인 또는 한국농수산식품유통공사
    나. 「지방공기업법」에 따른 지방공사
6. 「농수산물유통 및 가격안정에 관한 법률」 제69조제2항에 따라 시설물 설치자금을 지원받아 건축하는 농수산물종합유통센터
7. 「농업·농촌 및 식품산업 기본법」 제3조제5호에 따른 농촌, 「지방자치법」에 따른 읍·면의 지역(군에 속하는 경우는 제외한다) 또는 같은 법에 따른 동의 지역 중 법 제36조제1항에 따라 지정된 녹지지역·관리지역·농림지역 및 자연환경보전지역에 설치하는 다음 각 목의 어느 하나에 해당하는 건축물
    가. 「가축분뇨의 관리 및 이용에 관한 법률」 제2조제8호에 따른 처리시설
    나. 「건축법 시행령」 별표 1 제3호사목에 따른 주민이 공동으로 이용하는 시설로서 공중화장실, 대피소, 그 밖에 이와 비슷한 것 및 같은 호 아목에 따른 주민의 생활에 필요한 에너지공급이나 급수·배수와 관련된 시설로서 변전소, 정수장, 양수장, 그 밖에 이와 비슷한 것 중 「농어촌정비법」 제6조에 따른 농업생산기반 정비사업으로 건축하는 건축물
    다. 「건축법 시행령」 별표 1 제21호에 따른 동물 및 식물 관련시설
    라. 「농산물가공산업 육성법」 제5조제1항에 따라 자금을 지원받아 설치하는 농산물가공품 생산을 위한 공장

마. 「농수산물유통 및 가격안정에 관한 법률」 제43조제1항에 따라 개설하는 농수산물공판장
바. 「농수산물유통 및 가격안정에 관한 법률」 제50조제1항에 따른 농수산물집하장
사. 「농수산물유통 및 가격안정에 관한 법률」 제51조제1항에 따라 시설 설치자금을 지원받아 설치하는 농수산물산지유통센터
아. 「농업기계화촉진법」 제4조제1항에 따라 부대시설 설치자금을 지원받아 건축하는 농업기계의 이용에 따른 부대시설
자. 「양곡관리법 시행령」 제21조제2항에 따라 도정업을 신고한 자가 도정업을 위하여 건축하는 건축물
차. 「축산법」 제22조제1항제2호에 따른 계란집하업을 영위하기 위한 계란집하시설
카. 「친환경농어업 육성 및 유기식품 등의 관리·지원에 관한 법률」 제16조에 따라 시설 설치자금을 지원받아 건축하는 친환경농산물의 생산·유통시설로서 미생물·퇴비·모판흙·조사료(粗飼料) 제조시설, 집하·선별·건조·저장·가공시설 및 농기자재 보관시설

8. 「건축법」 제2조제1항제10호 또는 「주택법」 제2조제13호에 따른 리모델링을 하는 건축물
9. 「건축법 시행령」 제2조제13호나목에 따른 부속용도의 시설 중 주차장
10. 「경제자유구역의 지정 및 운영에 관한 법률」 제2조제1호에 따른 경제자유구역에 「외국인투자촉진법」 제2조제1항제6호에 따른 외국인투자기업이 해당 투자사업을 위하여 건축하는 건축물
11. 「혁신도시 조성 및 발전에 관한 특별법」 제29조 단서에 따라 이전 공공기관이 혁신도시 외로 개별 이전하여 건축하는 건축물
12. 「국민기초생활 보장법」 제32조에 따른 보장시설
13. 「농어촌정비법」 제101조에 따른 마을정비구역에 같은 법 제2조제10호에 따른 생활환경정비사업으로 건축하는 건축물
14. 「농어촌주택 개량촉진법」 제4조에 따른 농어촌주거환경개선지구에 같은 법 제5조에 따른 농어촌주거환경개선사업으로 건축하는 건축물
15. 「농업협동조합법」 제2조제1호에 따른 조합, 같은 법 제2조제4호에 따른 중앙회, 같은 법 제112조의2에 따른 조합공동사업법인 또는 같은 법 제138조에 따른 품목조합연합회가 건축하는 건축물
16. 「농지법」 제28조제2항제1호에 따른 농업진흥구역에 같은 법 제32조제1항제2호에 따라 설치하는 편의 시설 및 이용 시설
17. 「도서개발촉진법」 제4조제1항에 따른 개발대상도서에 도서의 개발사업으로 건축하는 건축물
18. 「도시 및 주거환경정비법」 제30조의2제1항에 따라 공급하는 임대주택
19. 「도시재정비 촉진을 위한 특별법」 제31조제1항에 따라 공급하는 임대주택
20. 「산림조합법」 제2조제1호에 따른 조합 또는 같은 조 제4호에 따른 중앙회가 건축하는 건축물
21. 「수산업협동조합법」 제2조제4호에 따른 조합 또는 같은 조 제5호에 따른 중앙회가 건축하는 건축물
22. 「유아교육법」 제7조제3호에 따른 사립유치원
23. 「임대주택법」 제2조제2호의2가목 및 나목에 따른 공공건설임대주택
24. 「재난 및 안전관리 기본법」 제60조에 따라 선포된 특별재난지역에 복구하는 건축물
25. 「전원개발촉진법」 제2조제1호에 따른 전원설비(부대시설은 같은 법 시행령 제3조제1호 및 제2호에 규정에 의한 시설만 해당한다.)
26. 도시·군계획시설로 설치하는 배전사업소(배전설비와 연결된 기계 및 기구가 설치된 것만 해당한다)
27. 「주차장법」 제2조제5호의2에 따른 주차전용건축물 중 주차장으로 사용되는 건축분
28. 「초·중등교육법」 제3조에 따른 사립학교의 시설 및 「대학설립·운영 규정」 제4조제1항에 따른 교사(校舍)
29. 「평생교육법」 제31조제2항에 따른 학력인정시설

30. 「폐기물관리법」 제2조제8호에 따른 폐기물처리시설
31. 주한 외국정부기관, 주한 국제기구 또는 외국 원조단체 소유의 건축물
32. 「물류시설의 개발 및 운영에 관한 법률」 제20조에 따라 자금을 지원받아 설치하는 복합물류터미널
33. 「사회복지사업법」 제2조제3호에 따른 사회복지시설(비영리법인이 설치·운영하는 사회복지시설만 해당한다)
34. 「영유아보육법」 제10조제2호부터 제6호까지의 규정에 따른 어린이집
35. 「건축법」 제2조제1항제2호의 건축물 중 「건축법 시행령」 별표 1 제1호다목에 해당하는 용도로 사용되는 부분
36. 「건축법」 제2조제1항제2호의 건축물 중 「건축법 시행령」 별표 1 제2호다목에 해당하는 용도로 사용되고 세대당 주거전용면적이 60제곱미터 이하인 부분
37. 「건축법 시행령」 별표 1 제4호나목이나 제6호가목의 종교집회장
38. 다음 각 목의 지역·지구·구역·단지 등에서 지구단위계획을 수립하여 개발하는 토지에 건축하는 건축물

    가. 「택지개발촉진법」에 따른 택지개발예정지구
    나. 「산업입지 및 개발에 관한 법률」에 따른 산업단지
    다. 「도시개발법」에 따른 도시개발구역
    라. 「공공주택건설 등에 관한 특별법」 제2조제2호에 따른 공공주택지구
    마. 「도시 및 주거환경정비법」 제2조제2호가목부터 다목까지의 주거환경개선사업, 주택재개발사업, 주택재건축사업을 위한 정비구역
    바. 「물류시설의 개발 및 운영에 관한 법률」 제2조제6호에 따른 물류단지
    사. 「경제자유구역의 지정 및 운영에 관한 법률」 제4조에 따른 경제자유구역. 다만, 동 구역 안에서의 건축행위가 제10호에 따라 기반시설설치비용이 면제되는 경우는 제외한다.
    아. 「관광진흥법」 제2조제6호 및 제7호에 따른 관광지 및 관광단지
    자. 「기업도시개발 특별법」 제5조에 따른 기업도시개발구역
    차. 「신행정수도 후속대책을 위한 연기·공주지역 행정중심복합도시 건설을 위한 특별법」 제11조에 따른 행정중심복합도시 예정지역
    카. 「혁신도시 조성 및 발전에 관한 특별법」 제2조제4호에 따른 혁신도시개발예정지구
    타. 「제주특별자치도 설치 및 국제자유도시 조성을 위한 특별법」 제216조에 따른 제주첨단과학기술단지

정답 ③

05 다음 중 도시지역 내 지구단위계획의 지정대상이 아닌 지역은?

① 계획관리지역에 위치하는 산업개발진흥지구
② 개발제한지역에서 해제되는 지역
③ 지하 및 공중공간을 효율적으로 개발하고자 하는 지역
④ 주택재건축사업을 위해 지정된 정비구역

해설

제51조(지구단위계획구역의 지정 등) ① 국토교통부장관, 시·도지사, 시장 또는 군수는 다음 각 호의 어느 하나에 해당하는 지역의 전부 또는 일부에 대하여 지구단위계획구역을 지정할 수 있다.
1. 제37조에 따라 지정된 용도지구
2. 「도시개발법」 제3조에 따라 지정된 도시개발구역
3. 「도시 및 주거환경정비법」 제8조에 따라 지정된 정비구역
4. 「택지개발촉진법」 제3조에 따라 지정된 택지개발지구
5. 「주택법」 제15조에 따른 대지조성사업지구
6. 「산업입지 및 개발에 관한 법률」 제2조제8호의 산업단지와 같은 조 제12호의 준산업단지
7. 「관광진흥법」 제52조에 따라 지정된 관광단지와 같은 법 제70조에 따라 지정된 관광특구
8. 개발제한구역·도시자연공원구역·시가화조정구역 또는 공원에서 해제되는 구역, 녹지지역에서 주거·상업·공업지역으로 변경되는 구역과 새로 도시지역으로 편입되는 구역 중 계획적인 개발 또는 관리가 필요한 지역
8의2. 도시지역 내 주거·상업·업무 등의 기능을 결합하는 등 복합적인 토지 이용을 증진시킬 필요가 있는 지역으로서 대통령령으로 정하는 요건에 해당하는 지역
8의3. 도시지역 내 유휴토지를 효율적으로 개발하거나 교정시설, 군사시설, 그 밖에 대통령령으로 정하는 시설을 이전 또는 재배치하여 토지 이용을 합리화하고, 그 기능을 증진시키기 위하여 집중적으로 정비가 필요한 지역으로서 대통령령으로 정하는 요건에 해당하는 지역
9. 도시지역의 체계적·계획적인 관리 또는 개발이 필요한 지역
10. 그 밖에 양호한 환경의 확보나 기능 및 미관의 증진 등을 위하여 필요한 지역으로서 대통령령으로 정하는 지역
② 국토교통부장관, 시·도지사, 시장 또는 군수는 다음 각 호의 어느 하나에 해당하는 지역은 지구단위계획구역으로 지정하여야 한다. 다만, 관계 법률에 따라 그 지역에 토지 이용과 건축에 관한 계획이 수립되어 있는 경우에는 그러하지 아니하다.
1. 제1항제3호 및 제4호의 지역에서 시행되는 사업이 끝난 후 10년이 지난 지역
2. 제1항 각 호 중 체계적·계획적인 개발 또는 관리가 필요한 지역으로서 대통령령으로 정하는 지역
③ 도시지역 외의 지역을 지구단위계획구역으로 지정하려는 경우 다음 각 호의 어느 하나에 해당하여야 한다.
1. 지정하려는 구역 면적의 100분의 50 이상이 제36조에 따라 지정된 계획관리지역으로서 대통령령으로 정하는 요건에 해당하는 지역
2. 제37조에 따라 지정된 개발진흥지구로서 대통령령으로 정하는 요건에 해당하는 지역
3. 제37조에 따라 지정된 용도지구를 폐지하고 그 용도지구에서의 행위 제한 등을 지구단위계획으로 대체하려는 지역

영 제43조(도시지역 내 지구단위계획구역 지정대상지역) ① 법 제51조 제1항 제8호의2에서 "대통령령으로 정하는 요건에 해당하는 지역"이란 준주거지역, 준공업지역 및 상업지역에서 낙후된 도심 기능을 회복하거나 도시균형발전을 위한 중심지 육성이 필요하여 도시·군기본계획에 반영된 경우로서 다음 각 호의 어느 하나에 해당하는 지역을 말한다.

1. 주요 역세권, 고속버스 및 시외버스 터미널, 간선도로의 교차지 등 양호한 기반시설을 갖추고 있어 대중교통 이용이 용이한 지역
2. 역세권의 체계적·계획적 개발이 필요한 지역
3. 세 개 이상의 노선이 교차하는 대중교통 결절지(結節地)로부터 1킬로미터 이내에 위치한 지역
4. 「역세권의 개발 및 이용에 관한 법률」에 따른 역세권개발구역, 「도시재정비 촉진을 위한 특별법」에 따른 고밀복합형 재정비촉진지구로 지정된 지역

② 법 제51조제1항제8호의3에서 "대통령령으로 정하는 시설"이란 다음 각 호의 시설을 말한다.
1. 철도, 항만, 공항, 공장, 병원, 학교, 공공청사, 공공기관, 시장, 운동장 및 터미널
2. 그 밖에 제1호와 유사한 시설로서 특별시·광역시·특별자치시·특별자치도·시 또는 군의 도시·군계획조례로 정하는 시설

③ 법 제51조제1항제8호의3에서 "대통령령으로 정하는 요건에 해당하는 지역"이란 5천제곱미터 이상으로서 도시·군계획조례로 정하는 면적 이상의 유휴토지 또는 대규모 시설의 이전부지로서 다음 각 호의 어느 하나에 해당하는 지역을 말한다.
1. 대규모 시설의 이전에 따라 도시기능의 재배치 및 정비가 필요한 지역
2. 토지의 활용 잠재력이 높고 지역거점 육성이 필요한 지역
3. 지역경제 활성화와 고용창출의 효과가 클 것으로 예상되는 지역

④ 법 제51조제1항제10호에서 "대통령령으로 정하는 지역"이란 다음 각 호의 지역을 말한다.
1. 법 제127조제1항의 규정에 의하여 지정된 시범도시
2. 법 제63조제2항의 규정에 의하여 고시된 개발행위허가제한지역
3. 지하 및 공중공간을 효율적으로 개발하고자 하는 지역
4. 용도지역의 지정·변경에 관한 도시·군관리계획을 입안하기 위하여 열람공고된 지역
5. 삭제
6. 주택재건축사업에 의하여 공동주택을 건축하는 지역
7. 지구단위계획구역으로 지정하고자 하는 토지와 접하여 공공시설을 설치하고자 하는 자연녹지지역
8. 그 밖에 양호한 환경의 확보 또는 기능 및 미관의 증진 등을 위하여 필요한 지역으로서 특별시·광역시·특별자치시·특별자치도·시 또는 군의 도시·군계획조례가 정하는 지역

⑤ 법 제51조제2항제2호에서 "대통령령으로 정하는 지역"이란 다음 각호의 지역으로서 그 면적이 30만제곱미터 이상인 지역을 말한다.
1. 시가화조정구역 또는 공원에서 해제되는 지역. 다만, 녹지지역으로 지정 또는 존치되거나 법 또는 다른 법령에 의하여 도시·군계획사업 등 개발계획이 수립되지 아니하는 경우를 제외한다.
2. 녹지지역에서 주거지역·상업지역 또는 공업지역으로 변경되는 지역
3. 그 밖에 특별시·광역시·특별자치시·특별자치도·시 또는 군의 도시·군계획조례로 정하는 지역

영 제44조(도시지역 외 지역에서의 지구단위계획구역 지정대상지역) ① 법 제51조제3항제1호에서 "대통령령으로 정하는 요건"이란 다음 각 호의 요건을 말한다.
1. 계획관리지역 외에 지구단위계획구역에 포함하는 지역은 생산관리지역 또는 보전관리지역일 것
1의2. 지구단위계획구역에 보전관리지역을 포함하는 경우 해당 보전관리지역의 면적은 다음 각 목의 구

분에 따른 요건을 충족할 것. 이 경우 개발행위허가를 받는 등 이미 개발된 토지, 「산지관리법」 제25조에 따른 토석채취허가를 받고 토석의 채취가 완료된 토지로서 같은 법 제4조제1항제2호의 준보전산지에 해당하는 토지 및 해당 토지를 개발하여도 주변지역의 환경오염·환경훼손 우려가 없는 경우로서 해당 도시계획위원회 또는 제25조제2항에 따른 공동위원회의 심의를 거쳐 지구단위계획구역에 포함되는 토지의 면적은 다음 각 목에 따른 보전관리지역의 면적 산정에서 제외한다.
  가. 전체 지구단위계획구역 면적이 10만제곱미터 이하인 경우: 전체 지구단위계획구역 면적의 20퍼센트 이내
  나. 전체 지구단위계획구역 면적이 10만제곱미터를 초과하는 경우: 전체 지구단위계획구역 면적의 10퍼센트 이내
2. 지구단위계획구역으로 지정하고자 하는 토지의 면적이 다음 각목의 어느 하나에 규정된 면적 요건에 해당할 것
  가. 지정하고자 하는 지역에 「건축법 시행령」 별표 1 제2호의 공동주택중 아파트 또는 연립주택의 건설계획이 포함되는 경우에는 30만제곱미터 이상일 것. 이 경우 다음 요건에 해당하는 때에는 일단의 토지를 통합하여 하나의 지구단위계획구역으로 지정할 수 있다.
    (1) 아파트 또는 연립주택의 건설계획이 포함되는 각각의 토지의 면적이 10만제곱미터 이상이고, 그 총면적이 30만제곱미터 이상일 것
    (2) (1)의 각 토지는 국토교통부장관이 정하는 범위안에 위치하고, 국토교통부장관이 정하는 규모 이상의 도로로 서로 연결되어 있거나 연결도로의 설치가 가능할 것
  나. 지정하고자 하는 지역에 「건축법시행령」 별표 1 제2호의 공동주택중 아파트 또는 연립주택의 건설계획이 포함되는 경우로서 다음의 어느 하나에 해당하는 경우에는 10만제곱미터 이상일 것
    (1) 지구단위계획구역이 「수도권정비계획법」 제6조제1항제3호의 규정에 의한 자연보전권역인 경우
    (2) 지구단위계획구역 안에 초등학교 용지를 확보하여 관할 교육청의 동의를 얻거나 지구단위계획구역 안 또는 지구단위계획구역으로부터 통학이 가능한 거리에 초등학교가 위치하고 학생수용이 가능한 경우로서 관할 교육청의 동의를 얻은 경우
  다. 가목 및 나목의 경우를 제외하고는 3만제곱미터 이상일 것
3. 당해 지역에 도로·수도공급설비·하수도 등 기반시설을 공급할 수 있을 것
4. 자연환경·경관·미관 등을 해치지 아니하고 문화재의 훼손우려가 없을 것
② 법 제51조제3항제2호에서 "대통령령으로 정하는 요건"이란 다음 각 호의 요건을 말한다.
1. 제1항제2호부터 제4호까지의 요건에 해당할 것
2. 당해 개발진흥지구가 다음 각 목의 지역에 위치할 것
  가. 주거개발진흥지구, 복합개발진흥지구(주거기능이 포함된 경우에 한한다) 및 특정개발진흥지구: 계획관리지역
  나. 산업·유통개발진흥지구 및 복합개발진흥지구(주거기능이 포함되지 아니한 경우에 한한다): 계획관리지역·생산관리지역 또는 농림지역
  다. 관광·휴양개발진흥지구: 도시지역외의 지역
③ 국토교통부장관은 지구단위계획구역이 합리적으로 지정될 수 있도록 하기 위하여 필요한 경우에는 제1항 각호 및 제2항 각호의 지정요건을 세부적으로 정할 수 있다.

정답 ①

06
다음의 기반시설 중 도시·군 관리계획으로 시설의 종류·명칭·규모·위치 등을 미리 결정하지 않아도 되는 것은? (단, 도시지역 또는 지구단위계획구역에서 설치하는 경우임.)

① 도로
② 시장
③ 광장
④ 공원

해설

법 제43조(도시·군계획시설의 설치·관리) ① 지상·수상·공중·수중 또는 지하에 기반시설을 설치하려면 그 시설의 종류·명칭·위치·규모 등을 미리 도시·군관리계획으로 결정하여야 한다. 다만, 용도지역·기반시설의 특성 등을 고려하여 대통령령으로 정하는 경우에는 그러하지 아니하다.
② 도시·군계획시설의 결정·구조 및 설치의 기준 등에 필요한 사항은 국토교통부령으로 정하고, 그 세부사항은 국토교통부령으로 정하는 범위에서 시·도의 조례로 정할 수 있다. 다만, 다른 법률에 특별한 규정이 있는 경우에는 그 법률에 따른다.
③ 제1항에 따라 설치한 도시·군계획시설의 관리에 관하여 이 법 또는 다른 법률에 특별한 규정이 있는 경우 외에는 국가가 관리하는 경우에는 대통령령으로, 지방자치단체가 관리하는 경우에는 그 지방자치단체의 조례로 도시·군계획시설의 관리에 관한 사항을 정한다.

영 제35조(도시·군계획시설의 설치·관리) ① 법 제43조제1항 단서에서 "대통령령으로 정하는 경우"란 다음 각 호의 경우를 말한다.
1. 도시지역 또는 지구단위계획구역에서 다음 각 목의 기반시설을 설치하고자 하는 경우
  가. 주차장, 차량 검사 및 면허시설, 공공공지, 열공급설비, 방송·통신시설, 시장·공공청사·문화시설·공공필요성이 인정되는 체육시설·연구시설·사회복지시설·공공직업 훈련시설·청소년수련시설·저수지·방화설비·방풍설비·방수설비·사방설비·방조설비·장사시설·종합의료시설·빗물저장 및 이용시설·폐차장
  나. 「도시공원 및 녹지 등에 관한 법률」의 규정에 의하여 점용허가대상이 되는 공원 안의 기반시설
  다. 그 밖에 국토교통부령으로 정하는 시설
2. 도시지역 및 지구단위계획구역 외의 지역에서 다음 각목의 기반시설을 설치하고자 하는 경우
  가. 제1호 가목 및 나목의 기반시설
  나. 궤도 및 전기공급설비
  다. 그 밖에 국토교통부령이 정하는 시설
② 법 제43조제3항의 규정에 의하여 국가가 관리하는 도시·군계획시설은 「국유재산법」 제2조제11호에 따른 중앙관서의 장이 관리한다.

정답 ②

07 다음 기반시설 중 도시·군 관리계획으로 시설의 종류·명칭·규모 등을 미리 결정하지 않아도 되는 것은? (단, 도시지역 또는 지구단위계획구역에서 설치하는 경우임)

① 도로
② 광장
③ 공공공지
④ 공원

정답 ③

08 다음 중 도시 내 지구단위계획은 향후 얼마의 기간 내외에 걸쳐 나타날 여건변화와 주변지역의 미래모습을 상정하여 수립하는 계획인가?

① 3년
② 5년
③ 10년
④ 20년

> 해설

지구단위계획은 지구단위계획구역이나 정비사업구역 등을 대상으로 계획수립 시점으로부터 10년 내외의 기간 동안에 나타날 여건변화를 고려하여 세운 것이다.

정답 ③

09 토지이용계획 실현수단을 크게 규제수단, 계획수단, 개발수단, 유도수단으로 나눌 때, 다음 중 직접적인 토지이용 '계획수단'에 해당하는 것은?

① 개발밀도관리구역
② 세금 혜택
③ 도시재개발사업
④ 도시계획시설 정비

> 해설

- 토지이용계획 실현수단은 매우 다양한데 크게 4가지 유형으로 나눌 수 있다.
  개발수단은 개발사업의 시행에 의해 토지이용을 즉시 실현하는 직접적 수단이라 할 수 있으며, 규제수단이나 계획수단, 유도수단은 직접적인 개발사업을 수반하지는 않으나 향후 실시될 개발사업이나 개발행위의 방향이나 규모 등을 정하여 향후 실시될 일어날 개발사업이 이와 같은 틀 속에서 이루어지도록 하거나 도시계획시설의 설치나 세제 혜택에 의해 개발자의 개발에 대한 동기를 유발하여 토지이용을 실현하는 간접적인 수단이라고 할 수 있다.

○ 토지이용계획의 실현수단

구분	종류	내용
규제수단	지역·지구제	용도지역·지구·구역 지정
계획수단	지구단위계획	지구 차원의 토지이용지침
	기반시설연동제	개발밀도관리구역, 기반시설부담구역
개발수단	도시계획사업 등	도시개발사업 등 도시계획사업, 택지개발사업, 산업단지개발사업 등
유도수단	세제혜택, 도시계획시설 정비 등	조세 또는 부담금의 감면, 도로, 철도, 상하수도 등 도시계획시설 정비

정답 ①

10. 지구단위계획에서의 환경관리계획에 관한 설명 중 옳지 않은 것은?

① 구릉지 등의 개발에서 절토를 최소화하고 절토면이 드러나지 않게 대지를 조성하여 전체적으로 양호한 경관을 유지시킨다.
② 구릉지에는 가급적 계단형태의 고층건물 위주로 계획한다.
③ 대기오염원이 되는 생산활동이 주거지 안에서 일어나지 않도록 한다.
④ 쓰레기 수거는 가급적 건물 후면에서 이루어지도록 하고, 폐기물 처리시설을 설치하는 경우에는 바람의 영향을 감안하고 지분을 설치하도록 한다.

해설

구릉지 부분에는 자연지형을 살릴 수 있도록 가급적 저층위주로 계획한다.

정답 ②

11. 지구단위계획에 대한 설명으로 틀린 것은?

① 일반 도시계획보다 구체화된 특수계획이다.
② 일반 도시계획에 비해 상대적으로 입체적 계획이다.
③ 계획 지역을 체계적이고 계획적으로 관리하기 위하여 수립하는 도시관리계획이다.
④ 일반 도시계획에 비해 상대적으로 소극적인 계획이다.

해설

지구단위계획은 일반 도시계획에 비해 상대적으로 적극적 계획이다.

정답 ④

12. 지구단위계획구역의 지정 근거 법에 해당되지 않는 것은?

① 주택법
② 관광진흥법
③ 도시재정비촉진특별법
④ 산업입지 및 개발에 관한 법률

> **해설**
>
> 법 제51조(지구단위계획구역의 지정 등) ① 국토교통부장관, 시·도지사, 시장 또는 군수는 다음 각 호의 어느 하나에 해당하는 지역의 전부 또는 일부에 대하여 지구단위계획구역을 지정할 수 있다.
> 1. 제37조에 따라 지정된 용도지구
> 2. 「도시개발법」 제3조에 따라 지정된 도시개발구역
> 3. 「도시 및 주거환경정비법」 제8조에 따라 지정된 정비구역
> 4. 「택지개발촉진법」 제3조에 따라 지정된 택지개발지구
> 5. 「주택법」 제15조에 따른 대지조성사업지구
> 6. 「산업입지 및 개발에 관한 법률」 제2조제8호의 산업단지와 같은 조 제12호의 준산업단지
> 7. 「관광진흥법」 제52조에 따라 지정된 관광단지와 같은 법 제70조에 따라 지정된 관광특구
> 8. 개발제한구역·도시자연공원구역·시가화조정구역 또는 공원에서 해제되는 구역, 녹지지역에서 주거·상업·공업지역으로 변경되는 구역과 새로 도시지역으로 편입되는 구역 중 계획적인 개발 또는 관리가 필요한 지역
> 8의2. 도시지역 내 주거·상업·업무 등의 기능을 결합하는 등 복합적인 토지 이용을 증진시킬 필요가 있는 지역으로서 대통령령으로 정하는 요건에 해당하는 지역
> 8의3. 도시지역 내 유휴토지를 효율적으로 개발하거나 교정시설, 군사시설, 그 밖에 대통령령으로 정하는 시설을 이전 또는 재배치하여 토지 이용을 합리화하고, 그 기능을 증진시키기 위하여 집중적으로 정비가 필요한 지역으로서 대통령령으로 정하는 요건에 해당하는 지역
> 9. 도시지역의 체계적·계획적인 관리 또는 개발이 필요한 지역
> 10. 그 밖에 양호한 환경의 확보나 기능 및 미관의 증진 등을 위하여 필요한 지역으로서 대통령령으로 정하는 지역

정답 ③

유형 24

집적의 이익

내부이익(내부경제)	외부이익(외부경제)
규모의 경제: 단위당 평균비용의 감소	1) 승수효과: 연관된 지원 산업이 파생적으로 입지하여 외부이익 발생 2) 접촉이익: 관련부처나 기업 등이 인접하여 기술과 정보의 접근가능성이 높아진다. 3) 예비능력의 비축효과: 여러 기업이 인접함으로 인해 비축해야 할 재고량을 분담함으로써 비용을 줄이고 투자에 치중하게 하는 효과

01 도시화에 따른 집적의 이익 중에서 외부이익에 대한 설명으로 옳지 않은 것은?

① 접촉 이익이 있다.
② 승수의 효과가 있다.
③ 규모의 경제 효과가 있다.
④ 예비능력의 비축효과가 있다.

정답 ③

02 인구의 도시집중 원인과 거리가 먼 것은?

① 도·농간의 불균형성장에 따른 지역 간 소득격차
② 농촌에 비하여 상대적으로 높은 외부경제 또는 집적의 이익
③ 고용기회의 다양성
④ 쾌적한 환경에 대한 동경

정답 ④

03 도시지역에 있어 기능상의 편의와 권위 때문에 도심에 도시기능의 집중이 나타나는 현상과 가장 관계가 큰 요인은?

① 공간력
② 원심력
③ 구심력
④ 집적불이익

정답 ③

04 지속 가능한 도시개발(sustainable urban development)의 방향이 아닌 것은?

① 난방, 전력공급, 교통 등에서 에너지 절약을 효율적으로 달성할 수 있는 도시
② 주거, 공공시설을 일정 공간에 집적화, 나머지 지역을 녹색 도시화한 도시
③ 기존 도시의 확장을 방지하기 위해 다수의 신도시를 건설함으로써 교외화를 촉진하는 것
④ 고밀도 도시개발을 통하여 도시 주변의 자연환경을 보존한 도시

정답 ③

05 다음 중 린치(K. Lynch)의 동태적 도시구성형태(urban dynamic pattern)의 3가지 요소에 해당되지 않는 것은? *

① 인구밀도, 건축물 용적률, 건축물 노후화 정도 등 기능적 관련성을 측정하는 입도(grain)
② 한 지역 내에의 모든 지점에서 주어진 활동 또는 시설에 이르는 교통시설의 패턴을 시간적인 차원에서 나타내는 접근성(accessibility)
③ 기능 집중과 교차가 이루어지는 결절점의 상호 관계로 고정된 활동의 위치를 공간적으로 표현하는 초집적구성(focal organization)
④ 도시외형의 구성형태로서 토지이용을 중심으로 하는 공간적 구성형태(organization pattern)

정답 ④

06 도시화의 단계에 있어서 집적의 불이익이 집적의 이익보다 커지는 경우에 나타날 수 있는 현상은? *

① 집중적 도시화
② 분산적 도시화
③ 역도시화
④ 교외화와 대도시권화

정답 ③

07 인구증가에 따른 집적의 순이익이 감소하기 시작하여 집적의 이익과 불이익이 같아지는(집적의 순이익이 0이 되는)때까지 나타나는 도시화 현상은?

① 집중적 도시화
② 분산적 도시화
③ 역도시화와 탈도시화
④ 재도시화

> 해설

- 도시화의 진행과정 3단계
  집중적 도시화 – 분산적 도시화 – 역도시화
  분산적 도시화는 집적의 불이익의 증가〉집적의 이익 증가.
  즉, 분산적 도시화는 집적의 순이익이 감소하기 시작하여 0이 되기까지.
  역도시화(탈도시화)는 집적의 불이익〉집적의 이익.

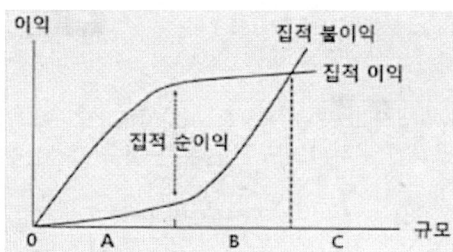

정답 ②

08 도시 행정수요의 증대와 관계가 가장 깊은 것은?

① 도시기능 분화와 집적 불이익
② 도시규모의 쇠퇴
③ 도시경제 활동의 입지변화
④ 국가경쟁력제고

정답 ①

09 도시의 특징을 설명한 것 중 틀린 것은?

① 도시는 일정한 지역에 정주(定住) 인구가 집중하여 인구밀도가 높은 것이 특징이다.
② 도시는 1차 산업보다 2, 3차 산업의 구성 비율이 높다.
③ 도시는 분화된 기능이 집적되어 있으며 행정적, 물리적, 인공적인 생활시설이 많다.
④ 도시는 단순한 경제적 활동을 추구한다.

정답 ④

10 Howard에 의해 주창된 대도시 또는 자립도시의 계획방법으로서의 전원도시론과 거리가 먼 것은? ★

① 도시 내의 모든 토지는 사유화한다.
② 19세기적 공업 도시에 대한 비판과 개혁론으로부터 출발한다.
③ 도시 주변에 넓은 농업지대를 조성한다.
④ 시민경제를 유지하기 위한 공업시설을 유치한다.

> 해설

하워드의 전원도시론은 영국의 Ebenezer Howard가 1898년 제창한 도시이론으로 도심 내 충분한 공지를 보유하고 도심 내 토지를 도시발전에 이용하기 위하여 영구히 공유할 것을 주장한다.

정답 ①

11 다음 중 페티(William Petty)의 법칙을 알기 쉽게 설명한 것은? ★

① 도시의 규모가 커지면 집적이익은 더 커진다.
② 농업보다 제조업, 제조업보다 상업의 이윤이 더 많다.
③ 도시의 인구집중은 거리에 반비례하고, 기회에 비례한다.
④ 도시가 발달할수록 비공식부분의 비중이 더 커진다.

> 해설

클라크(Colin G. Clark)는 각국의 생산력 구조를 제1차산업·제2차산업·제3차산업으로 분류, 산업발전과의 관계를 분석했다. 제1차산업은 원시산업, 제2차산업은 공업과 광업이 주가 되고 있으며, 제3차산업은 서비스업이다. 그는 이러한 산업분류에 의해서 각국의 통계를 세밀히 분석함으로써 경제가 발전함에 따라 노동인구가 제1차산업 중심으로부터 제2차산업 중심으로, 다시 제2차산업 중심에서 제3차산업 중심으로 옮겨간다는 사실을 확인했다. 일반적 경향을 "농업보다는 제조업에 의하는 것이, 또한 제조업에 의하는 것보다는 상업에 의하는 것이 이익이 훨씬 많다"라고 한 페티(Sir William Petty)의 말을 인용, 이것을 페티의 법칙(Petty's law)이라고 하고 있다.

정답 ②

12 도시화가 진행되는 단계 중 집적 불이익의 증가속도가 집적이익의 증가속도를 훨씬 상회하는 단계는? ★

① 도시화 단계　　　　　② 교외화 단계
③ 재도시화 단계　　　　④ 역도시화 단계

정답 ④

13 다음 중 일반적인 상업지역의 입지조건으로 알맞지 않은 것은?

① 도시내·외에서 접근성이 양호한 지역
② 도시의 경제권과 생활권의 규모를 감안하되 상업·업무·사회·문화시설 등의 집적이 요구되는 지역
③ 충분한 용수, 전력, 노동력의 공급이 용이한 지역
④ 시설이용의 편리성 및 업무수행의 능률성이 최대한 확보되는 지역

해설

③ 공업지역 입지조건에 해당한다.

정답 ③

14 다음 중 도시의 특성으로 옳지 않은 것은?

① 높은 인구밀도
② 동질성이 높은 사회
③ 익명성의 증가
④ 기능의 집적과 분화

해설

② 이질성이 높은 사회

정답 ②

15 압축도시(Compact City)에 대한 설명이 틀린 것은?

① 토지이용의 집적을 통한 토지의 이용가치를 높이기 위해 나온 개발방식이다.
② 친환경적인 도시개발이 가능하고 사회적 비용을 최소화할 수 있다.
③ 도시의 기능을 과도하게 분리시킴으로써 불필요한 통행을 유발하는 일이 빈번하다.
④ 도심부는 도시의 경제·사회·문화적 중심지로서 압축도시 개발의 핵심적 조성대상이 될 수 있다.

해설

③ 고밀도 개발과 직주근접

정답 ③

16 인구·물리적 측면에서의 도시의 정의에 해당하지 않는 것은?

① 인구구성에서 2·3차 산업의 종사자 비율이 높은 지역
② 고층의 건물군과 도로, 상하수도, 기타 물리적 시설물이 집적된 지역
③ 농촌 지역보다 상대적으로 많은 정주인구와 높은 인구 밀도를 갖는 지역
④ 비교적 동질적인 성격의 인구가 대단위 집단으로 정주 하고 있는 지역

> 해설

④ 이질적

정답 ④

17 친환경적인 도시개발과 사회적 비용을 최소화하기 위해 토지이용 집적을 통해 토지의 이용가치를 높이기 위한 도시개발을 강조하는 도시는?

① 유시티(U – city)
② 에코시티(eco – city)
③ 스마트시티(smart city)
④ 컴팩트시티(compact city)

> 해설

④ 컴팩트시티는 고밀도(집적)개발을 특징으로 한다.

정답 ④

유형 25
국토계획, 도시·군기본계획, 도시·군관리계획

「국토기본법」

제6조(국토계획의 정의 및 구분) ① 이 법에서 "국토계획"이란 국토를 이용·개발 및 보전할 때 미래의 경제적·사회적 변동에 대응하여 국토가 지향하여야 할 발전 방향을 설정하고 이를 달성하기 위한 계획을 말한다.
② 국토계획은 다음 각 호의 구분에 따라 국토종합계획, 도종합계획, 시·군 종합계획, 지역계획 및 부문별계획으로 구분한다.
1. 국토종합계획: 국토 전역을 대상으로 하여 국토의 장기적인 발전 방향을 제시하는 종합계획
2. 도종합계획: 도 또는 특별자치도의 관할구역을 대상으로 하여 해당 지역의 장기적인 발전 방향을 제시하는 종합계획
3. 시·군종합계획: 특별시·광역시·시 또는 군(광역시의 군은 제외한다)의 관할구역을 대상으로 하여 해당 지역의 기본적인 공간구조와 장기 발전 방향을 제시하고, 토지이용, 교통, 환경, 안전, 산업, 정보통신, 보건, 후생, 문화 등에 관하여 수립하는 계획으로서 「국토의 계획 및 이용에 관한 법률」에 따라 수립되는 도시·군계획
4. 지역계획: 특정 지역을 대상으로 특별한 정책목적을 달성하기 위하여 수립하는 계획
5. 부문별계획: 국토 전역을 대상으로 하여 특정 부문에 대한 장기적인 발전 방향을 제시하는 계획

제7조(국토계획의 상호 관계) ① 국토종합계획은 도종합계획 및 시·군종합계획의 기본이 되며, 부문별계획과 지역계획은 국토종합계획과 조화를 이루어야 한다.
② 도종합계획은 해당 도의 관할구역에서 수립되는 시·군종합계획의 기본이 된다.
③ <u>국토종합계획은 20년을 단위로 하여 수립</u>하며, 도종합계획, 시·군종합계획, 지역계획 및 부문별계획의 수립권자는 국토종합계획의 수립 주기를 고려하여 그 수립 주기를 정하여야 한다.

제8조(다른 법령에 따른 계획과의 관계) 이 법에 따른 국토종합계획은 다른 법령에 따라 수립되는 국토에 관한 계획에 우선하며 그 기본이 된다. 다만, 군사에 관한 계획에 대하여는 그러하지 아니하다.

제9조(국토종합계획의 수립) ① 국토교통부장관은 국토종합계획을 수립하여야 한다.
② 국토교통부장관은 국토종합계획을 수립하려는 경우에는 중앙행정기관의 장 및 특별시장·광역시장·도지사 또는 특별자치도지사(이하 "시·도지사"라 한다)에게 대통령령으로 정하는 바에 따라 국토종합계획에 반영되어야 할 정책 및 사업에 관한 소관별 계획안의 제출을 요청할 수 있다. 이 경우 중앙행정기관의 장 및 시·도지사는 특별한 사유가 없으면 요청에 따라야 한다.
③ 국토교통부장관은 제2항에 따라 받은 소관별 계획안을 기초로 대통령령으로 정하는 바에 따라 이를 조정·총괄하여 국토종합계획안을 작성하며, 제출된 소관별 계획안의 내용 외에 국토종합계획에 포함되는 것이 타당하다고 인정하는 사항은 관계 행정기관의 장과 협의하여 국토종합계획안에 반영할 수 있다.
④ 이미 수립된 국토종합계획을 변경하는 경우에는 제2항과 제3항을 준용한다.

제10조(국토종합계획의 내용) 국토종합계획에는 다음 각 호의 사항에 대한 기본적이고 장기적인 정책방향이 포함되어야 한다.
1. 국토의 현황 및 여건 변화 전망에 관한 사항
2. 국토발전의 기본 이념 및 바람직한 국토 미래상의 정립에 관한 사항
2의2. 교통, 물류, 공간정보 등에 관한 신기술의 개발과 활용을 통한 국토의 효율적인 발전 방향과 혁신 기반 조성에 관한 사항
3. 국토의 공간구조의 정비 및 지역별 기능 분담 방향에 관한 사항
4. 국토의 균형발전을 위한 시책 및 지역산업 육성에 관한 사항
5. 국가경쟁력 향상 및 국민생활의 기반이 되는 국토 기간 시설의 확충에 관한 사항
6. 토지, 수자원, 산림자원, 해양수산자원 등 국토자원의 효율적 이용 및 관리에 관한 사항
7. 주택, 상하수도 등 생활 여건의 조성 및 삶의 질 개선에 관한 사항
8. 수해, 풍해(風害), 그 밖의 재해의 방제(防除)에 관한 사항
9. 지하 공간의 합리적 이용 및 관리에 관한 사항
10. 지속가능한 국토 발전을 위한 국토 환경의 보전 및 개선에 관한 사항
11. 그 밖에 제1호부터 제10호까지에 부수(附隨)되는 사항

제16조(지역계획의 수립) ① 중앙행정기관의 장 또는 지방자치단체의 장은 지역 특성에 맞는 정비나 개발을 위하여 필요하다고 인정하면 관계 중앙행정기관의 장과 협의하여 관계 법률에서 정하는 바에 따라 다음 각호의 구분에 따른 지역계획을 수립할 수 있다.
1. 수도권 발전계획: 수도권에 과도하게 집중된 인구와 산업의 분산 및 적정배치를 유도하기 위하여 수립하는 계획
2. 지역개발계획: 성장 잠재력을 보유한 낙후지역 또는 거점지역 등과 그 인근지역을 종합적·체계적으로 발전시키기 위하여 수립하는 계획
3. 삭제
4. 삭제
5. 그 밖에 다른 법률에 따라 수립하는 지역계획
② 중앙행정기관의 장 또는 지방자치단체의 장은 제1항에 따라 지역계획을 수립하거나 변경한 때에는 이를 지체 없이 국토교통부장관에게 알려야 한다.

제17조(부문별계획의 수립) ① 중앙행정기관의 장은 국토 전역을 대상으로 하여 소관 업무에 관한 부문별계획을 수립할 수 있다.
② 중앙행정기관의 장은 제1항에 따른 부문별계획을 수립할 때에는 국토종합계획의 내용을 반영하여야 하며, 이와 상충(相衝)되지 아니하도록 하여야 한다.
③ 중앙행정기관의 장은 제1항에 따라 부문별계획을 수립하거나 변경한 때에는 지체 없이 국토교통부장관에게 알려야 한다.

제25조(국토 조사) ① 국토교통부장관은 국토에 관한 계획 또는 정책의 수립, 「국가공간정보 기본법」 제32조제2항에 따른 공간정보의 제작, 연차보고서의 작성 등을 위하여 필요할 때에는 미리 인구, 경제, 사회, 문화, 교통, 환경, 토지이용, 그 밖에 대통령령으로 정하는 사항에 대하여 조사할 수 있다.
② 국토교통부장관은 중앙행정기관의 장 또는 지방자치단체의 장에게 조사에 필요한 자료의 제출을 요청하거나 제1항의 조사 사항 중 일부를 직접 조사하도록 요청할 수 있다. 이 경우 요청을 받은 중앙행정기관의 장 또는 지방

자치단체의 장은 특별한 사유가 없으면 요청에 따라야 한다.
③ 국토교통부장관은 효율적인 국토 조사를 위하여 필요하면 제1항에 따른 조사를 전문기관에 의뢰할 수 있다.
④ 제1항에 따른 국토 조사의 종류와 방법 등에 필요한 사항은 대통령령으로 정한다.

제5장 국토정책위원회

제26조(국토정책위원회) ① 국토계획 및 정책에 관한 중요 사항을 심의하기 위하여 국무총리 소속으로 국토정책위원회를 둔다.
② 국토정책위원회는 다음 각 호의 사항을 심의한다. 다만, 제3호와 제4호의 경우 다른 법률에서 다른 위원회의 심의를 거치도록 한 경우에는 국토정책위원회의 심의를 거치지 아니한다.
1. 국토종합계획에 관한 사항
2. 도종합계획에 관한 사항
3. 지역계획에 관한 사항
4. 부문별계획에 관한 사항
5. 국토계획평가에 관한 사항
6. 제20조제2항 및 제21조에 따른 국토계획 및 국토계획에 관한 처분 등의 조정에 관한 사항
7. 이 법 또는 다른 법률에서 국토정책위원회의 심의를 거치도록 한 사항
8. 그 밖에 국토정책위원회 위원장 또는 제28조에 따른 분과위원회 위원장이 회의에 부치는 사항

유제

01 현행법상 국토계획의 정의와 구분에서 우리나라의 국토계획 구분에 해당되지 않는 것은?

① 국토종합계획 ② 시·군종합계획
③ 지역계획 ④ 도시 및 주거환경정비계획

해설

• 국토기본법상 국토계획의 정의를 묻고 있다.

> 「국토의 계획 및 이용에 관한 법률」
>
> 제2조(정의) 이 법에서 사용하는 용어의 뜻은 다음과 같다.
> 1. "광역도시계획"이란 제10조에 따라 지정된 광역계획권의 장기발전방향을 제시하는 계획을 말한다.
> 2. "도시·군계획"이란 특별시·광역시·특별자치시·특별자치도·시 또는 군(광역시의 관할 구역에 있는 군은 제외한다. 이하 같다)의 관할 구역에 대하여 수립하는 공간구조와 발전방향에 대한 계획으로서 도시·군기본계획과 도시·군관리계획으로 구분한다.
> 3. "도시·군기본계획"이란 특별시·광역시·특별자치시·특별자치도·시 또는 군의 관할 구역에 대하여 기본적인 공간구조와 장기발전방향을 제시하는 종합계획으로서 도시·군관리계획 수립의 지침이 되는 계획을 말한다.
> 4. "도시·군관리계획"이란 특별시·광역시·특별자치시·특별자치도·시 또는 군의 개발·정비 및 보전을

위하여 수립하는 토지 이용, 교통, 환경, 경관, 안전, 산업, 정보통신, 보건, 복지, 안보, 문화 등에 관한 다음 각 목의 계획을 말한다.

    가. 용도지역·용도지구의 지정 또는 변경에 관한 계획

    나. 개발제한구역, 도시자연공원구역, 시가화조정구역(市街化調整區域), 수산자원보호구역의 지정 또는 변경에 관한 계획

    다. 기반시설의 설치·정비 또는 개량에 관한 계획

    라. 도시개발사업이나 정비사업에 관한 계획

    마. 지구단위계획구역의 지정 또는 변경에 관한 계획과 지구단위계획

    바. 입지규제최소구역의 지정 또는 변경에 관한 계획과 입지규제최소구역계획

5. "지구단위계획"이란 도시·군계획 수립 대상지역의 일부에 대하여 토지 이용을 합리화하고 그 기능을 증진시키며 미관을 개선하고 양호한 환경을 확보하며, 그 지역을 체계적·계획적으로 관리하기 위하여 수립하는 도시·군관리계획을 말한다.

5의2. "입지규제최소구역계획"이란 입지규제최소구역에서의 토지의 이용 및 건축물의 용도·건폐율·용적률·높이 등의 제한에 관한 사항 등 입지규제최소구역의 관리에 필요한 사항을 정하기 위하여 수립하는 도시·군관리계획을 말한다.

6. "기반시설"이란 다음 각 목의 시설로서 대통령령으로 정하는 시설을 말한다.

    가. 도로·철도·항만·공항·주차장 등 교통시설

    나. 광장·공원·녹지 등 공간시설

    다. 유통업무설비, 수도·전기·가스공급설비, 방송·통신시설, 공동구 등 유통·공급시설

    라. 학교·공공청사·문화시설 및 공공필요성이 인정되는 체육시설 등 공공·문화체육시설

    마. 하천·유수지(遊水池)·방화설비 등 방재시설

    바. 장사시설 등 보건위생시설

    사. 하수도, 폐기물처리 및 재활용시설, 빗물저장 및 이용시설 등 환경기초시설

7. "도시·군계획시설"이란 기반시설 중 도시·군관리계획으로 결정된 시설을 말한다.

8. "광역시설"이란 기반시설 중 광역적인 정비체계가 필요한 다음 각 목의 시설로서 대통령령으로 정하는 시설을 말한다.

    가. 둘 이상의 특별시·광역시·특별자치시·특별자치도·시 또는 군의 관할 구역에 걸쳐 있는 시설

    나. 둘 이상의 특별시·광역시·특별자치시·특별자치도·시 또는 군이 공동으로 이용하는 시설

9. "공동구"란 전기·가스·수도 등의 공급설비, 통신시설, 하수도시설 등 지하매설물을 공동 수용함으로써 미관의 개선, 도로구조의 보전 및 교통의 원활한 소통을 위하여 지하에 설치하는 시설물을 말한다.

10. "도시·군계획시설사업"이란 도시·군계획시설을 설치·정비 또는 개량하는 사업을 말한다.

11. "도시·군계획사업"이란 도시·군관리계획을 시행하기 위한 다음 각 목의 사업을 말한다.

    가. 도시·군계획시설사업

    나. 「도시개발법」에 따른 도시개발사업

    다. 「도시 및 주거환경정비법」에 따른 정비사업

12. "도시·군계획사업시행자"란 이 법 또는 다른 법률에 따라 도시·군계획사업을 하는 자를 말한다.

13. "공공시설"이란 도로·공원·철도·수도, 그 밖에 대통령령으로 정하는 공공용 시설을 말한다.

14. "국가계획"이란 중앙행정기관이 법률에 따라 수립하거나 국가의 정책적인 목적을 이루기 위하여 수립하는 계획 중 제19조제1항제1호부터 제9호까지 규정된 사항이나 도시·군관리계획으로 결정하여야 할 사항이 포함된 계획을 말한다.

15. "용도지역"이란 토지의 이용 및 건축물의 용도, 건폐율(「건축법」 제55조의 건폐율을 말한다. 이하 같

다), 용적률(「건축법」제56조의 용적률을 말한다. 이하 같다), 높이 등을 제한함으로써 토지를 경제적·효율적으로 이용하고 공공복리의 증진을 도모하기 위하여 서로 중복되지 아니하게 도시·군관리계획으로 결정하는 지역을 말한다.

16. "용도지구"란 토지의 이용 및 건축물의 용도·건폐율·용적률·높이 등에 대한 용도지역의 제한을 강화하거나 완화하여 적용함으로써 용도지역의 기능을 증진시키고 경관·안전 등을 도모하기 위하여 도시·군관리계획으로 결정하는 지역을 말한다.

17. "용도구역"이란 토지의 이용 및 건축물의 용도·건폐율·용적률·높이 등에 대한 용도지역 및 용도지구의 제한을 강화하거나 완화하여 따로 정함으로써 시가지의 무질서한 확산방지, 계획적이고 단계적인 토지이용의 도모, 토지이용의 종합적 조정·관리 등을 위하여 도시·군관리계획으로 결정하는 지역을 말한다.

18. "개발밀도관리구역"이란 개발로 인하여 기반시설이 부족할 것으로 예상되나 기반시설을 설치하기 곤란한 지역을 대상으로 건폐율이나 용적률을 강화하여 적용하기 위하여 제66조에 따라 지정하는 구역을 말한다.

19. "기반시설부담구역"이란 개발밀도관리구역 외의 지역으로서 개발로 인하여 도로, 공원, 녹지 등 대통령령으로 정하는 기반시설의 설치가 필요한 지역을 대상으로 기반시설을 설치하거나 그에 필요한 용지를 확보하게 하기 위하여 제67조에 따라 지정·고시하는 구역을 말한다.

20. "기반시설설치비용"이란 단독주택 및 숙박시설 등 대통령령으로 정하는 시설의 신·증축 행위로 인하여 유발되는 기반시설을 설치하거나 그에 필요한 용지를 확보하기 위하여 제69조에 따라 부과·징수하는 금액을 말한다.

정답 ④

유제

02 개발로 인하여 기반시설이 부족할 것으로 예상되나 기반시설을 설치하기 곤란한 지역을 대상으로 건폐율이나 용적률을 강화하여 적용하기 위하여 지정하는 구역은?

① 기반시설부담구역 ② 개발밀도관리구역
③ 개발제한구역 ④ 시가화조정구역

정답 ②

유제

03 개발행위허가의 제한에 대한 설명으로 가장 옳은 것은?

① 기반시설부담구역으로 지정된 지역에서는 개발행위제한을 3년 이내의 기간 동안 한 차례만 제한할 수 있다.
② 개발행위로 인하여 주변의 환경·경관·미관·문화재 등이 크게 오염되거나 손상될 우려가 있는 지역에서는 최장 5년 동안 개발행위제한을 할 수 있다.
③ 지구단위계획구역으로 지정된 지역은 개발행위허가를 취득한 것으로 보아 개발행위허가 제한의 대상이 아니다.
④ 녹지지역이나 계획관리지역으로서 수목이 집단적으로 자라고 있는 지역은 개발행위허가를 3년 내에 한 차례만 제한할 수 있다.

해설

제63조(개발행위허가의 제한) ① 국토교통부장관, 시·도지사, 시장 또는 군수는 다음 각 호의 어느 하나에 해당되는 지역으로서 도시·군관리계획상 특히 필요하다고 인정되는 지역에 대해서는 대통령령으로 정하는 바에 따라 중앙도시계획위원회나 지방도시계획위원회의 심의를 거쳐 한 차례만 3년 이내의 기간 동안 개발행위허가를 제한할 수 있다. 다만, 제3호부터 제5호까지에 해당하는 지역에 대해서는 중앙도시계획위원회나 지방도시계획위원회의 심의를 거치지 아니하고 한 차례만 2년 이내의 기간 동안 개발행위허가의 제한을 연장할 수 있다.
1. 녹지지역이나 계획관리지역으로서 수목이 집단적으로 자라고 있거나 조수류 등이 집단적으로 서식하고 있는 지역 또는 우량 농지 등으로 보전할 필요가 있는 지역
2. 개발행위로 인하여 주변의 환경·경관·미관·문화재 등이 크게 오염되거나 손상될 우려가 있는 지역
3. 도시·군기본계획이나 도시·군관리계획을 수립하고 있는 지역으로서 그 도시·군기본계획이나 도시·군관리계획이 결정될 경우 용도지역·용도지구 또는 용도구역의 변경이 예상되고 그에 따라 개발행위허가의 기준이 크게 달라질 것으로 예상되는 지역
4. 지구단위계획구역으로 지정된 지역
5. 기반시설부담구역으로 지정된 지역
② 국토교통부장관, 시·도지사, 시장 또는 군수는 제1항에 따라 개발행위허가를 제한하려면 대통령령으로 정하는 바에 따라 제한지역·제한사유·제한대상행위 및 제한기간을 미리 고시하여야 한다.
③ 개발행위허가를 제한하기 위하여 제2항에 따라 개발행위허가 제한지역 등을 고시한 국토교통부장관, 시·도지사, 시장 또는 군수는 해당 지역에서 개발행위를 제한할 사유가 없어진 경우에는 그 제한기간이 끝나기 전이라도 지체 없이 개발행위허가의 제한을 해제하여야 한다. 이 경우 국토교통부장관, 시·도지사, 시장 또는 군수는 대통령령으로 정하는 바에 따라 해제지역 및 해제시기를 고시하여야 한다.
④ 국토교통부장관, 시·도지사, 시장 또는 군수가 개발행위허가를 제한하거나 개발행위허가 제한을 연장 또는 해제하는 경우 그 지역의 지형도면 고시, 지정의 효력, 주민 의견 청취 등에 관하여는 「토지이용규제 기본법」 제8조에 따른다.

정답 ④

유제

04 도시화(Leo klassen)의 과정은 도시화(집중도시화)→교외화(분석적도시화)→역도시화(도시쇠퇴)의 단계를 거친다. 다음의 도시개발정책 중에서 소도시에서 중규모의 도시로 성장하는 집중적 도시화단계에 우선적으로 필요한 도시정책은?

① 재개발계획
② 광역교통계획
③ 도시기본계획
④ 지하공간이용계획

정답 ③

유제

05 다음 중 생활권 개발에 설명으로 틀린 것은?

① 생활권 개발은 도시기본계획의 생활권별 인구배분 구상을 토대로 한다.
② 생활권 개발은 시민활동범위에 따라 필요한 시설을 계층화, 계통화 하여 적정 배치하는 것이다.
③ 생활편익시설보다는 도시기반시설을 권역별로 개발하는 계획이다.
④ 불필요한 교통발생을 최소화하고 소생활권 → 중생활권 → 대생활권으로 계층화해서 시설을 배치한다.

정답 ③

유제

06 다음 중 우리나라 현재 도시계획의 종류와 위계를 맞게 나열한 것은?

① 광역도시계획 – 도시기본계획 – 도시관리계획 – 지구단위계획
② 수도권계획 – 도시기본계획 – 도시설계
③ 도시기본계획 – 광역도시계획 – 도시재정비 – 지구단위계획
④ 광역도시계획 – 수도권정비계획 – 도시관리계획 – 도시기본계획 – 도시설계

정답 ①

> 유제

07
다음 중 20년을 단위로 하는 장기계획으로서 둘 이상의 도시공간의 구조 및 기능을 상호 연관시키고 환경을 보전하며 광역시설을 체계적으로 정비하기 위한 계획은?

① 도시기본계획
② 국토계획
③ 도시재정비계획
④ 광역도시계획

> 해설

○ 광역도시계획수립지침

제3절 광역도시계획의 지위와 성격

1-3-1. 국토종합계획은 광역도시계획의 상위계획이며, 국토종합계획중 부문별 계획도 광역도시계획의 상위계획이 된다. 지역계획중에서는 광역권개발계획과 수도권정비계획이 광역도시계획의 상위계획이 된다. 광역도시계획을 수립할 경우에는 이러한 상위계획과 조화를 이루어야 한다.

1-3-2. 광역도시계획은 광역계획권 전체를 하나의 계획단위로 보고 장기적인 발전방향과 전략을 제시하는 도시·군계획체계상의 최상위계획으로서, 광역계획권내 시·군들의 도시·군기본계획, 도시·군관리계획 등에 대한 지침이 된다. 다만, 도시·군기본계획과 도시·군관리계획 등 하위계획이라 할지라도 전략적으로 중요한 사항이 있을 경우에 환류·조정하여 수용한다.

1-3-3. 광역도시계획은 시·군별 기능분담, 환경보전, 광역시설과 함께 광역계획권내에서 현안사항이 되고 있는 특정부문 중심으로 계획을 수립할 수 있다.

1-3-4. 광역도시계획이 종합적인 계획으로서 도시·군기본계획에 포함되어야 할 내용들을 모두 수용하여 수립하는 경우, 광역계획권에 관할구역 전부가 포함된 시·군은 도시·군기본계획을 수립하지 아니할 수 있다.

제5절 목표년도

1-5-1. 광역도시계획의 목표년도는 계획수립시점으로부터 20년 내외를 기준으로 한다. 다만, 특정부문 중심으로 하는 경우에는 달리 정할 수 있으며, 개발제한구역의 조정과 관련하여 최초로 수립되는 광역도시계획의 목표년도는 2020년(이하 "2020년 광역도시계획"이라 한다)으로 한다.

1-5-2. 광역도시계획의 수립권자는 사회적·경제적 여건 변화를 고려하여 5년마다 타당성을 재검토하고 광역도시계획을 정비할 수 있다. 다만, 개발제한구역의 조정과 관련된 사항은 원칙적으로 재검토하지 아니한다.

정답 ④

유제

08 도시·군기본계획과 비교했을 때 도시·군관리계획의 특징을 잘못 설명한 것은?

① 목표 – 지향적(Goal – Oriented)이다.
② 구체적인 개발계획의 역할을 한다.
③ 개별시민에게 구속력을 갖는다.
④ 사업시행계획의 지침 제시와 건축행위의 규제를 목적으로 한다.

정답 ①

유제

09 다음 중 도시기본계획에 대한 설명으로 옳지 않은 것은?

① 도시기본계획은 도시관리계획의 상위계획적 성격을 갖는다.
② 도시기본계획은 20년을 단위로 수립되는 장기계획으로, 매 10년마다 타당성 여부를 검토한다.
③ 도시기본계획은 물적 측면 뿐 아니라 인구·산업·사회 개발 등 사회·경제적 측면을 포괄하는 종합계획이다.
④ 도시기본계획은 광역도시계획에 부합되어야 하며, 도시기본계획의 내용이 광역도시계획의 내용과 다른 때에는 광역도시계획의 내용이 우선한다.

해설

○ 도시·군기본계획수립지침 참조

제2절 목표년도
2-2-1. 계획수립시점으로부터 20년을 기준으로 하되, 연도의 끝자리는 0 또는 5년으로 한다.(예: 2020년, 2025년)
2-2-2. 시장·군수는 5년마다 목표연도 계획인구의 적정성 등 도시·군기본계획의 타당성을 전반적으로 재검토하여 이를 정비하고, 도시여건의 급격한 변화 등 불가피한 사유로 인하여 내용의 일부 조정이 필요한 경우에는 도시·군기본계획을 변경할 수 있다. 이 경우 시·군의 공간구조나 지표의 변경을 수반하여 목표연도가 달라질 때에는 별도로 도시·군기본계획을 수립하고, 그렇지 않을 경우에는 변경 수립하는 것을 원칙으로 한다.

정답 ②

유제

10 다음 기반시설 중 도시·군관리계획으로 시설의 종류·명칭·규모 등을 미리 결정하지 않아도 되는 것은? (단, 도시지역 또는 지구단위계획구역에서 설치하는 경우임) ★

① 도로
② 광장
③ 공공공지
④ 공원

해설

○ 국토계획법 참조

제43조(도시·군계획시설의 설치·관리) ① 지상·수상·공중·수중 또는 지하에 기반시설을 설치하려면 그 시설의 종류·명칭·위치·규모 등을 미리 도시·군관리계획으로 결정하여야 한다. 다만, 용도지역·기반시설의 특성 등을 고려하여 대통령령으로 정하는 경우에는 그러하지 아니하다.
② 도시·군계획시설의 결정·구조 및 설치의 기준 등에 필요한 사항은 국토교통부령으로 정하고, 그 세부사항은 국토교통부령으로 정하는 범위에서 시·도의 조례로 정할 수 있다. 다만, 다른 법률에 특별한 규정이 있는 경우에는 그 법률에 따른다.
③ 제1항에 따라 설치한 도시·군계획시설의 관리에 관하여 이 법 또는 다른 법률에 특별한 규정이 있는 경우 외에는 국가가 관리하는 경우에는 대통령령으로, 지방자치단체가 관리하는 경우에는 그 지방자치단체의 조례로 도시·군계획시설의 관리에 관한 사항을 정한다.

★ 영 제35조(도시·군계획시설의 설치·관리) ① 법 제43조제1항 단서에서 "대통령령으로 정하는 경우"란 다음 각 호의 경우를 말한다.
  1. 도시지역 또는 지구단위계획구역에서 다음 각 목의 기반시설을 설치하고자 하는 경우
     가. 주차장, 차량 검사 및 면허시설, 공공공지, 열공급설비, 방송·통신시설, 시장·공공청사·문화시설·공공필요성이 인정되는 체육시설·연구시설·사회복지시설·공공직업 훈련시설·청소년 수련시설·저수지·방화설비·방풍설비·방수설비·사방설비·방조설비·장사시설·종합의료시설·빗물저장 및 이용시설·폐차장
     나. 「도시공원 및 녹지 등에 관한 법률」의 규정에 의하여 점용허가대상이 되는 공원안의 기반시설
     다. 그 밖에 국토교통부령으로 정하는 시설
  2. 도시지역 및 지구단위계획구역외의 지역에서 다음 각목의 기반시설을 설치하고자 하는 경우
     가. 제1호 가목 및 나목의 기반시설
     나. 궤도 및 전기공급설비
     다. 그 밖에 국토교통부령이 정하는 시설
② 법 제43조제3항의 규정에 의하여 국가가 관리하는 도시·군계획시설은 「국유재산법」 제2조제11호에 따른 중앙관서의 장이 관리한다.

정답 ③

유제

11 다음 중 국토의 계획 및 이용에 관한 법률에 따른 도시관리계획에 해당되지 않는 것은?

① 용도지역의 지정 또는 변경에 관한 계획
② 택지개발예정지구의 지정에 관한 계획
③ 지구단위계획구역의 지정 또는 변경에 관한 계획
④ 기반시설의 설치·정비 또는 개량에 관한 계획

정답 ②

유제

12 다음 중 우리나라의 도시계획에 관한 설명으로 옳지 않은 것은?

① 도시기본계획은 도시의 미래상을 제시하는 20년 단위의 장기적이고 종합적인 계획이다.
② 도시계획의 지위와 관련하여, 특별시·광역시·시 또는 군의 관할 구역에서 수립되는 다른 법률에 따른 토지의 이용·개발 및 보전에 관한 계획은 도시계획의 기본이 된다.
③ 지역주민은 공청회, 공람 등을 통하여 도시계획과정에 직·간접적으로 참여할 수 있다.
④ 도시관리계획은 광역도시계획과 도시기본계획에 부합되어야 한다.

해설

○ 국토계획법 참조

> 제4조(국가계획, 광역도시계획 및 도시·군계획의 관계 등) ① 도시·군계획은 특별시·광역시·특별자치시·특별자치도·시 또는 군의 관할 구역에서 수립되는 다른 법률에 따른 토지의 이용·개발 및 보전에 관한 계획의 기본이 된다.
> ② 광역도시계획 및 도시·군계획은 국가계획에 부합되어야 하며, 광역도시계획 또는 도시·군계획의 내용이 국가계획의 내용과 다를 때에는 국가계획의 내용이 우선한다. 이 경우 국가계획을 수립하려는 중앙행정기관의 장은 미리 지방자치단체의 장의 의견을 듣고 충분히 협의하여야 한다.
> ③ 광역도시계획이 수립되어 있는 지역에 대하여 수립하는 도시·군기본계획은 그 광역도시계획에 부합되어야 하며, 도시·군기본계획의 내용이 광역도시계획의 내용과 다를 때에는 광역도시계획의 내용이 우선한다.
> ④ 특별시장·광역시장·특별자치시장·특별자치도지사·시장 또는 군수(광역시의 관할 구역에 있는 군의 군수는 제외한다. 이하 같다. 다만, 제8조제2항 및 제3항, 제113조, 제117조부터 제124조까지, 제124조의2, 제125조, 제126조, 제133조, 제136조, 제138조제1항, 제139조제1항·제2항에서는 광역시의 관할 구역에 있는 군의 군수를 포함한다)가 관할 구역에 대하여 다른 법률에 따른 환경·교통·수도·하수도·주택 등에 관한 부문별 계획을 수립할 때에는 도시·군기본계획의 내용에 부합되게 하여야 한다.

정답 ②

유제

13 다음 중 도시·군 관리계획의 내용에 해당하지 않은 것은?

① 용도지역·용도지구의 지정 또는 변경에 관한 계획
② 기반시설의 설치·정비 또는 개량에 관한 계획
③ 도시개발사업이나 정비사업에 관한 계획
④ 공간구조, 생활권의 설정 및 인구의 배분에 관한 사항

정답 ④

유제

14 다음 중 도시계획시설에 대한 설명으로 옳지 않은 것은?

① 도시계획시설은 시민의 공동생활과 도시의 경제·사회활동을 원활하게 지원하기 위한 시설이다.
② 도시계획시설은 도시 전체의 발전과 여타 시설과의 기능적 조화를 도모하기 위한 기반시설이다.
③ 도시계획시설은 기반시설의 공공성 확보를 위해 정부가 직접 설치하여 민간은 참여하지 못한다.
④ 도시계획시설은 도시·군 관리계획으로 결정한다.

정답 ③

유제

15 다음 중 도시·군 관리계획의 내용에 해당하지 않는 것은?

① 용도지역·용도지구의 지정 또는 변경에 관한 계획
② 공간구조, 생활권의 설정 및 인구의 배분에 관한 계획
③ 개발제한구역·도시자연공원구역·시가화조정구역·수산자원보호구역의 지정 또는 변경에 관한 계획
④ 도시개발사업이나 정비사업에 관한 계획

정답 ②

유제

16 도시·군 관리계획도서 중 계획도를 작성하는 지형도의 축척 기준으로 옳은 것은?

① 1/500 또는 1/1000
② 1/1,000 또는 1/5,000
③ 1/5,000 또는 1/10,000
④ 1/25,000 또는 1/50,000

정답 ②

유제

17 다음 중 도시·군 기본계획에 대한 설명으로 옳지 않은 것은?

① 도시·군 기본계획은 도시·군 관리계획의 상위계획적 성격을 갖는다.
② 도시·군 기본계획은 20년을 단위로 수립되는 장기계획으로, 매 10년마다 타당성 여부를 검토한다.
③ 도시·군 기본계획은 물적 측면 뿐 아니라 인구·산업·사회개발 등 사회·경제적 측면을 포괄하는 통합계획이다.
④ 도시·군 기본계획의 수립기준은 대통령령으로 정하는 바에 따라 국토부장관이 정한다.

정답 ②

유제

18 지구단위계획에서의 환경관리계획에 관한 설명 중 옳지 않은 것은?

① 구릉지 등의 개발에서 절토를 최소화하고 절토면이 드러나지 않게 대지를 조성하여 전체적으로 양호한 경관을 유지시킨다.
② 구릉지에는 가급적 계단형태의 고층건물 위주로 계획한다.
③ 대기오염원이 되는 생산활동이 주거지 안에서 일어나지 않도록 한다.
④ 쓰레기 수거는 가급적 건물 후면에서 이루어지도록 하고, 폐기물 처리시설을 설치하는 경우에는 바람의 영향을 감안하고 지붕을 설치하도록 한다.

해설

② 구릉지에는 가급적 자연지형을 보존할 수 있도록 저층 위주로 계획한다.

정답 ②

> 유제

19 공원 및 녹지에 관한 설명 중 옳은 것은?

① 녹지의 종류는 완충녹지, 경관녹지, 시설녹지로 구분된다.
② 수변공원은 3만m² 이상의 규모에서만 지정이 가능하다.
③ 도시공원 및 녹지 등에 관한 법률에 의해 도시·군 관리계획으로 결정된다.
④ 녹지는 자연경관을 보전하거나 개선하고, 공해와 재해를 방지하여 양호한 도시경관의 향상을 도모하기 위해 설치·관리되는 도시기반 시설이다.

> 해설

○ 도시공원 및 녹지 등에 관한 법률(공원녹지법) 참조

제2조(정의) 이 법에서 사용하는 용어의 뜻은 다음과 같다.
1. "공원녹지"란 쾌적한 도시환경을 조성하고 시민의 휴식과 정서 함양에 이바지하는 다음 각 목의 공간 또는 시설을 말한다.
   가. 도시공원, 녹지, 유원지, 공공공지(公共空地) 및 저수지
   나. 나무, 잔디, 꽃, 지피식물(地被植物) 등의 식생(이하 "식생"이라 한다)이 자라는 공간
   다. 그 밖에 국토교통부령으로 정하는 공간 또는 시설
2. "도시녹화"란 식생, 물, 토양 등 자연친화적인 환경이 부족한 도시지역(「국토의 계획 및 이용에 관한 법률」 제6조제1호에 따른 도시지역을 말하며, 같은 조 제2호에 따른 관리지역에 지정된 지구단위계획구역을 포함한다. 이하 같다)의 공간(「산림자원의 조성 및 관리에 관한 법률」 제2조제1호에 따른 산림은 제외한다)에 식생을 조성하는 것을 말한다.
3. "도시공원"이란 도시지역에서 도시자연경관을 보호하고 시민의 건강·휴양 및 정서생활을 향상시키는 데에 이바지하기 위하여 설치 또는 지정된 다음 각 목의 것을 말한다. 다만, 제3조, 제14조, 제15조, 제16조, 제16조의2, 제17조, 제19조, 제19조의2, 제19조의3, 제20조, 제21조, 제21조의2, 제22조부터 제25조까지, 제39조, 제40조, 제42조, 제46조, 제48조의2, 제52조 및 제52조의2에서는 나목에 따른 도시자연공원구역을 제외한다.
   가. 「국토의 계획 및 이용에 관한 법률」 제2조제6호나목에 따른 공원으로서 같은 법 제30조에 따라 도시·군관리계획으로 결정된 공원
   나. 「국토의 계획 및 이용에 관한 법률」 제38조의2에 따라 도시·군관리계획으로 결정된 도시자연공원구역(이하 "도시자연공원구역"이라 한다)
4. "공원시설"이란 도시공원의 효용을 다하기 위하여 설치하는 다음 각 목의 시설을 말한다.
   가. 도로 또는 광장
   나. 화단, 분수, 조각 등 조경시설
   다. 휴게소, 긴 의자 등 휴양시설
   라. 그네, 미끄럼틀 등 유희시설
   마. 테니스장, 수영장, 궁도장 등 운동시설
   바. 식물원, 동물원, 수족관, 박물관, 야외음악당 등 교양시설
   사. 주차장, 매점, 화장실 등 이용자를 위한 편익시설
   아. 관리사무소, 출입문, 울타리, 담장 등 공원관리시설
   자. 실습장, 체험장, 학습장, 농자재 보관창고 등 도시농업(「도시농업의 육성 및 지원에 관한 법률」 제

2조제1호에 따른 도시농업을 말한다. 이하 같다)을 위한 시설
차. 내진성 저수조, 발전시설, 소화 및 급수시설, 비상용 화장실 등 재난관리시설
카. 그 밖에 도시공원의 효용을 다하기 위한 시설로서 국토교통부령으로 정하는 시설
5. "녹지"란 「국토의 계획 및 이용에 관한 법률」 제2조제6호나목에 따른 녹지로서 도시지역에서 자연환경을 보전하거나 개선하고, 공해나 재해를 방지함으로써 도시경관의 향상을 도모하기 위하여 같은 법 제30조에 따른 도시·군관리계획으로 결정된 것을 말한다.

■ 도시공원 및 녹지 등에 관한 법률 시행규칙 [별표 3]

도시공원의 설치 및 규모의 기준(제6조 관련)

공원구분	설치기준	유치거리	규모
1. 생활권 공원			
가. 소공원	제한 없음	제한 없음	제한 없음
나. 어린이공원	제한 없음	250미터 이하	1천5백제곱미터 이상
다. 근린공원			
(1) 근린생활권 근린공원(주로 인근에 거주하는 자의 이용에 제공할 것을 목적으로 하는 근린공원)	제한 없음	500미터 이하	1만제곱미터 이상
(2) 도보권 근린공원(주로 도보권 안에 거주하는 자의 이용에 제공할 것을 목적으로 하는 근린공원)	제한 없음	1천미터 이하	3만제곱미터 이상
(3) 도시지역권 근린공원(도시지역 안에 거주하는 전체 주민의 종합적인 이용에 제공할 것을 목적으로 하는 근린공원)	해당도시공원의 기능을 충분히 발휘할 수 있는 장소에 설치	제한 없음	10만제곱미터 이상
(4) 광역권 근린공원(하나의 도시지역을 초과하는 광역적인 이용에 제공할 것을 목적으로 하는 근린공원)	해당도시공원의 기능을 충분히 발휘할 수 있는 장소에 설치	제한 없음	100만제곱미터 이상
2. 주제공원			
가. 역사공원	제한 없음	제한 없음	제한 없음
나. 문화공원	제한 없음	제한 없음	제한 없음
다. 수변공원	하천·호수 등의 수변과 접하고 있어 친수공간을 조성할 수 있는 곳에 설치	제한 없음	제한 없음
라. 묘지공원	정숙한 장소로 장래 시가화가 예상되지 아니하는 자연녹지지역에 설치	제한 없음	10만제곱미터 이상

마. 체육공원	해당도시공원의 기능을 충분히 발휘할 수 있는 장소에 설치	제한 없음	1만제곱미터 이상
바. 도시농업공원	제한 없음	제한 없음	1만제곱미터 이상
사. 법 제15조제1항제3호사목에 따른 공원	제한 없음	제한 없음	제한 없음

정답 ④

유제

20 우리나라에서 도시기본계획을 도입하게 된 배경이라 볼 수 없는 것은?

① 주민참여의 구체적 실현
② 개발수요에 대한 합리적 대응
③ 도시관리계획의 잦은 변경 방지
④ 합리적이고 과학적인 도시계획 수립

정답 ①

유제

21 도시계획의 필요성으로 옳지 않은 것은?

① 공공재의 부족을 방지하기 위하여
② 토지이용의 효율화를 높이기 위하여
③ 인간사회의 개인적인 목표를 이루기 위하여
④ 도시가 원활히 기능할 수 있게 하기 위하여

정답 ③

유형 26
도시계획 학자

01 도시의 성격을 설명하는 데 있어 인구 규모를 기준으로 인간 정주사회를 15단계의 공간단위로 분류한 학자는?

① 멈포드(L. Mumford)
② 독시아디스(C. A. Doxiadis)
③ 베버(M. Weber)
④ 쿠퍼(J. M. Cowper)

> **해설**

인간정주 사회의 요소는 인간, 사회, 기능, 자연, 쉘(shell)의 다섯 가지로 이루어지며, 이것들이 조화있는 상호관계를 만들어 내야 한다는 주장이다.

- 루이스 멈포드(L.Mumford, 1895~1990) - 도시의 배아(胚芽)는 성소(聖所)이다. 곧 종교적 열망과 염원의 종교적 구심점으로 도시가 출현하였다고 주장.
  도시의 결정요인은 사람의 수와 건물이 아니라 예술, 문화, 종교, 민주적 정치형태라고 주장.
- 워스(L.Wirth) - 상대적으로 크고, 밀도가 높으며 사회적으로 이질적인 개인들이 영속적으로 거주하는 곳을 도시로 정의.
- 웨버(M. Weber) - 도시는 주민의 대부분이 농업이 아닌 공업 또는 상업으로부터의 수입으로 생활하는 커다란 취락이라고 정의.
- 프리드만(J. Friedman) - 도시는 일종의 도시문화 저장소이며, 도시의 일상은 도시의 상징인 도로, 광장 공공건물 등 뚜렷한 건축물로 구성되어 있고, 높은 인구밀도와 주로 농업 이외의 경제활동에 종사하는 거대한 집단정착지라고 정의
- 쇼버그(G. Sjoberg) - 지적 엘리트를 포함한 각종 비농업적 전문가가 많으며 상당한 규모의 인구와 인구밀도를 갖는 공동체를 도시로 정의.

독시아디스(Constantinos Apostolos Doxiadis: 1913~1975)

독시아디스(Doxiadis)의 인간 정주학(EKISTICS)의 분류(15단계)

1) 개인
2) 방
3) 주거(4인)
4) 주거군
5) 소근린
6) 근린(1,500)
7) 소도시
8) 도시(5만)
9) 대도시
10) 메트로폴리스(거대도시, 200만명)
11) 코너베이션(연담도시, 1,400만명): 인근한 여러 개의 도시가 하나의 도시권을 형성하는 것으로 우리나라의 경우 서울~안양~수원 등과 같은 경우
12) 메갈로폴리스(대상도시, 1억명): 연담도시가 더욱 성장하여 하나의 거대한 도시권을 형성하게 되는데 서울~대전~대구~부산의 경부권이 하나의 도시형태화 될 때 이를 메갈로폴리스(대상도시)라 할 수 있다.
13) 도시화지역
14) 대륙도시
15) 에큐멘폴리스(우주도시, 세계도시 300억명)

정답 ②

02 독시아디스(C.A. Doxiadis)가 주장하는 3차원의 공간에 대한 4차원의 시간에 초점을 맞춘 미래 도시 개념은?

① 연담도시
② 다이나폴리스
③ 메트로폴리스
④ 메갈로폴리스

> **해설**
> 다이나믹(dynamic)하게 발전하는 미래도시를 '다이나폴리스'라고 이름 지었다.
>
> 정답 ②

03 도시공간구조 이론 중 다핵심 이론을 주장한 학자는?

① 버제스(E. W. Burgess)
② 매킨지(H. McKenzie)
③ 에릭센(E. G. Ericksen)
④ 해리스와 울만(C. D. Harris &E. L. Ulman)

정답 ④

04 계획이론 중에서 약자의 이익을 보호하고, 지역주민의 이익을 대변하는 접근방법인 옹호이론을 주장한 학자는?

① 다비도프(Davidoff)
② 린드블룸(Lindblom)
③ 에티지오니(Etzioni)
④ 프리드만(Friedman)

정답 ①

05 가장 인간주의적이고 문화적 폭이 넓은 계획을 주장한 미국지역 계획가협회에 속한 학자들의 도시계획 내용으로 옳지 않은 것은?

① 도시구조 형식은 근린주구의 개념을 강조
② 소단위의 새로운 주거형태의 개발을 강조
③ 자연에의 희귀를 주장하며 농업과 공업의 조화를 강조
④ 행정조직의 집중화를 주장하며 전원도시운동의 이념을 강조

> **해설**

○ 미국지역계획협회(RPAA, Regional Plans Association of America)의 출현은 스타인의 주도로 이루어졌다. 미국지역계획협회는 1933년까지 활동을 계속했다. 이 시기 미국지역계획협회 활동의 아이디어와 사상은 미국뿐만 아니라 20세기 후반 세계 각국의 도시정책과 도시계획, 도시건설에 큰 영향을 미쳤다.

라이트와 함께 한 공동작업도 스타인이 주도한 미국지역계획협회에 라이트가 참가하면서 가능해졌다. 특히, 라이트는 오픈 스페이스를 많이 공유하는 집합주택(Cluster Housing)의 효과적인 배치에 관심이 많았다. 그래서 그들의 단지계획인 서니사이드, 래드번, 카쌈빌리지(Chatham Villages)는 1920~30년대 미국에서 가장 우수한 계획안으로 평가받는다.

미국지역계획협회의 회원인 스타인과 라이트는 1928년 래드번 전원도시를 건설하면서 하워드의 전원도시 전통을 계승하고자 했다. 래드번에 적용된 근린주구이론의 창시자 페리는 미국지역계획협회의 회원은 아니었지만, 스타인과 라이트는 그의 이론을 미국지역계획협회 활동의 이론적 기반으로 사용했으며, 래드번 계획에는 페리의 자문을 구했다.

래드번 계획이 등장하게 된 배경으로 서니사이드 주거지 계획안을 빼놓을 수 없다. 뉴욕의 도시주택법인은 1924년에서 1928년까지 맨해튼에서 5마일 떨어진 퀸스(Queens)의 77에이커에 달하는 서니사이드 철도부지에 미국지역계획협회의 저렴한 주택을 공급하기 위한 첫 번째 주거지 개발에 착수하였다. 스타인과 라이트는 통과교통을 배제하기 위해 대가구제를 사용하였다. 블록 내부는 넓은 정원이 조성되도록 블록 단위의 계획안과 새로운 주택설계를 시도했지만, 서니사이드가 전원도시가 되는 데는 실패했다. 뉴욕에 인접한 뉴저지 주 훼어론(Fairlawn) 지역에서의 신도시 래드번 개발은 대도시의 과밀과 체증의 결과 발생한 교외성장에 대해 계획적 해결방안을 제시하고자 한 계획개념으로 평가될 수 있다. 그들은 자동차 시대에 적합하면서 통과교통이 배제되는 3개의 근린주구를 갖는 주거지 배치를 구상했다. 즉 인접한 뉴욕의 경직된 격자형 가로망 체계와는 대조되고, 단조로운 뉴욕의 가로망 체계의 영향에서 탈피하기 위한 가로망 체계를 구상했다.

서니사이드 주거지 계획안은 래드번 계획을 위한 실험적인 계획으로 평가된다. 스타인은 서니사이드 계획에서 사용된 대가구제를 래드번의 주거지 배치단위로 채택했다. 스타인은 래드번 계획안을 작성할 때에 서니사이드 계획안에 대한 검토를 통해 드러난 서니사이드의 문제점을 교훈으로 삼았다. 또한 주택배치의 구성원리는 집합주택을 사용하여, 개별 주택단위의 전정이나 후정을 없애 주택의 폐쇄감을 제거하는 배치개념이었다. 라이트는 주택 형태를 아일랜드 농촌주택에서 착안한 것으로 알려져 있다. 즉 주거지 설계 측면에서도 집합주거의 새로운 안을 제시했으며, 합리적인 근린생활권 계획을 수립한 것으로 평가된다. 특히 래드번 계획안은 서니사이드 계획안에서 사용된 대가구제를 채택했지만, 서니사이드에서 채택한 뉴욕과 동일한 방형상 가로망 체계(grid-iron street pattern)는 자동차 시대의 생활환경에 많은 문제점을 낳고 있는 것으로 나타났다.

래드번 계획은 미국 계획사조에서 하나의 혁명이었다. 그 시대의 당면과제는 '자동차와 더불어 평화롭게 살아갈 수 있는 도시의 건설'이었다. 서니사이드 계획에서 격자형 가로망 형태는 자동차로부터 안전한 생활환경을 이루기에는 한계가 있었다. 래드번 배치계획을 통한 스타인과 라이트의 공헌은 보행자와 차량의 소통을 완전히 분리한 '보차분리'의 실현을 꼽을 수 있다. 보행자와 차량을 분리하여 차량으로부터 생활환경을 침해받지 않는 거주지를 만들었다는 점을 높이 평가해야 한다. 영국의 레치워스, 햄스테드, 웰윈과 같은 초기 전원도시에서도 '막다른 골목설계'(dead-end street design) 등은 사용되었지만 래드번에서는 가로체계의 한 부분으로 폭넓게 적용되었다. 또 페리가 강조한 1차집단의 중요성을 도입하여 근린주거지를 계획했다는 점도 높이 평가해야 한다. 현대 도시의 복잡하고 개별화된 생활조건에서 근린주거지에서 이웃의 역할이 중요하다는 점은 래드번 계획안의 주택배치에 반영되었다.

정답 ④

06 래드번(Radburn) 신도시 계획과 관련이 없는 것은?

① 대가구(Superblock)방식을 기본으로 하고 있다.
② 주택단지 어디든지 통할 수 있는 공동의 오픈스페이스를 조성하였다.
③ 라이트(H. Wright)와 스타인(C. Stein)에 의해 계획되었다.
④ 영국의 신도시이다.

정답 ④

07 래드번 계획의 특징으로 적절하지 않은 것은?

① 보차분리의 원칙이 강조되었다.
② 대가구(Superblock) 개념을 기본으로 한다.
③ 자동차 도로의 기능을 통합 일원화하였다.
④ 기능에 따른 4가지 종류의 도로로 구분하였다.

정답 ③

08 주거단지환경의 이론가에 관한 다음의 연결이 옳지 않은 것은?

① 전원도시 – E. Howard
② 빛나는 도시 – Le Corbusier
③ 래드번 단지계획 – F.L. Wright
④ 할로우(Harlow)도시 – F. Gibberd

> **해설**
>
> ○ 클라렌스 스테인(Clarence Stein), 헨리 라이트(Henry Wright)의 래드번 계획
>   기버드(Fredrick Gibberd)가 기본계획 및 설계를 맡아서 건설된 할로우 신도시는 도시와 농촌의 이상적 통합이라는 전원도시의 이상을 계승.

정답 ③

09 성장관리에 대해서 주 및 자치제가 자신의 행정구역에 있어서 장래 개발의 속도, 양, 형태, 위치, 질에 의도적인 영향을 주고자 하는 것으로 정의를 내린 학자는?

① J. Gottmann
② P. Healey
③ D. Godshalk
④ H. Hoyt

정답 ③

10 계획이론 중 종합적 계획이 갖는 비현실성에 대한 비판과 보완에서 출발하여, 논리적 일관성이나 최적의 해결 대안을 제시하는 것보다는 지속적인 조정과 적용을 통하여 계획의 목표를 추구하는 접근 방법을 제시한 학자와 이론의 연결이 옳은 것은?

① Friedmann: 교류적(Transactive) 계획
② Davidoff: 옹호적(Advocacy) 계획
③ Faludi: 체계적(System) 계획
④ Lindblom: 점진적(Incremental) 계획

정답 ④

11 영국의 도시학자 하워드(E. Howard)가 제시한 전원도시에 대한 설명으로 옳지 않은 것은?

① 경제기반이 확보되어야 한다.
② 전원도시들은 서로 독립적이다.
③ 계획인구는 3만 명 정도로 한다.
④ 주변에는 충분한 농업지대가 존재한다.

> 해설

전원도시는 서로 연접하여 도시와 전원의 특색을 모두 갖추고 있다.

정답 ②

12 1967년 도시 내의 상업·업무지역을 중심형 상업지구(nucleation), 가로변 상업지구(ribbon), 특화지구(specialized area)로 구분한 학자는?

① 프라우푸트(Proudfoot)   ② 사핀과 카이저(Chapin &Kaiser)
③ 베리(Berry)   ④ 무쓰(Muth)

정답 ③

13

다음 중 페리(perry)가 계획한 근린생활권의 물적 시설 계획에 포함되지 않는 것은?

① 도로설계　　　　　　　② 문화 공간
③ 녹지 공간　　　　　　　④ 학교

> **해설**
>
> 도시계획에서 생활권 개념을 처음으로 도입한 사람은 페리(C. A. Perry)로서 6개의 물적 시설은 생활권 범위, 학교, 녹지 공간, 공공건물, 상업지구, 생활권 내 도로설계 등 에 관한 것으로서 페리의 구상에서 근린생활권에는 생활권 중심에 약 1,000~1,200명의 학생을 수용할 수 있는 규모의 초등학교 시설 및 공공시설을 두어야 하고 외곽지역에 1개의 쇼핑센터 시설을 갖추어야 한다고 하였다.

정답 ②

14

학자와 계획안의 연결이 틀린 것은?

① Ebenezer Howard – 전원도시
② Tony Garnier – 공업도시
③ P. Abercrombie – 대런던계획
④ Frank Lloyd Wright – 빛나는 도시

> **해설**
>
> 토니 가르니에(프랑스,Tony Garnier)가 제안한 공업도시는 인구가 35,000명 정도이며, 공업 지역은 강변을 따라 낮은 지형에 배치하여 철도, 도로, 수운의 편의 등을 확보토록 하였다.

정답 ④

15

도시계획이론으로서 옹호적 계획(Advocacy Planning)을 주창한 학자는?

① C. Lindblom　　　　　　② E. Etizioni
③ P. Davidoff　　　　　　　④ H. Simon

정답 ③

16 주택지의 말단부에서는 자동차와 사람이 공존하는 것이 더 바람직하며, 주택지 내 도로는 단순한 교통시설이 아니라 시민생활의 터전이 되어야 한다는 생각으로 네덜란드의 델프트에서 처음 등장한 보차공존도로 방식은?

① 본엘프(woonerf)
② 커뮤니티몰(community mall)
③ 거주환경지역(environmental area)
④ 보행자데크(pedestrian deck)

정답 ①

17 계획이론과 그 주창자의 연결이 옳은 것은?

① 점진적 계획 – 린드블룸
② 교류적 계획 – 다비도프
③ 옹호적 계획 – 프리드만
④ 종합적 계획 – 꼬르뷔제

정답 ①

18 르 꼬르뷔제(Le Corbusier)의 빛나는 도시(Radiant city)에 대한 설명으로 틀린 것은?

① 중심부를 고층 고밀화 한다.
② 넓은 오픈스페이스와 공원을 확보한다.
③ 저밀의 전원적 도시를 개발한다.
④ 고속 교통기관을 도입한다.

해설
③ 하워드의 전원도시

정답 ③

19 하워드(Howard)의 전원도시의 조건인 것은? ★

① 자급자족 도시로 성장하기 위해 도시주위에 공업지대를 확보
② 도시의 계획인구 규모는 3만 명 이하
③ 도시 성장과 번영에 의한 개발이익의 일부는 환수
④ 토지는 영구히 사유화

> **해설**

하워드가 제시한 전원도시계획은 인구 32,000명의 소규모로서, 인구 규모가 이것을 초과할 경우 별도의 전원도시를 조성하는 방식으로 전원도시와 중심도시의 집합이 인구 규모 25만 명을 넘기지 않을 것을 제안했다. 전원도시 주변에는 충분한 농업지대가 존재할 것, 전원도시 경제기반 확보, <u>개발이익의 사회 환수</u>, <u>토지 공유와 사용권의 제한</u>, 전원도시들 사이에 연계방안 등 하워드의 제안은 전원도시에 대한 전체적인 개념, 내부의 설계는 물론 전원도시의 유지 및 관리에 대한 구체적인 내용도 담고 있다.

○ **전원도시**

하워드는 공업화와 도시적 생활양식에 대한 동경 때문에 도시로 집중되는 인구를 억제하기 위하여 전원지대에 공업과 문화를 정착시키고 사람들을 전원으로 끌어들여 전원적 자연환경이 풍부한 주거형태를 실현시키고자 하였다. 이를 위해 도시와 농촌의 장점을 융합시킨 "도시 – 농촌(Town – Country)"의 개념을 제안하였는데 이것이 곧 전원도시의 골자이다. 하워드는 전원도시의 요건으로, 첫째 도시의 인구 규모를 제한하기 위한 계획인구 설정, 둘째 토지는 도시경영주체가 소유하고 개인은 임대 사용하는 토지 공유의 개념 도입, 셋째 도시의 물리적 확장 억제, 식량의 자급자족, 오픈스페이스 확보 등을 위해 도시 주변부에 넓은 농업지대의 영구 보유와, 도시내 충분한 오픈스페이스 보유, 넷째 시민경제 유지 즉 경제적 자족성을 위한 산업 유치, 다섯째 상하수도, 전기, 철도 등의 도시 자체 해결과, 도시의 성장과 개발에 따른 이익은 조세감면이나 도시개선을 위해 재투자, 여섯째 시민의 자유와 협동의 권리 향유 등을 제시하였다. <u>이에 따라 전원도시의 구체적인 계획안을 제시하였는데 시가지 규모는 약 400ha, 인구는 약 32,000명 규모(시가지 3만 명, 농지 2천 명)</u>, 시가지 패턴은 방사형이며, 중심부에 광장과 공용의 청사 등 공공시설이 있고, 중간지대에 주택과 학교, 외곽지대에 공장과 창고, 철도가 있다. 시가지 밖으로는 대농장, 목초지 등 약 2,000ha의 농업지대가 펼쳐져 인근 도시와 공간적 분리를 유도하며 도시 간 연결은 철도와 도로로 이루어진다. 뿐만 아니라 전원도시가 실현가능하도록 상세한 건설방식과 도시의 건설, 유지 및 관리의 소요경비와 조달방식 등 도시경영계획까지 보여주었고, 전원도시가 성장하여 다음 단계로 발전할 것을 고려하여 대도시에 의존하지 않도록 전원도시가 도시집단(25만 명 이상의 규모)을 이루는 과정과 완결된 도시모습, 다른 전원도시와의 기능적인 연관성 등을 제안하였다.

전원도시의 실현을 위하여 전원도시주식회사가 설립되고 1903년 최초의 전원도시 레치워스(Letchworth), 1920년 제2의 전원도시 웰윈(Welwyn)이 건설되었다. 이로써 전원도시는 환경이 매우 뛰어난 도시임이 증명되었지만 당초 목적인 인구분산에는 큰 효과가 없었으며, 건설비용이 비싸고, 게다가 교통수단이 급격히 발달하여 모도시와 커뮤니케이션이 증대됨에 따라 전원도시의 개발은 좌절되어 갔다. 그러나 전원도시의 개념은 1946년에 제정된 영국의 뉴타운법과 뉴타운개발공사에 의해 신도시개발에서 연면히 이어져오고 있으며, 세계적으로 도시개발에 미친 영향이 적지 않고, 전원도시의 독특한 세제운영 및 관리 운영에의 주민참여 방식 등 오늘날에도 참고로 할 만한 것이 많다.

정답 ③

20 다음 중 생태학적 접근 시각을 가진 도시학자가 아닌 사람은?

① H. Hoyt
② B. Berry
③ David Harvey
④ Robert Park

정답 ③

21 Leo Klassen 교수가 제시한 도시화의 3단계로 가장 적당한 것은?

① 협의의 도시화 → 교외화 → 역도시화
② 협의의 도시화 → 광역도시화 → 역도시화
③ 도시의 발생 → 협의의 도시화 → 광역도시화
④ 도시의 발생 → 협의의 도시화 → 교외화

정답 ①

22 클라센(L. Klassen)이 주장한 도시화의 단계가 바르게 연결된 것은?

① 집중적 도시화 → 분산적 도시화 → 역도시화
② 분산적 도시화 → 집중적 도시화 → 역도시화
③ 분산적 도시화 → 역도시화 → 집중적 도시화
④ 집중적 도시화 → 역도시화 → 분산적 도시화

정답 ①

23 도시공간의 구성요소로 움직임, 교통망, 결절, 계층, 영향면을 들고 있는 학자는?

① 나이스투엔(J. Nystuen)
② 하겟(P. Hagget)
③ 모릴(R. Morrill)
④ 자넬(D. Janelle)

> 해설
>
> ② 하게트(P. Haggett): 움직임, 교통망, 결절, 계층, 영향면

정답 ②

24 도시 공간구조와 성장이론의 주창자 또는 대표적인 연구자의 연결이 잘못된 것은?

① 중심지이론 – 크리스탈러, 베리
② 다핵심이론 – 해리스, 울만
③ 원심력·구심력이론 – 디킨슨
④ 다차원론 – 시몬스

해설

○ Colby의 원심력·구심력 이론
이 이론은 도시공간구조의 결정은 도시중심부의 기능을 주변지대로 밀어내는 원심력(centrifugal forces)과 중심부로 끌어당기는 구심력(centripetal forces)으로 구분된다.
도시의 기능을 외곽으로 밀어내는 원심력은 도심부의 혼잡과 비좁음의 기능을 피하려는 공간적인 spatial force, 지형적 위치의 힘(site force), 관계적 위치의 힘(situational force), 사회적인 평가의 힘(force of social evaluation), 점거의 상태와 구성(status of organization of occupance), 인간의 개인적인 동기(human equation) 등이 있으며, 구심력으로는 지형적인 위치의 매력(site attraction), 기능상의 편의성(functional convenience), 기능상의 상호흡인(functional magnetism), 기능상의 명성(functional prestige) 인간의 개인적인 동기 등이 예이다. 원심적 이동을 하는 대표적인 기능은 주택, 학교, 공장 등이고, 구심적 이동의 대표적인 기능은 기업의 본사, 고급 소매점, 호텔 등이다.

정답 ③

25 도시를 주민의 압도적인 대부분이 농업이 아닌 공업이나 상업활동에 종사하여 얻어지는 수입으로 생활하는 취락이라고 정의한 학자는?

① Max weber
② Will Durat
③ J.M. Cowper
④ Lewis Mumford

정답 ①

26 영국의 도시학자인 Ebenezer Howard가 도시생활의 장점과 전원생활의 쾌적함을 동시에 누릴 수 있도록 제시한 '전원도시(Garden City)'안에 관한 내용으로 맞는 것은?

① 전원도시의 시가지 패턴을 격자형(grid pattern) 가로망 체계로 구성한다.
② 전원도시의 공간구조는 중심지대에 상업·업무·공장을 배치하고, 외곽에는 광장·시청사 등 공공기관을 배치한다.
③ 도시성장과 번영에 의한 개발이익의 일부는 환수하며 계획의 철저한 보존을 위해 토지를 영구히 공유화한다.
④ 전원도시의 규모는 약 400ha의 면적에 30만 명 정도의 인구를 수용한다.

정답 ③

27 다음 중 도시공간구조 이론과 이를 제시한 학자의 연결로 맞는 것은?

① 복합이론 – 버제스(E. W. Burgess)
② 다핵심이론 – 호이트(H. Hoyt)
③ 다차원론 – 에릭센(E. G. Ericksen)
④ 파상이론 – 브루멘펠드(H. Blumenfeld)

> 해설

o 다차원이론 – 시몬스, 벨, 윌리암스
o 복합이론 – E. G. Erickson(1954)가 주장. 동심원이론과 선형이론을 조합하여 도시공간구조를 설명
o 3지대론 – 디킨즈. 유럽의 역사도시의 공간구조를 설명.

정답 ④

28 '성장관리에 대해서 주 및 자치체가 자신의 행정구역에 있어서 장래 개발의 속도, 양, 형태, 위치, 질에 의도적인 영향을 주고자 하는 것'으로 정의를 내린 학자는? *

① J. Gottmann   ② P. Healey
③ D. Godshalk   ④ H. Hoyt

> 해설

성장관리는 성장의 정도와 시간을 조절하는 것으로 가샤크(D. Godshalk)의 정의

정답 ③

29 계획이란 계속되는 선택을 통해 가장 적절한 미래의 행위를 결정하는 일련의 절차이며 행동이야말로 계획 행위의 궁극적인 산물이라고 정의한 학자는?

① Davidoff 와 Reiner   ② Healey
③ Harris 와 Ullman   ④ Howard

> 해설

o 계획이론
  1) 현재의 문제를 해결하고 미래의 목표를 성취하기 위한 행동 지침을 결정하고 미래를 변화시키고자 하는 것
  2) 다비도프(P. Davidoff)와 라이너(T. Reiner)의 계획의 정의
    – 계속되는 선택을 통하여 가장 적절한 미래의 행위를 결정하는 일련의 절차
    – 행동이야말로 계획의 궁극적인 산물

정답 ①

30 다음 중 도시의 성격을 설명하는데 있어 인구규모를 기준으로 인간정주사회를 15단계의 공간단위로 분류한 학자는?

① L. Mumford
② C. A. Doxiadis
③ M. Weber
④ J. M. Cowper

정답 ②

31 다음 중 학자에 따른 도시의 정의가 잘못 연결된 것은?

① 워스(L. Wirth) – 사회적으로 이질적인 사람들로 구성되어 있고 상대적으로 넓은 면적과 높은 인구밀도를 가진 정주지다.
② 웨버(M. Weber) – 주민의 대부분이 농업이 아닌 공업이나 상업에 종사하여 얻은 수입으로 생활하는 커다란 취락이다.
③ 다비도프(P. Davidof) – 도시의 결정요인은 인구나 건물이 아니라 예술·문화·종교·민주적 정치형태다.
④ 쇼버그(G. Sjoberg) – 지적 엘리트를 포함한 각종 비농업적 전문가가 많으며 상당한 규모의 인구와 인구밀도를 갖는 공동체다.

> 해설

- 루이스 멈포드(L.Mumford, 1895~1990) – 도시의 배아(胚芽)는 성소(聖所)이다. 곧 종교적 열망과 염원의 종교적 구심점으로 도시가 출현하였다고 주장.
  <u>도시의 결정요인은 사람의 수와 건물이 아니라 예술, 문화, 종교, 민주적 정치형태라고 주장.</u>

정답 ③

32 웨버(Max Weber)가 발표한 '도시(The City:1966)'에서 주장한 완전한 도시공동체(full urban community)에 대한 설명이다. 잘못된 것은? ★

① 유럽, 중동, 인도, 중국 등의 여러 도시에 대한 역사적 자료를 비교하여 연구하였다.
② 완전한 도시공동체는 요새화, 시장, 법정, 결사체, 정치적 자율성을 갖춘 도시를 말한다.
③ 특히 무역과 상업 활동 그리고 공동체의 자율성을 강조했다.
④ 도시의 특이한 생활양식은 도시라는 생활환경으로부터 생겨난 것으로 보고 있다.

> 해설

생활양식으로서 도시라는 이론적 시선은 1938년 워스(R. Wirth)가 발표.

정답 ④

33 다음 중 도시공간구조 이론에 대한 설명 중 틀린 것은? *

① 동심원이론은 Burgess가 제시한 도시구조 모델로 시카고를 연구대상으로 하여 경험적으로 도출된 모델이다.
② Harris와 Ullman의 다핵이론은 대도시 지역의 성장을 고려하여 도시내부구조를 분석한 것으로 유동적인 현대의 도시구조를 설명하는데 적합하다.
③ Hoyt는 미국 도시들을 대상으로 주택임대 자료를 수집·분석한 결과를 토대로 제시한 설명이론에서 주택지대의 구조는 교통축을 따라 선형으로 나타난다고 보았다.
④ 동심원 이론에서 접근성과 지가는 도심으로부터 모든 방향으로 규칙적으로 감소한다고 가정하고 동심원 구조는 CBD, 근로자주택지대, 중산층주택지대, 통근자 지대의 4개 지대로 나뉜다.

> 해설

④ 5개의 지대로 나뉜다.

정답 ④

---

34 18, 19세기에 제안된 유토피안 계획가들의 이상도시 안에 대한 설명으로 올바른 것은? *

① Claude Nicholas Ledoux – 무정형의 도시대신에 단일건물 팔란스테르(Phalanstere)를 제안
② Francois Fourier – 아름다움, 건강, 편리를 우선하여 근대건축기술이나 과학적 진보를 적극적으로 도입
③ Robert Owen – 농업과 공업을 결합한 이상 공장촌의 건설을 제안
④ James. S. Buckingham – 18세기 후반에 제염노동자들의 이상도시 쇼(Chaux)를 발표하여 새로운 생산체제를 도입

> 해설

○ 이상도시학자와 이상도시안
  • 푸리에(Francois Fourier) – 팔란스테르(Phalanstere)
  • 오언(Robert Owen) – 이상공장촌
  • 르두(Claude Nicholas Ledoux) – 이상도시 쇼(Chaux)
  • 버킹엄(James. S. Buckingham) – 빅토리아

정답 ③

35 다음 중 미국의 보스톤, 뉴저지, 로스엔젤레스를 대상으로 지도그리기 방법으로 도시이미지를 구성하는 요소를 구분하였으며, 도시경관의 명료성을 살릴 수 있는 도시경관의 특성을 부여하고 개념을 제시하고자 하였던 학자는?

① Allen Jacobs
② Amos Rapoport
③ G. Murphy
④ Kevin Lynch

정답 ④

36 다음 중 머디(R. A. Muride, 1997)가 미국의 여러 도시들을 대상으로 한 사회공간구조의 분석 결과 밝혀낸 다핵패턴을 이루게 되는 유형에 해당하지 않는 것은?

① 사회·경제적 지위
② 가족구조
③ 인종그룹
④ 사회제도구조

> 해설

① 사회·경제적 지위 – 부채꼴(선형)이론
② 가족구조·세대유형 – 동심원 이론
③ 인종그룹 – 서로 독립하여 다핵패턴(이론)

정답 ④

37 도시교통문제에 관심을 갖고 도시규모의 과대화를 방지하고 과잉교통을 배제하며 도시환경의 악화를 방지하기 위하여 선상의 유통체계가 도시형태를 결정하도록 하는 선형도시안을 주장한 사람은?

① 테일러(Taylor)
② 언윈(Unwin)
③ 마타(Mata)
④ 게데스(Geddes)

> 해설

소리아 이 마타(A. Soria Y Mata)의 선형도시안은 도시의 핵을 인정하지 않는다.

정답 ③

38 다음 중 지속가능한 개발(발전)을 위한 선언문이 아닌 것은?

① 리우선언문
② 지방의제(Agenda)21
③ 요하네스버그 선언문
④ 카를스바트 결의

> 해설

- 카를스바트 결의는 오스트리아와 프로이센이 발의하여 독일 연방(Deutscher Bund) 의 의회가 1819년에 가결한 법으로 자유주의자들을 탄압하고 학생 운동을 근절하는 것이 핵심.
- 남아프리카 공화국 요하네스버그의 세계지속가능발전 정상회의(World Summit on Sustainable Development).

정답 ④

39 도시계획의 다양한 수법에 대한 설명이 틀린 것은?

① 뉴어바니즘(New Urbanism)은 자동차 위주의 도시계획에서 사람중심의 도시환경을 도시계획적으로 적용하는 운동으로, 보행자 이외의 개인 및 대중교통수단을 배제한다.
② 에코시티(Eco-City)는 환경적으로 건전하고 지속가능한 개발을 위해 환경보전과 개발을 조화시켜 도시를 조성하고자 한다.
③ 압축도시(Compact City)는 집중된 개발을 통하여 도시의 통행수요 및 에너지 사용을 감소시키는 도시형태로 고밀개발을 통한 직주근접을 도모한다.
④ U-City는 언제 어디서나 편리하게 도시네트워크를 이용하고 정보를 얻을 수 있는 새로운 형태의 미래형 도시이다.

> 해설

① 대중교통수단의 이용과 에너지를 효율적으로 이용

정답 ①

40 옹호적 계획(Advocacy Planning)에 대한 설명이 틀린 것은?

① 다비도프(Davidoff)에 의해 주창된 옹호적 계획은 피해 구제 절차(Adversary procedures)와 같은 사회제도를 계획 개념으로 수용한 것이라고 할 수 있다.
② 계획의 직접적 영향을 받는 사람들조차도 무관심한 계획안으로부터 발생할 수 있는 이익을 주민의 관점에서 옹호한다.
③ 이론상으로 사회는 너무 많은 차원의 가치가 혼재하고 있는 공간이기 때문에 복수의 다원적인 계획보다는 단일 계획안을 수립하는 것이 바람직하다고 본다.
④ 계획이 일방적으로 공공의 이익을 규정하는 전통을 타파하는데 성공적이었다.

해설

③ 다원적 계획안이 바람직한 것으로 보았다.

정답 ③

41 쾌적한 주거환경을 확보하면서 과밀·과대도시의 폐해를 해결하기 위해 도시와 전원을 일체화하는 전원도시를 주장한 사람은?

① 마타
② 하워드
③ 게데스
④ 가르니에

정답 ②

42 환경적으로 건전하고 지속가능한 개발을 위해 환경보전과 개발을 조화시키려고 하는 추세에 따라 도시의 환경문제 해결에 적용하는 도시개념으로, 미국의 시바노, 독일의 카빌을 사례로 들 수 있는 것은?

① U – City
② Eco – City
③ Smart City
④ Compact City

해설

에코 시티란 자연과 인간의 공생 기술이 담긴 도시를 일컫는 말로 현재 미국의 시바노, 독일의 카빌, 일본의 키타큐슈를 대표적인 환경 도시의 예로 들 수 있다.

정답 ②

유형 27

도시계획 기법과 흐름(조사방법과 모형)

01 무작위로 추출된 집단의 통행 기점과 종점, 목적, 통행수단, 도착시간 등을 조사하는 교통계획 기법은?

① 통행 수요 자료조사(OD 조사)
② 교통 서비스 수준조사(교통량 평가)
③ 통행 분배 모델(動모델)
④ 통행수단 분담 모델(로짓모델)

> **해설**
>
> ○ OD 조사: origin and destination survey의 약어. 자동차 교통의 출발지·목적지별로 교통량을 조사하고, 교통의 희망 방향과 교통량을 알아내기 위한 조사. 조사 방법으로는 조사원이 자동차를 정지시키고 직접 질문하는 방법, 조사용 엽서에 의한 방법, 가정 방문에 의한 방법 등이 있다. 운전자로부터 출발지와 도착지 정보를 취합하여 전체 교통량을 추정하는 교통조사 기법이다.
>
> 정답 ①

02 교통계획의 기법으로 볼 수 없는 것은?

① 통행수요조사(OD조사)   ② 교통서비스 수준조사
③ 통행분배모델   ④ 건물연면적 원단위법

정답 ④

03 무작위로 추출된 집단의 통행 기점과 종점, 목적, 통행수단, 도착시간 등을 조사하는 교통계획 기법은?

① 기종점조사(OD조사)   ② 교통량 평가
③ 중력모델   ④ 로짓모델

> **해설**
>
> ○ 중력모형(Gravity Model)
>   – 인구·경제활동의 규모는 크기에 비례하고 거리에 반비례한다는 모형으로 뉴턴의 만유인력을 응용한 공간 상호작용을 설명하는 기본모형이다.
>   – 대표적인 예로는 레일리(Reilly)의 소매인력법칙이 있다.

○ 허프(Huff) 모형
  - 전통적인 수요추정모델 중에서 상권에 관한 가장 체계적인 이론으로 소비자가 상점시설을 선정하는 행동을 확률적으로 해석하는 방법이다.
  - 소비자가 주어진 상업시설을 이용할 확률은 상업시설의 크기에 비례하고 이동하는데 걸리는 시간에 반비례한다.
○ 로짓모형(Logit Model) 의한 방법
  - 누적 로지스틱 함수(Cumulative Logistic Probability Function)로 구성된다.
  - 성별, 혼인상태, 인종, 거주지, 종교 등 명목척도로 측정된 질적 변수들을 독립변수로 사용하기 위해서는 이것들을 가변수(Dummy Variable)로 전환시켜 회귀분석에 포함시킬 수 있다. 계산이 상대적으로 편리하여 이분 종속변수의 분석에 보다 광범위하게 사용된다.

정답 ①

04 기성시가지에 적용되는 토지이용 수요측정의 일반적인 작업절차 중 가장 나중에 이루어져야 할 단계는?

① 토지이용의 유형별 계획밀도의 설정
② 토지이용의 유형에 따라 기존 토지이용밀도 조사와 평가
③ 목표연도의 인구 및 경제활동 등 예측
④ 용도별 토지이용 수요의 산정

해설

○ 토지이용면적의 수요는 원단위법을 활용하여 3단계로 추정된다.
  1) 1단계는 목표년도의 인구 및 경제활동 규모 예측이다.
     예) 인구수, 종업원수, 생산액 등 경제활동 예측.
  2) 2단계는 목표년도의 용도별 토지이용 밀도의 설정이다.
     예) 인구밀도와 주택당 상면적(주거지역), 종사자당 또는 이용자당 건물면적, 종사자 1인당 사무실면적(상업업무지역), 생산액 및 고용자당 부지면적(공업지역), 1인당 녹지면적(녹지지역), 건폐율, 용적률(공공시설))
  3) 3단계는 목표년도의 용도별 토지이용 수요의 산정(1단계÷2단계)

정답 ④

05 일반적으로 기성시가지에 적용되는 토지이용의 수요추정 과정을 바르게 나열한 것은? *

> 1. 토지이용의 유형에 따라 기존 토지이용밀도 조사와 평가
> 2. 목표연도의 인구 및 경제활동 등 예측
> 3. 토지이용의 유형별 계획밀도의 산정
> 4. 용도별 토지이용 수요의 산정

① 1-2-3-4
② 1-3-2-4
③ 2-1-3-4
④ 1-2-4-3

정답 ①

06 다음 중 도시조사자료에 대한 설명이 옳지 않은 것은? *

① 1차 자료는 도시계획의 대상이 되는 단위지역이나 당해지역의 주민들로부터 현지조사나 관찰, 면접 등을 통해서 직접적으로 도출한 자료이다.
② 2차 자료는 연구자가 탐구하고자 하는 현상에 대한 정보를 담고 있는 기존의 여러 가지 기록을 의미하는 것으로 서적이나 간행물, 각종 통계자료 등이 해당된다.
③ 2차 자료에 비해 1차 자료는 비교적 적은 노력과 비용으로 계획가가 원하는 정확한 정보를 얻을 수 있다.
④ 도시계획을 위한 도시조사에서는 1차 자료에 대한 조사와 2차 자료에 대한 조사를 병행하는 것이 일반적이다.

해설

③ 1차 자료는 많은 노력과 비용이 든다.

정답 ③

07 도시계획에 활용되는 자료원에 대한 접근방법을 직접적·간접적이냐에 따라 1차 자료와 2차 자료로 분류할 때 다음 중 2차 자료에 해당하는 것은?

① 통계자료조사
② 현지조사
③ 면접조사
④ 설문조사

정답 ①

08 다음 도시조사에 이용되는 회귀모형에 대한 설명 중 옳지 않은 것은?

① 단순선형회귀분석이란 하나의 종속변수와 하나의 독립변수 사이의 관계를 추정하는 분석이다.
② 다중회귀분석이란 하나의 종속변수와 여러 개의 독립변수 사이의 관계를 추정하는 분석이다.
③ 회귀계수는 추정하려는 독립변수의 파라메타를 뜻하며, 일반적으로 최소 제곱법에 의하여 회귀계수를 추정한다.
④ 추정된 회귀선이 표본자료를 얼마나 잘 설명하는가를 나타내는 통계량을 상관계수라고 하며, R^2로 표시한다.

해설

④ 결정계수: 상관계수 r 또는 R은 항상 −1과 1 사이에 있다. 상관계수의 절대값의 크기는 직선관계에 가까운 정도를 나타내고, 부호는 직선관계의 방향을 나타낸다. 반면 결정계수(R^2)는 정확도를 의미하는 것으로 예를 들어 상관계수 0.7인 경우 결정계수는 0.49가 되는 것이다. 즉 49%의 정확도(오차가 적음)를 의미한다. 0.5인 상관계수와 0.7인 상관계수에서 상관도 이외에 정확도를 알 수 있다. 회귀분석에서 사용되는 데이터의 형태는 독립변수와 종속변수 모두 연속형 데이터(간격척도, 비율척도)만 사용할 수 있다. 다만, 성별같이 독립변수에서 명목척도로 측정된 경우 더미변수로 변환해서 사용할 수 있다. 상관분석에서 상관관계의 정도를 나타내는 계수가 바로 상관계수(R: correlation coefficient)였다. 이 상관계수를 제곱한 값이 바로 결정계수(R^2: coefficient of determination) 이다. 이는 회귀식이 자료를 얼마나 잘 설명하고 있는가? 다시 말해, 독립변수가 종속변수를 얼마나 잘 설명하고 있는가를 나타낸 계수이다. 결정계수는 상관계수와 마찬가지로 $0 < R^2 < 1$ 사이의 값을 가진다.

정답 ④

09 도시화정책의 결정방식 중에서 공공단체가 민간기업적 경영방식에 의거하여 개발사업을 할 때 적용된다고 볼 수 있는 것은? ★

① 개선적 문제해결식 방식(ameliorative problem – solving)
② 배분적 추세수정식 방식(allocative trend – solving)
③ 탐험적 기회모색식 방식(explorative opportunity – seeking)
④ 규범적 목표지향식 방식(normative goal – orientation)

해설

○ 도시화정책의 결정방식
  1. 공공단체의 정책결정방식
    1) 개선적 문제해결식 방식
    2) 배분적 추세수정식 방식
    3) 규범적 목표지향식 방식
  2. 민간기업이 위험부담이 큰 새로운 사업 영역진출에 이용되는 방식
    탐험적 기회모색식 방식

정답 ③

10 다음 중 토지이용계획의 수립을 위한 토지이용현황조사의 범위와 항목의 연결이 가장 바람직하지 않은 것은?

① 토지이용현황: 안정성, 보건성, 쾌적성
② 상위계획 및 관련계획: 상위계획, 기존계획, 관련계획
③ 자연환경 조사: 기후 및 기상, 지형 및 지세
④ 사회·경제 환경 조사: 인구규모, 산업구성, 자원조사

> 해설

○ 토지이용계획
1. 정의
   토지이용계획은 토지이용을 용도배분 하는 계획으로 주거, 상업, 공업, 녹지지역의 4가지 기능 공간으로 계획하는 것을 말하며, 택지개발계획에서는 택지를 주택건설용지와 공공시설용지로 구분하고 다시 각각의 용지에 대한 세부용도를 배분하는 작업을 말한다.
2. 토지이용계획의 목표
   1) 토지이용의 효율성
   2) 문제점의 최소화 및 잠재력의 극대화
   3) <u>안전성, 보건성, 편리성, 쾌적성, 경제성의 확보</u>
3. 토지이용계획의 역할
   1) 도시의 현재와 장래의 공간구성(도시기반시설을 배치하고 정비하는 주요한 인자)
   2) 토지이용의 규제와 실행수단의 제시(개발억제 및 투자계획에 대한 정책수단의 역할)
   3) 지구단위계획에 대한 지침제시(3차원적 공간계획으로 기능배치와 밀도, 형태를 포함한다)
   4) 난개발 방지(계획적 개발을 유도)
   5) 장래를 위한 토지의 보존
4. 토지이용계획의 기본방향
   1) 대상지의 수용능력을 고려 자연환경보존과 조화를 이루도록 계획
   2) 장래의 지역개발방향과 토지이용변화를 수용할 수 있도록 융통성 부여
   3) 공공의 이익을 위한 사항이 고려되게 계획
   4) 상충된 기능은 분리시키고, 보완적 기능은 집적시켜 용도 간 결합설이 유지되도록 계획
   5) 주변지역과 연계성을 유지하고 조화를 이루도록 계획
   6) 계획대상지의 역사·문화적 특성 등을 최대한 활용
5. 토지이용계획과정
   현황조사 → 목표설정 → 테마설정 → 기본구상·대안설정 → 토지이용계획(안) 작성 → 대안 평가 및 수정 → 토지이용계획(안) 확정

○ 토지이용계획 수립을 위한 도시조사 범위와 내용
   1. 토지이용현황: 토지, 건축물, 기타 구조물
   2. 상위계획 및 관련계획: 상위계획, 기존계획, 관련계획
   3. 자연현황조사: 기후 및 기상, 지형 및 지세
   4. 사회경제환경조사: 인구, 산업개발
   5. <u>환경조사</u>: 안전성, 보건성, 편리성, 쾌적성

정답 ①

11 다음 중 지리정보시스템(GIS)에 대한 설명으로 옳지 않은 것은?

① 지리·공간적 정보 및 자료를 체계적으로 저장, 검색, 변형, 분석하여 사용자에게 유용한 정보를 제공한다.
② GIS에 의한 분석은 자료의 질과 사용자의 분석능력에 영향을 적게 받아 결과의 정확도나 가치가 보장된다.
③ 주요 기능으로는 자료의 수집, 예비적 처리, 자료의 관리, 자료의 변환 및 분석, 결과물 제작 등이 있다.
④ GIS를 이용하여 위치, 조건, 추세, 경로, 패턴, 모형 등을 조사·분석할 수 있다.

> 해설

GIS에 의한 분석은 자료의 질과 사용자의 분석능력에 영향을 많이 받아 결과의 정확도나 가치가 보장된다. GIS에 의한 분석에서 입력 자료의 질과 사용자의 분석능력 및 소프트웨어와 하드웨어의 성능은 결과의 신뢰성에 절대적인 영향을 미친다.

정답 ②

12 다음 중 도시조사의 목적으로 옳지 않은 것은?

① 도시의 위치와 역할에 대한 이해
② 도시 당면과제의 인식과 해결방안 모색
③ 조사 자료의 한시적 활용
④ 장래 시가화 동향 예측

> 해설

○ 도시조사의 목적
  1. 도시의 역할을 명확히 하고 올바른 위치 부여
  2. 도시의 발전과정과 현재의 기능을 바탕으로 존립조건을 이해하고 파악
  3. 도시 문제를 인식하고 해결책을 찾는 기초적 역할
  4. 지구 상호간의 관계와 도시전체의 구조 이해
  5. 시가화 동향을 예측하고, 기성시가지의 기능 및 특성 변화 예측
  6. 장래 계획이론을 전개하고 기술을 발전시키기 위해 체계적으로 자료 축적

정답 ③

13 도시계획에서 활용되는 자료를 자료원에 대한 접근이 직접적이냐 간접적이냐에 따라 1차 자료와 2차 자료로 구분할 때 이에 대한 설명으로 옳지 않은 것은?

① 1차 자료는 계획가가 원하는 현실감 있는 정확한 정보를 제공해 줄 수 있지만 방대한 정보를 얻는 것에는 한계가 있다.
② 2차 자료를 통해 공간적으로 멀리 떨어진 곳이나 시간적으로 조사가 불가능한 과거의 자료를 비교적 적은 노력과 비용으로 이용할 수 있다.
③ 서적이나 정기간행물, 각종 통계자료 등은 중요한 1차 자료원이다.
④ 도시계획을 위한 도시조사는 1차 자료와 2차 자료를 모두 활용하여 이루어지는 것이 일반적이다.

> 해설

③ 2차 자료원이다.

정답 ③

14 다음 중 도시 생태적 접근에 의한 토지이용 결정 이론에 해당하지 않는 것은?

① 선형지대이론　　　　② 다핵심이론
③ 사회지역형성이론　　④ 동심원이론

> 해설

○ 사회지역구조(형성) 이론
　머디(Murdie, 1969년)가 주장.
　1. 사회·경제적 지위는 호이트의 부채꼴(선형이론)과 유사한 공간이용 형태
　2. 가족구성이나 세대유형은 버제스의 동심원이론 형태
　3. 인종그룹은 독자적 지역사회를 형성하여 다행패턴 형성

정답 ③

15 다음 중 세계 최초의 환지방식에 의한 도시개발로 「토지구획정리사업에 관한 법률」이 제정되어 현대적 의미의 지역지구제를 처음으로 실시한 국가는?

① 일본　　　　② 미국
③ 독일　　　　④ 프랑스

> 해설

③ 독일에서 시작한 지역지구제는 도시계획이라기보다는 공해방지가 목적
참고로 우리나라의 조선시가지계획령(1934)에 의한 최초의 지역지구제는 도시지역만을 대상으로 하였다.

정답 ③

16 도시계획에 활용되는 자료원에 대한 접근방법을 직접적·간접적이냐에 따라 1차 자료와 2차 자료로 분류할 때 다음 중 2차 자료에 해당하는 것은?

① 통계조사자료 ② 현지조사자료
③ 면접조사자료 ④ 설문조사자료

정답 ①

17 개별 필지에 대한 규제사항 및 토지이용계획사항을 확인하는 것으로, 해당 토지에 대한 용도지역·지구·구역, 도시계획시설, 도시계획사업과 입안내용, 그리고 각종 규제에 대한 저촉 여부 등을 확인할 수 있는 자료는?

① 토지대장 ② 건축물대장
③ 토지이용계획확인원 ④ 토지특성조사표

> 해설

토지이용계획확인원은 토지가 어떠한 용도지역, 용도지구 또는 구역 등에 해당하는지와 그 용도지역 등에 대하여 도시계획 또는 개발계획 수립여부 등 토지에 대한 1차적인 정보를 확인할 수 있는 서류이다.

정답 ③

18 다음 중 GIS에 대한 설명으로 옳지 않은 것은?

① GIS는 지리·공간 정보를 받아들여 체계적으로 저장·검색·변형·분석하고, 사용자에게 유용한 새로운 형태의 정보를 표현하는 등의 작업을 수행하기 위한 기술이나 작동과정 혹은 도구이다.
② GIS는 기술적인 측면 뿐 아니라 GIS를 사용하는 지원인력 및 시설의 측면을 모두 망라하는 것으로 파악한다.
③ GIS를 이용한 공간분석을 통해 입력된 정보를 지리적으로 검색하고 표현할 수 있다.
④ 벡터 자료는 정방형 셀을 자료저장과 표현의 기본단위로 하기 때문에 격자형태의 결과물을 생성하게 된다.

해설

레스터(raster) 방식	벡터 방식
• 정방형 셀을 이용 • 셀 기반의 구조이기 때문에 고도, 강수량, 기온 등 연속적인 공간 객체를 표현하기에 적당하다.	• 수식을 이용 • 점과 점 사이의 선을 이용해 이미지를 구성하는 방식이다. • 복잡한 현실 세계의 묘사 가능이 장점 • 자료구조가 복잡한 것이 단점.

정답 ④

19
다음 중 통행 기종점표에 나타난 존간 통행량의 신뢰성을 검증하기 위한 조사는?

① 쿼터라인조사 ② 대중교통통행조사
③ 스크린라인조사 ④ 보행자통행조사

해설

경계선(screen line) 교통량 조사는 도로의 특정지점에 경계선을 설정하여, 그 경계선을 넘나드는 차량 대수를 관측하는 조사하는 방식이다.

정답 ③

20
다음 중 압축도시(Compact City)의 도시구조로 적합하지 않은 것은?

① 저에너지 소비 ② 저이동 유발
③ 저오염 배출 ④ 저밀도 건축

해설

④ 압축도시는 고밀도 건축방식이다.

정답 ④

21 다음 중 데그로브(Degrove)가 주장한 도시성장관리의 필요성으로 옳지 않은 것은?

① 상업적이고 무질서한 개발 등을 통한 생태계의 파괴와 환경오염을 예방하기 위한 것이다.
② 도시개발로 인한 공지(open space)의 감소 및 농경지의 도시용 토지로의 전환을 유도하기 위한 것이다.
③ 도시성장으로 인한 교통의 혼잡가중을 방지하기 위한 것이다.
④ 공공부문 사회간접자본 비용지출을 축소하기 위한 것이다.

> 해설

데그로브(J. M. DeGrove)는 1970년대부터 1990년대까지의 성장관리정책의 변화를 3단계로 나누어 설명하고 있다.
1) 환경적 관심에 기초한 성장관리체계로 1970년대의 성장관리체계는 주로 환경과 자연자원에 대한 공적관심에서 출발하였으며, 이러한 환경적 관심은 1950년대에 등장해서 1970년대 초에 피크를 이루었다.
2) 1980년대 성장관리는 삶의 질의 가치를 포함하는 것으로 1970년대의 성장관리체계와는 달리 개발 영향에 대한 기반시설의 수요 유지, 균형적 개발과 환경보호, 필요한 지역에서의 경제개발 증진, 지불능력을 고려한 주택의 적정공급 등을 목표로 하고 있다. 특히, 도시성장패턴에 있어 도시의 무계획적인 외연적 확산을 방지하는 압축적이고 짜임새 있는 도시개발패턴을 추구하는데 역점을 두었다.
3) 1990년대에 있어서의 성장관리체계는 경제개발 및 직업창출의 수요와 생태계 보호의 필요성과의 형평을 맞추는데 보다 관심을 두고 있다.

정답 ②

22 넬슨(Arthur C. Nelson)과 듀칸(James B. Duncan)이 정리한 성장관리정책의 목적에 해당하지 않는 것은?

① 어반 스프롤(Urban sprawl)의 방지
② 세수의 증대
③ 효율적인 도시형태의 구축
④ 경제적 효율성 제고

> 해설

○ 성장관리의 목적
1) 납세자의 보호(taxpayer protection)가 목적이다.
   성장관리정책은 과잉건설을 초래하는 사적인 투자결정으로부터 납세자를 보호하는 방법이다. 과잉건설은 시설유지를 위한 비용이 납세자의 몫으로 남기 때문이다.
2) 성장관리의 경제적 목적
   성장관리를 통해 부분적으로 시장에 간섭하여 비효율성을 야기하는 상태를 바로잡고 이를 통해 토지 이용 간 상호의존으로 인한 부정적인 회부효과를 감소하며, 공공재의 공급수준을 적정히 규정하여 공공서비스를 제공하는 비용을 감소하는 것이다.
3) 효율적인 도시형태의 구축
4) 삶의 질 향상
5) 어반스프롤 방지 목적

정답 ②

23 도시공간구조 이론 중 해리스와 울만이 제시한 다핵심구조 이론(multiple-nuclei theory)에서의 기능지역에 해당하지 않는 것은?

① 도시교통시설지역　　② CBD
③ 중공업지역　　　　　④ 교외주거지역

> 해설

해리스와 울만의 다핵심 모델은 6개 지구로 이루어져 있는데, 교통망의 중심이 되는 지역에 중심업무지구(CBD)가 있고, 도심 주변의 작은 핵들인 문화중심, 공원, 주변업무, 소공업센터, 대학 등의 소핵심지구가 있다. 그리고 외곽에는 산발적으로 공업지역이나 주거지역이 발달하는데, 이를 묶어 교외와 위성도시 지구이다. 그리고 마지막으로 주차장이나 벨트라인 확보가 용이한 도시 주변지역에 중공업지구들이 형성된다. 중심업무지구와 도매 및 경공업지구는 근거리에 존재하여 지역 간 간선도로의 교차점이나 철도를 따라 집중한다. 다핵 이론은 현대 도시들에 더 적합한 모델로, 도시지역의 지역적 성장을 고려한 것이 특징이다.

정답 ①

24 1893년 시카고에서 개최된 만국박람회를 계기로 D. Burnham(다니엘 번햄)의 도시디자인 철학에 따라 모든 도시들은 역사적 공간에 오픈 스페이스를 확보하고 광장과 정원에 분수를 설치하도록 하였으며 도시규모에 따라 공공건축물을 규제하였던 것으로, 이후 미국 도시설계의 기원을 이룬 것은?

① 도시미화운동　　② 전원도시운동
③ 보아잔계획　　　④ 이상도시론

> 해설

참고로 1925년에 르 꼬르뷔제는 그의 현대도시이론을 파리 중심부를 위한 「보아잔 계획(Plan Voisin)」에 적용하였다. 이러한 이론을 모은 것이 1935년에 「빛나는 도시」로 출간된 것이다.

정답 ①

25 다음 중 계획가(설계가)와 계획 도시(또는 계획 내용)의 연결이 옳지 않은 것은?

① 하워드(E. Howard) - 전원도시(Garden City)
② 라이트(F. L. Wright) - 브로드에이커(Broadacre)계획
③ 멈포드(L. Mumford) - 보아잔 계획(Plan Voisin)
④ 르꼬르뷔제(Le Corbusier) - 빛나는 도시(VilleRadieues)

> 해설

1935년, 프랭크 로이드 라이트가 제작한 대형 건축 모형작품 "브로드에이커 시티(Broadacre City)"는 새로운 도시설계도를 제안한 아이디어였다.

멈포드는 도시를 가정적·경제적 공동활동의 틀과 문화활동의 극장, 양자의 통합체로서의 용기(容器)로 정의를 내리고, 기능성과 예술성의 이중성이 내재된 그 용기속에서 표출되는 기능 즉 문화적 저장, 전파와 교류, 창조적 부가기능 이러한 것들이 바로 도시의 가장 본질적인 기능일 것으로 보고, 단적으로는 도시를 문화적 개체화의 단위로서의 지역으로 정의하고 있다. 그리고 멈포드는 게디스의 도시발전설을 수정해서 유명한 도시의 발전과 쇠퇴의 윤회설을 전개하였다.

정답 ③

26 파겐스(M. Fagence)가 제시한 직접적이고 영향이 큰 쇄신적 주민참여 기법에 해당하지 않는 것은?

① 델파이방법(Delphi Method)
② 명목집단방법(Nominal Group Method)
③ 혼합적탐색방법(Mixed Scanning Method)
④ 샤레트방법(Charrette Method)

> 해설

Nominal: 침묵, 독립이라는 의미를 내포하고 있다.
샤레트 방법(Charrette Method)은 각 분야 전문가들의 조언을 들을 수 있는 집회를 여는 방법으로 지역주민, 관료, 정치가들이 상호 의견을 자유롭게 개진하여 합의된 제안을 작성하는 기법이다.

정답 ③

27 지리정보시스템(GIS)에서 활용하는 자료에 대한 설명으로 옳은 것은? ★

① GIS의 자료는 크게 도형자료와 속성자료로 구분된다.
② 자료 구조 측면에서 GIS자료는 그리드(grid)와 래스터(raster) 자료로 구분된다.
③ 래스터 자료는 점, 선, 면을 자료 저장과 표현의 기본 단위로 이용한다.
④ 래스터 자료는 저장의 기본 단위 크기를 크게 할수록 정밀도가 향상된다.

> 해설

GIS의 자료구조는 크게 도형 자료와 속성 자료로 구분 지을 수 있다.
도형 자료는 우리가 흔히 말하는 지도 자료로서 점·선·면으로 구분할 수 있으며, 표현 방식으로는 래스터(그리드, 셀)와 벡터 형식으로 구분할 수 있다.
속성 자료는 우리가 흔히 사용하는 Excel의 형태를 취하는데, 각 테이블에는 행과 열로 구성되어져 도형 정보들을 통해 다양한 작업을 수행할 수 있는 자료를 제공하게 된다. 또한 이러한 자료들이 운영되어지는 규칙에 의해서 지리 데이터는 사용되어지게 된다.

GIS의 도형 자료들은 점(Point)과 선(Polyline), 그리고 면(polygon)으로 이루어져 있다. 이러한 특징을 이용하여 실세계를 변환시키게 되면, 단순한 위치를 나타내는 자료들은 점으로, 도로나 강은 선으로, 공원이나 필지와 같은 하나의 지역을 나타내는 지역은 면으로서 표현되게 된다. 이러한 자료는 속성에 따라 벡터 데이터와 래스터 데이터로 구분하여 표현하게 된다.

래스터와 벡터는 GIS에서 현실세계를 표현하고 있다는 점에서 동일하지만 그 표현 방식에서는 차이점을 보인다.

래스터의 경우는 실세계의 객체를 그리드, 셀 또는 픽셀이라 불리는 최소 단위의 집합으로 나타낸다. 래스터의 경우는 각 셀에 데이터가 들어 있게 되어, 확대했을 경우 격자 형태가 보이기도 한다. 이런 문제를 해결하기 위해서는 격자의 크기가 작을수록 선명해지게 되는데 이럴 경우에는 용량이 기하급수적으로 증가하게 되어 데이터 처리에 효율성을 감소시키게 된다.

이에 비해 벡터 모델은 X, Y값을 통한 각 지점을 이어서 표현해냄으로서 데이터의 용량이 래스터에 비해 작고, 확대했을 때에도 선명함을 유지한다. 이런 벡터 데이터의 구조는 객체들의 지리적 위치를 방향성과 크기를 통해 나타낸다는 특징을 가진다.

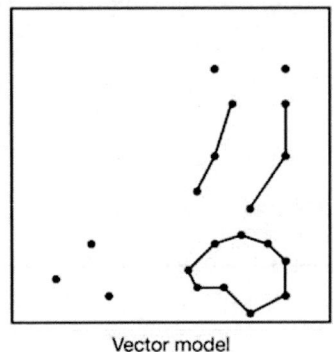
Vector model

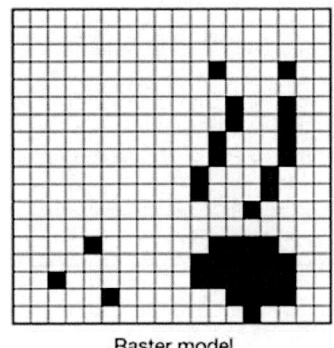
Raster model

정답 ①

28 도시공간구조를 설명한 호이트(Homer Hoyt)의 선형이론과 관련이 없는 것은?

① 상류층의 거주지 입지 선택 능력에 의해 도시 내 거주지 유형이 결정된다.
② 도시의 발달은 교통축을 따라 도심에서 외곽으로 부채꼴 모양으로 분화되어 간다.
③ 도심부에 고급 주택지가 형성되어 있고, 외곽지로 갈수록 저소득층의 주택지가 형성된다.
④ 버제스의 동심원 이론에 교통망의 중요성을 부각하고 도시성장 패턴의 방향성을 추가한 것으로 볼 수 있다.

해설

호이트의 선형이론에 따르면 주택지불능력이 낮을수록 고용기회가 많은 도심지역과 접근성이 양호한 지역에 주거입지를 선정하는 경향이 있다. 도심부에 저임대의 주택지가 형성되어 있고, 외곽지로 나갈수록 중·고 소득층의 주택이 형성된다. 버제스의 동심원 이론을 선형으로 수정한 것이다.

정답 ③

29 현대도시와 관련한 계획가와 관련 계획 및 주장의 연결이 옳은 것은?

① 멈포드(L. Mumford) – 근린주구단위계획
② 르코르뷔제(Le Corbusier) – 대런던계획(Greater London Plan)
③ 라이트(F. L. Wright) – 브로드에이커시티(Broad acre City)
④ 아베크롬비(P. Abercrombie) – 보아잔 계획(Plan Voisin)

> **해설**

1929년 미국의 페리(C.A.Perry)의 「근린주구단위계획(The Neighborhood Unit Formular)」이다.
르코르뷔제(Le Corbusier) – 보아잔 계획(Plan Voisin), 알제리 계획 등
아베크롬비(P. Abercrombie) – 대런던계획(Greater London Plan)

> 래드번(라이트(Henry Wright) & 스타인(Clarence S. Stein. 1928), 스타인에 의한 근린주구 모델로 주택·도로·공원 녹지공간·건물 블록 및 주구중심지와의 관계를 과거의 공간구성과 배치개념에서 탈피하여 슈퍼블럭의 계획, 기능별 도로망계획, 보차분리 등의 새로운 기본구상이 도입되어 각국의 뉴타운과 커뮤니티계획에 널리 적용되고 있다. 근린주구의 기본이념은 근대도시의 주택지계획과 나아가 신도시개발계획의 기본적 요소가 되었으며 전 세계적으로 폭넓게 영향을 미쳤다) 계획에서 사용된 주택지 설계원리는 애버크럼비(Abercrombie)의 대런던권 계획(Greater London Plan)에도 수용되었으며, 할로우(Harlow)를 비롯한 영국 신도시계획에도 채택되었다.

정답 ③

30 에베네제 하워드(Ebenezer Howard)가 주장한 전원도시의 원칙으로 틀린 것은?

① 도시의 계획인구를 제한한다.
② 도시주위에 넓은 농업지대를 영구히 보전하여 도시와 농촌의 장점을 결합한다.
③ 시민 경제를 유지할 수 있는 산업을 유치하여 경제기반을 확보한다.
④ 도시의 발달에 따른 개발이익은 공유화하되 토지는 사유화를 원칙으로 한다.

> **해설**

④ 토지는 경영주체 자신에 의한 공유로 하여 사유를 인정하지 않는다.

정답 ④

31
영국의 도시계획가인 게데스(P.Geddes)가 구분한 도시 활동의 요소가 아닌 것은?

① 생활
② 생산
③ 교통
④ 위락

> 해설

게데스(P. Geddes)	르 꼬르뷔제(Le Cobusier)
생활기능, 생산기능, 위락기능	생활기능(주거), 생산기능(작업), 위락(여가)기능, 교통기능

정답 ③

32
20세기 이후에 발표된 도시계획헌장들 중 최초의 도시계획헌장으로서, 이후 전 세계 도시계획 및 설계분야의 발전에 많은 영향을 미친 것은?

① 뉴어바니즘(New Urbanism)헌장
② 메가리드(Megaride)헌장
③ 아테네(Athens)헌장
④ 맞추피추(Machu – Picchu)

> 해설

아테네 헌장(Athens Charter)은 국제현대건축가 회의(國制現代建築家會議 : CIAM)가 아테네에서 개최된 1933년의 제4회 집회에서 발표된 도시계획의 원전(原典)이다. 지금도 도시계획을 고찰하는 경우 커다란 지주가 되고 있다. 아테네 헌장은 95조로 구성되어 있으며, 도시를 4개의 기능으로 나누어 취급하고 있다. 주거·직장·교통·역사의 유산이라 하고 있다.

정답 ③

33
페리(C. A. Perry)가 주장한 근린주구이론에 대한 비판의 의견과 관계가 없는 것은?

① 근린주구단위가 교통량이 많은 간선도로에 의해 구획됨으로써 도시 안의 섬이 되었고, 이로써 가정의 욕구는 만족 되었을지 몰라도 고용의 기회가 많이 줄어드는 계기가 되었다.
② 근린주구계획은 초등학교에 초점을 맞추고 있는데, 대부분 사회적 상호작용이 어린 학생으로부터 유발된 친근감을 통하여 시작된다는 것은 불명확하다.
③ 지역의 특성을 고려하여 다양한 형태의 주거단지와 대규모의 상업시설을 배치시킴으로써, 지역 커뮤니티를 와해시키는 결과를 초래하였다.
④ 미국에서 발달한 근린구주계획은 커뮤니티형성을 위하여 비슷한 계층을 집합시키는 계획이 이루어짐으로써 인종적 분리, 소득계층의 분리를 가져와 지역사회 형성을 오히려 방해하였다.

> 해설

○ 근린주구에 대한 비판

근린주구가 많은 인기에도 불구하고 몇 가지의 문제점을 갖고 있었다. 근린주구단위는 교통량이 많은 간선도로에 의해 구획됨으로써 도시 안의 섬이 되었고, 이로써 가정의 욕구는 만족되었을지 몰라도 고용기회는 많이 줄어들었다. 그리고 거주자들의 관심이 내부로 향한다는 가정이 유용하지 않았다. 오히려 사회적 활동의 중심은 상점이 위치한 간선도로의 교차점이나 주변부가 될 가능성이 높지만, 넓은 가로로 단절되어 중심 역할이 불가능했다. 또한 연령구조의 변화로 초등학교가 폐교될 수도 있기 때문이다.

또한 근린주구계획은 초등학교에 초점을 맞추는데, 학교는 사회 작업단위로 너무 큰 최적규모를 가질 수 있고, 다른 것들은 너무 적은 크기를 가질 수도 있다. 대부분 사회적 상호작용이 어린 학생으로부터 유발된 친근감을 통하여 시작된다는 것은 불명확하다.

그리고 미국에서 발달한 근린주구계획은 커뮤니티형성을 위하여 비슷한 계층을 집합시키는 계획이 이루어짐으로써 인종적 분리, 소득계층의 분리를 가져와 지역사회 형성에 오히려 방해가 되기도 하였다.

대량공급시대에 채택된 근린주구이론은 보편화 또는 표준화됨으로써 지역적 특수성을 고려하지 못하고, 주택단지에 일반적으로 적용되었다. 근린주구가 엄격한 보차분리와 용도순화로 인하여 상호 연계된 사회적 커뮤니티를 붕괴시켰고, 인종적·민족적·경제적 분리뿐만 아니라 소득 및 사회적 계층의 차별을 촉진했다.

정답 ③

34 계획이론 중 다비도프(Davidoff)에 의해 주창되었으며, 1960년대 미국의 법조계에서 형성된 피해구제절차와 같은 사회제도를 계획 개념으로 수용하여 주로 강자에 대한 약자의 이익을 보호하는데 적용된 이론은?

① 종합적 계획
② 교류적 계획
③ 옹호적 계획
④ 급진적 계획

정답 ③

35 다음 중 르꼬르뷔제(Le corbusier)가 1920년대에 제안한 현대도시 계획안에서의 도시계획과 설계이론을 구성하는 요소에 해당하지 않는 것은?

① 수직적 건물구성
② 고층 건물 사이의 충분한 녹지공간
③ 보차접근의 분리
④ 도시중심부의 대규모 상징적 오픈스페이스

> 해설

④ 하워드는 도시 내부에 오픈스페이스를 주장하였다.

정답 ④

36
1970년대 중반 이후 미국에 도입된 성장관리정책에 대하여 넬슨(Arthur C. Nelson)과 듀칸(Janes B. Ducan)이 제시한 목적과 거리가 먼 내용은?

① 경제적 형평성 제고
② 효율적인 도시형태구축
③ 납세자의 보호
④ 어반스프롤의 방지

정답 ①

37
다음 중 머디(R. A. Muride, 1997)가 미국의 여러 도시들을 대상으로 한 사회공간구조의 분석 결과 밝혀낸 다핵패턴을 이루게 되는 유형에 해당하지 않는 것은?

① 사회·경제적 지위
② 가족구조
③ 인종그룹
④ 사회제도구조

> 해설

○ 사회지역구조(형성) 이론
  머디(Murdie, 1969년)가 주장.
  1. 사회·경제적 지위는 호이트의 부채꼴(선형이론)과 유사한 공간이용 형태
  2. 가족구성이나 세대유형은 버제스의 동심원이론 형태
  3. 인종그룹은 독자적 지역사회를 형성하여 다핵패턴 형성

정답 ④

38
도시의 물리적 계획의 3대 요소가 아닌 것은?

① 시설
② 밀도
③ 배치
④ 동선

> 해설

토지와 시설은 물리적인 상태로 존재하는 것으로서 이들 토지와 시설에 대한 <u>밀도, 동선, 배치를 물리적 계획(physical planning)</u>의 3대 요소로 칭한다. 이러한 도시 구성 요소인 시민, 활동, 토지 및 시설은 서로 상호 관계를 가지며 도시를 구성한다.

정답 ①

39 그리스의 건축가이며 도시계획가인 히포다무스는 도시계획에 관한 3조이론을 제안하였다. 여기서 3개조로 이루어진 건물집단 및 지구와 도로배치를 구분하기 위해 구성된 시민계급을 구성하는 집단이 아닌 것은?

① 사제집단
② 농부집단
③ 무장한 군인집단
④ 예술가 집단

> **해설**
>
> 히포다무스의 도시계획은 장인(예술가), 군인, 농부의 3계층으로 구분하였다.
>
> 정답 ①

40 도시공간구조 이론인 Hoyt의 선형이론에서, 선형 형태를 형성하는데 영향을 주는 핵심적인 요인은?

① 가로변 상업지
② 공업단지의 입지
③ 고소득층의 주거지역
④ 저소득층의 주거지역

> **해설**
>
> 호이트는 도시 내 주거지의 분포 패턴을 결정짓는 또 하나의 핵심적인 인자는 고소득 계층의 입지 선택이라는 것이다.
> 즉, 전체 도시의 소득 계층별 주거지 분포는 부유층이 어느 곳에 입지하느냐에 따라 결정된다는 것이다. 이와 관련하여 호이트는 다음과 같은 고급 주거 지역의 입지 성향을 도출하였다.
> 1) 초기의 발생 지점으로부터 기존의 교통로를 따라 발전하거나 도시 주변의 상업 중심지와 같은 기존의 다른 핵을 향하여 진행하는 경향이 있다.
> 2) 홍수의 위험이 없는 고지대를 향해 발전하거나 공장이 들어서지 않은 호수, 만, 강, 바다 등의 연안을 따라 뻗어 나가는 경향이 있다.
> 3) 시가지 외곽의 자유롭게 개방된 곳으로써 주거 지역의 확대를 제한하는 자연적 또는 인위적 장애물이 없는 곳을 향하여 성장하는 경향이 있다.
> 4) 최고급 주거 지역은 그 커뮤니티의 지도자급 저명인사들이 있는 방향으로 성장하는 경향이 있다.
> 5) 사무소, 은행, 점포가 이동하는 방향으로 이동한다.
> 6) 현존하는 가장 빠른 교통로를 따라 발전하는 경향이 있다.
> 7) 장기간에 걸쳐 동일한 방향으로 성장을 계속한다.
> 8) 도심부의 업무 중심지 인근에 있는 낡은 주거 지역의 재개발을 통하여 고급 임대 아파트가 형성되기도 한다. 그러나 이는 소수의 대도시에서 볼 수 있는 현상이고 일반적인 현상은 아니다.
> 9) 부동산 개발 업자가 고급 주거 지역의 자연적 발전 방향에 어느 정도 영향을 미치지만 근본적으로 역행시키는 일은 불가능하다.
>
> 정답 ③

41 도시의 성격을 설명하는데 있어 인구규모를 기준으로 인간정주사회를 15단계의 공간단위로 분류한 학자는?

① 멈포드(L. Mumford)
② 독시아디스(C. A. Doxiadis)
③ 베버(M. Weber)
④ 쿠퍼(J. M. Cowper)

해설

○ 독시아디스(Constantinos Apostolos Doxiadis: 1913~1975)
독시아디스(Doxiadis)의 인간 정주학(EKISTICS)의 분류(15단계)
1) 개인   2) 방
3) 주거(4인)   4) 주거군
5) 소근린   6) 근린(1,500)
7) 소도시   8) 도시(5만)
9) 대도시   10) 메트로폴리스(거대도시, 200만명)
11) 코너베이션(연담도시, 1,400만명): 인근한 여러 개의 도시가 하나의 도시권을 형성하는 것으로 우리나라의 경우 서울~안양~수원 등과 같은 경우
12) 메갈로폴리스(대상도시, 1억명): 연담도시가 더욱 성장하여 하나의 거대한 도시권을 형성하게 되는데 서울~대전~대구~부산의 경부권이 하나의 도시형태화 될 때 이를 메갈로폴리스(대상도시)라 할 수 있다.
13) 도시화지역
14) 대륙도시
15) 에큐멘폴리스(우주도시, 세계도시 300억명)

정답 ②

42 인구규모를 기준으로 한 독시아디스(C. A. Doxiadis)의 인간 정주사회 단계에 속하는 것은?

① 부심도시(subpolis)
② 행정도시(politipolis)
③ 다핵도시(multipolis)
④ 세계도시(ecumenopolis)

정답 ④

43 뒤르켐(Durkheim)이 지적한 도시의 아노미 현상(Anomie)에 대한 설명으로 옳은 것은?

① 도시 인구의 증가로 인한 도시 기반시설의 부족현상이다.
② 도시에 대한 적대감을 갖는 것으로, 사회의 도덕적 생활에 대한 위협이라는 관점에서 생겨났다.
③ 도시의 기능분화로 인해 발생하는 도시의 물리적 문제다.
④ 도시화의 진행에 따라 나타나는 사회병리현상으로, 흔히 대도시화로 인한 인간소외 등의 몰가치상황을 의미한다.

정답 ④

44 클라센과 베르그(Klassen &Berg)의 도시권 공간구조 변화단계이론 중, 도시발전의 쇠퇴기로 인구의 분산이 광역화되어 중심부와 교외를 포함한 대도시권 전체의 인구가 감소하는 단계는?

① 도시화
② 교외화
③ 역도시화
④ 재도시화

정답 ③

45 프리드만이 학문적 전통에 따라 사상적 배경을 분류한 계획이론으로 옳지 않은 것은?

① 사회개혁(Social reform) 이론
② 사회맥락(Social context) 이론
③ 사회학습(Social learning) 이론
④ 사회동원(Social mobilization) 이론

> 해설

○ 도시계획이론의 분류
  1) 계획내용별 분류 – 실체적 이론, 절차적 이론
  2) 계획방식별 분류 – 상향적 계획, 하향적 계획
  3) 계획사상에 의한 분류 – 사회개혁이론, 정책분석이론, 사회학습이론, 사회동원이론

정답 ②

46 바노베스(J. M. Banovetz)이 주장한 도시의 특성으로 옳지 않은 것은?

① 도시는 사회적 공동체다.
② 도시는 법인격을 갖는 사회단위다.
③ 도시는 혈연 공동체다.
④ 도시는 공공재의 생산단위다.

> 해설

도시란, 한정된 공간 안에 많은 사람이 모여 사회제도 안에서 일상생활을 영위하는 시민들의 삶의 현장이다. 이 도시는 경제활동(Max Webber), 정치 행정, 문화창조의 중심(W .A. Robincon)이고 사회적 공동체(J. M. Banovetz)이다. 바노베스(J. M. Banovetz)는 도시를 "하나의 사회적 공동체로서 인격을 가지는 공공 서비스의 생산자이며 사상과 상품의 집합점이고 또한 문화의 보고"라는 종합적 견해를 나타내고 있다.

정답 ③

47 버제스(Burgess)가 주장한 도시공간이론에서 수공업이나 소규모의 공장이 입지함으로써 주거환경이 악화되고 지가가 하락하여 비공식 부문의 종사자들이 유입되면서 슬럼 및 불량주택지구를 형성하는 지대는?

① 슬럼지대
② 노동자주택지대
③ 점이지대
④ 통근자지대

정답 ③

48 유비쿼터스 도시를 3대 구성요소로 가장 거리가 먼 것은?

① 유비쿼터스 도시산업
② 유비쿼터스 도시서비스
③ 유비쿼터스 도시기반시설
④ 유비쿼터스 도시기술

> 해설

① 유비쿼터스도시기술을 융합한 유비쿼터스도시기반시설을 구축하여 행정, 교통, 보건·의료·복지 등 각종 유비쿼터스도시서비스를 언제 어디서나 제공하는 도시를 말한다.

정답 ①

49 U-City의 개념에 대한 설명으로 옳은 것은?

① 고밀 개발을 통한 직주근접을 목표로 하는 도시
② 물, 에너지, 자원 등이 효율적으로 이용되고 재활용되는 오염 없는 도시
③ 도시의 통행수요 및 에너지 사용을 감소시키는 에너지 절약적인 도시
④ 다양한 정보망을 이용하여 네트워크를 형성하여 시간과 장소의 제한을 받지 않는 미래형 도시

정답 ④

50 다음 중 21세기 새로운 도시계획의 흐름에 대한 설명으로 옳지 않은 것은?

① U-City는 유비쿼터스 컴퓨팅, 정보통신 기술을 기반으로 도시 전반의 영역을 융합하여 통합되고 지능적이며, 스스로 혁신되는 도시로 정의할 수 있다.
② 도시재생이란 대도시 도심지역에서의 인구 및 산업의 회귀를 촉진하고 재활성화를 모색하기 위한 최근의 계획경향이다.
③ 친환경 생태도시(Eco-City)는 환경적 자연자원 조건·사회경제적 요소와 공동체적인 요소까지 고려한 다양한 측면에서의 지속가능한 도시조성의 개념이다.
④ 압축도시(Compact City)는 토지이용의 분산과 도시의 엄격한 기능분리를 통해 기존 도심의 과밀 등 도시문제를 해결하기 위한 새로운 미래도시 개념이다.

| 해설 |

④ 압축도시의 정의로 Elkin(1991)은 '고밀도의 복합토지이용, 분산된 집중'이라는 개념에 기반하여 한다고 주장. 한편 압축도시는 유럽에서 논의되고 있는 도시개발개념으로 기존 도심지역이나 역세권과 같은 특정 지역을 주거, 상업, 업무기능 등이 복합된 시설물로 고밀개발을 말한다.

정답 ④

51 자본주의 사회의 도시계획에 대한 비판적 분석을 통해 형성되었으며 도시에서 일어나는 끊임없는 계층 간의 갈등에 대해 정부가 간섭하는 과정을 통해 현대의 도시계획을 분석하고 설명한 계획이론 모형은?

① 협력적 계획 모형　　　② 유기적 계획 모형
③ 합리적 계획 모형　　　④ 정치경제 계획 모형

> 해설

정치경제 계획(political economy planning)은 합리적 계획모형을 비판하는데서 출발. 계획은 자본주의 생산양식의 관점에서 분석되어야하며 특정이념에만 기능하는 대신, 역사, 정치, 사회, 경제적 맥락을 고려해야 한다고 본다. 도시에서의 끊임없는 계층 간의 갈등을 정부가 간섭하는 과정을 통해 현대의 계획을 분석하고 설명한다.

정답 ④

52
텔레커뮤니케이션(tele-communication)을 위한 기반시설이 인간의 신경망처럼 도시 구석구석까지 연결된 도시이며, 다양한 도시 부분에 ICT의 첨단 인프라가 적용된 지능형 도시는?

① Eco-City
② Green City
③ Smart City
④ Compact City

> 해설

③ ICT(정보통신기술)

정답 ③

53
지역사회가 필요로 하는 복합사무실, 연구소, 다세대주택 등을 위한 용도로의 토지이용을 목적으로 집중(Zoning)이나 PUD(Planned Unit Development)에 있어 주로 사용하며 조례상에는 특별한 용도지구로 설정하고 그 요건을 미리 정하지만 구체적으로 어디에 설정할 지는 유보하는 것을 의미하는 기법은?

① 계약용도지역(contract zoning)
② 조건부용도지역(conditional zoning)
③ 부동지역지구(floating zoning district)
④ 계획단위개발(planned unit development)

정답 ③

54
어느 특정지역이 용도상으로 필요하다고 규정만 해두고 도면상의 배치결정은 유보하는 지역제 기법은?

① 부동지역제(float zoning)
② 특례조치(special exception)
③ 혼합지역제(inclusive zoning)
④ 성능지역규제(performance zoning)

정답 ①

55 계획이론을 실제적 이론(Substantive Theories)과 절차적 이론(Procedural Theories)로 구분할 때 실체적 이론에 대한 설명으로 옳지 않은 것은?

① 다양한 계획 활동에 있어 필요로 하는 분야별 전문 지식에 관한 이론이다.
② 도시계획에서 실제적 이론이란 토지이용계획 교통계획 등에 관한 이론이 된다.
③ 경제 또는 사회의 구조나 현상 등을 설명하고 예측하여 문제의 해결 대안을 제시하는 이론이다.
④ 계획이 추구하는 목표와 가치에 따라 계획안을 만들어 내는 과정에 대한 공통적이고 일반적인 이론이다.

> 해설

④ 절차적 이론은 과정에 대한 일반적인 이론이며, 계획 자체가 어떻게 작용하는 가에 관한 이론으로 계획의 수립 및 시행과 관련되어 있다.

정답 ④

56 근대국제건축회의(CIAM)의 아테네헌장(1933)에서 구분된 도시의 활동 기능에 해당하지 않는 것은?

① 생산
② 주거
③ 개발
④ 교통

> 해설

생활, 생산 위락의 3가지 기능으로 도시를 분리하고 제4의 기능인 교통에 의해 이들을 결합시켜, 전인적인 인간상의 측면에서 새롭게 도시와 인간의 관계를 본질적으로 포착하고 실현하기 위한 제안하였다.

게데스(P. Geddes)	르 꼬르뷔제(Le Cobusier)
생활기능, 생산기능, 위락기능	생활기능(주거), 생산기능(작업), 위락(여가)기능, 교통기능

정답 ③

57 파겐스(M. Fageence)가 제시한 직접적이고 영향이 큰 쇄신적 주민참여 기법에 해당하지 않는 것은?

① 델파이 방법
② 샤레트 방법
③ 명목 집단 방법
④ 혼합형 탐색 방법

정답 ④

58 도시의 구성 요소에 대한 설명으로 옳지 않은 것은?

① 게데스는 도시 활동을 생산과 소비로 구분하였다.
② 토지와 시설에 대한 물리적 계획의 3대 요소는 밀도, 동선, 배치하고 할 수 있다.
③ 시민은 도시를 구성하는 가장 기본적인 요소인 동시에 도시가 존재하는 이유이기도 하다.
④ 토지와 시설은 도시 공간상에서 물리적 상태로 존재하며 도시의 형태를 만들어 내도록 한다.

해설

① 생활, 생산, 위락으로 구분하였다.

정답 ①

59 다음 중 쇼버그(G. Sjoberg)가 정의한 도시의 의미로 옳은 것은?

① 지적 엘리트를 포함한 각종 비농업적 전문가가 많으며 상당한 규모의 인구와 인구밀도를 갖는 공동체
② 주민의 대부분이 공업적 또는 상업적인 영리수입에 의해 생활하고 정주하는 곳
③ 농촌에 비해 전문직 종사자가 많고 인공 환경이 우월하며 인구구성의 이질성이 강한 곳
④ 도시의 결정요인은 예술·문화·종교·민주적인 정치형태이며, 평등한 시민이 활기에 차 있는 곳

해설

- 루이스 멈포드(L. Mumford, 1895~1990) – 도시의 배아(胚芽)는 성소(聖所)이다. 곧 종교적 열망과 염원의 종교적 구심점으로 도시가 출현하였다고 주장. 도시의 결정요인은 사람의 수와 건물이 아니라 예술, 문화, 종교, 민주적 정치형태라고 주장.
- 워스(L. Wirth) – 상대적으로 크고, 밀도가 높으며 사회적으로 이질적인 개인들이 영속적으로 거주하는 곳을 도시로 정의.
- 웨버(M. Weber) – 도시는 주민의 대부분이 농업이 아닌 공업 또는 상업으로부터의 수입으로 생활하는 커다란 취락이라고 정의.
- 프리드만(J. Friedman) – 도시는 일종의 도시문화 저장소이며, 도시의 일상은 도시의 상징인 도로, 광장 공공건물 등 뚜렷한 건축물로 구성되어 있고, 높은 인구밀도와 주로 농업 이외의 경제활동에 종사하는 거대한 집단정착지라고 정의
- 쇼버그(G. Sjoberg) – 지적 엘리트를 포함한 각종 비농업적 전문가가 많으며 상당한 규모의 인구와 인구밀도를 갖는 공동체를 도시로 정의.

정답 ①

60 도시정부의 예산 편성 제도 중 조직 목표 달성에 중점을 두고 장기적인 계획수립과 단지적인 예산 편성을 유기적으로 관련시킴으로써 자원 배분에 관한 의사결정을 합리적이고 일관성 있게 수행하는 것은?

① 계획예산제도
② 복식예산제도
③ 영기준예산제도
④ 성과주의 예산제도

> 해설

① 계획예산제도(計劃豫算制度, Planning Programming Budgeting System)는 장기적인 계획을 세우고(Planning), 계획 달성을 위한 사업을 구조화하고(Programming), 이에 따라 예산을 편성하는(Budgeting) 체계적인 예산제도이다.

정답 ①

61 GIS 공간 분석 중 네트워크 분석에 해당하지 않는 것은? ★

① 근린성 분석
② 최적경로 분석
③ 교통 흐름 분석
④ 상수도관망 내 수압 분석

> 해설

1. GIS 공간분석 중 네트워크 분석
   1) 최적경로 분석
   2) 교통 흐름 분석
   3) 상수도관망 내 수압 분석
2. 점 자료에 대한 공간분석
   1) 공간적 질의
   2) 근린성 분석
   3) 지리적 처리

정답 ①

62 보행자 교통안전에 대한 대책으로 교통의 흐름을 단순화하고 유도하는 사항이 아닌 것은?

① 일방통행
② 추월금지
③ 도류로 표시
④ 횡단보도 설치

> **해설**

도류화시설은 교통섬, 변속차로, 노면표시 등의 시설이다. 교차로에서 좌회전 차량, 우회전 차량, 직진 차량을 그 통행 동선에 따라 규칙에 맞게 도류화(道流化)함으로써 교통 흐름의 혼란을 피하고 용량을 증대시키며, 교통안전을 도모하기 위해 설치한 섬을 말한다.

정답 ④

63 인구성장의 상한선을 두고 있지 않은 도시인구예측모형은?

① 지수성장모형
② 곰페르츠모형
③ 로지스틱모형
④ 수정된 지수성장모형

정답 ①

유형 28

도시계획 계산문제

◎ 계산문제에 대한 다양한 유형을 풀이함으로써 자신감을 얻을 수 있다.

01 과거 10년간 등비급수적으로 인구가 증가하여 현재 인구가 123만명이고, 10년 전 인구는 100만명인 도시가 있다. 이 도시의 연평균 인구증가율은?

① 약 1.1% ② 약 2.1%
③ 약 4.1% ④ 약 5.1%

> 해설

- 123만=100만$(1+r)^n$
- n=10년

정답 ②

02 장래 인구 예측에 있어서 초기 연도와 최종 연도의 인구만을 고려하여 그 증가율을 산정할 경우 해당 기간 동안 인구의 증감이 교차되는 도시에서 적용하기가 어려운데 이와 같은 결점을 보완한 인구예측방법은?

① 최소자승법 ② 등차급수법
③ 등비급수법 ④ 회귀분석법

> 해설

1) 등차급수법 – 인구 정체된 소도시에 적용
2) 등비급수법 – 인구가 급증하는 신흥공업도시에 적용
3) 최소자승법 – 인구증감이 교차되는 도시에 적용

정답 ①

03 과거 10년간 등비급수적으로 인구가 증가하여 인구가 150만인이고, 10년전 인구는 100만인 도시가 있다. 이 도시의 연평균 인구증가율은 얼마인가?

① 1.1% ② 2.1%
③ 4.1% ④ 5.1%

정답 ③

04 인구추계 방법 중 신흥 공업도시와 같은 급성장 도시에 적합한 방식은?

① 산술급수 증가 방식(직선식)
② 로지스틱 커브 방식(지수함수식)
③ 인구생잔법(요인별 인구조성법)
④ 기하급수 증가 방식(곡선식)

정답 ④

05 다음 중 도시화율을 바르게 나타낸 것은?

① 전국토 면적 중 도시면적이 차지하는 비율
② 국민총생산액 중 도시지역의 생산액의 비율
③ 농촌인구와 도시인구의 비율
④ 전국인구 중 도시인구의 비율

정답 ④

06 다음 보기와 같은 여건을 갖춘 도시의 기반산업이 5년 후 2배로 성장한다면, 도시의 경제는 얼마나 성장하는가? *

> ○ 기반산업 종사자 수 2,000명
> ○ 비기반산업 종사자 수 1,000명

① 1.0배 ② 2배
③ 3배   ④ 4배

> 해설

(예제) 어떤 도시의 총고용인구 500,000명, 비기반활동인구 400,000명일 때 경제개발정책의 일환으로 수출산업 5,000의 고용효과가 있는 산업이 입지하면 총고용인구와 비기반활동인구는 어떻게 될까?
(풀이) 경제기반승수 k는 500,000/100,000 = 총고용인구/기반활동인구 = 5
총고용인구증가 = 경제승수 × 고용활동인구 증가분 = 5 × 5,000 = 25,000
비기반고용인구의 증가는 20,000

정답 ③

07
다음 인구추정 방식 중 기준년도의 인구와 출생률, 사망률 및 인구이동 등의 변화요인을 고려하는 집단 생잔법을 나타내는 것은? ★

① $P_n = P_o(1 + rn)$
② $y = a_o + a_1 x + a_2 x^2$
③ $P_n = K/(1 + e^{a+bn})$
④ $P_t = P_o + B_{o-t} - D_{o-t} + I_{o-t} - O_{o-t}$

> 해설

$P_t = P_o(기준인구) + B(출생) - D(사망) + I(유입) - E(유출)$

정답 ④

08
다음과 같은 가상도시의 주택관련 자료를 이용하여, 그 도시의 2005년도 주택보급률을 추정하면 얼마인가? ★

연도	인구(인)	총가구(가구)	보통가구(가구)	주택재고(호)
1995	350,256	106,876	96,543	83,288
2000	477,783	145,783	131,759	116,368
2005	531,195	162,456	151,183	128,834

① 79.3%
② 85.2%
③ 90.3%
④ 93.0%

> 해설

• 주택보급률(%) = (주택수 / 일반가구수) × 100
주택보급률의 계산은 총주택수를 총세대수로 나눈 값에 100을 곱해서 비율로 계산할 수 있다. 일반가구란 가족으로 이루어진 가구(친족 가구), 1인 가구, 가족과 5인 이하의 남남이 함께 사는 가구 또는 가족이 아닌 남남끼리 사는 5인 이하의 가구(비친족 가구) 등을 의미한다.

정답 ②

09 상업지역 이용인구 40,000명, 1인당 평균상면적 15㎡, 건폐율 50%, 공공용지율 40%, 평균층수가 10층인 경우 상업지역의 소요면적은?

① 20.0 ha
② 15.8 ha
③ 12.5 ha
④ 10.0 ha

> 해설

○ 상업지역 소요면적 = (이용인구 × 1인당 상면적) / 평균층수 × 건폐율 × (1 - 공공공지율)
○ 10,000㎡=1ha

정답 ①

10 인구변동을 추정하는데 가장 효용도가 낮은 변수는?

① 경제활동인구
② 전년도 인구수
③ 유입인구
④ 사망인구

정답 ①

11 다음 조건에서 주거지역 전체 면적은?

- 계획인구: 15,000인
- 단독주택 비율: 30%, 3인/호, 40호/ha
- 공동주택 비율: 70%, 3인/호, 120호/ha

① 약 67ha
② 약 90ha
③ 약 100ha
④ 약 120ha

> 해설

• 단독주택 인구= 15,000×0.3 =4,500인이다.
  단독주택 주택면적 = ha당 120인이므로 37.5ha가 필요하다.
• 공동주택 인구 = 15,000×0.7 = 10,500인이다.
  공동주택 주택면적 = ha당 360인이므로 29.166..ha가 필요하다.
이 둘을 합하면 전체 주택면적이 나온다. 66.666…

정답 ①

12 도시의 인구와 규모에 관한 파레토 분포함수는 $R = Ax^{-\alpha}$ (R: 대상도시의 인구 순위, x: 그 도시의 인구, A: 순위 1인 도시의 인구, α : 도시규모분포를 결정하는 파레토 계수)로 나타난다. 이 때, $\alpha = 1$이라면 이 나라의 세 번째로 큰 도시의 인구는 A의 얼마인가? ★

① 3/4
② 2/3
③ 1/2
④ 1/3

> 해설

파레토 계수 값이 클수록 순위변동에 따른 도시규모 변화가 작아 도시규모분포가 균등해지고 계수 값이 작을수록 도시규모분포는 불균등해진다. 파레토계수가 1이면 이때 A는 순위가 1위인 도시의 규모를 나타낸다. 두 번째 큰 도시의 인구는 가장 큰 도시 인구의 1/2, 세 번째 큰 도시의 인구는 가장 큰 도시 인구의 1/3 등으로 규칙성을 가지게 되며 이를 순위 – 규모법칙(rank-size rule)이라고 한다.

정답 ④

13 전국의 총 고용인구는 1800만명이고 전국의 제조업 고용인구는 600만명이다. 가상 도시의 제조업 고용인구가 5만명일 때 가상도시의 총 고용인구수는? (단, 가상도시의 제조업의 입지계수는 1)

① 5만명
② 10만명
③ 15만명
④ 20만명

> 해설

③ 입지계수의 정의만 알아도 쉽게 알 수 있다.

정답 ③

14 다음 조건에 따라 필요한 주거지역의 면적은?

- 계획인구: 18,000인
- 가구당 인구: 3인
- 1호당 부지면적: 200㎡
- 공공용지율: 60%

① 1,000,000m²
② 1,800,000m²
③ 2,000,000m²
④ 3,000,000m²

> 해설

계획인구에서 가구당 인구를 나누면 총 가구수는 6,000가구이다.
- 주거지역의 면적 = 6,000 × 200 / 0.4
- 주거지역의 면적 = 순주택용지 / (1 – 공공용지율)

정답 ④

15 현재 인구가 50만명인 도시에서 등비급수적으로 연평균 2%씩 인구가 증가한다면 10년후의 추정 인구수(명)는? (단, $1.02^9 = 1.195$, $1.02^{10} = 1.219$, $1.02^{11} = 1.243$)

① 550,000
② 597,500
③ 609,500
④ 621,500

해설

○ 인구추정법
  1. 등차급수법(인구증가가 정체된 소도시에 적합) = 초기인구$(1 + na)$
     * 여기서 a는 연평균 인구증가량
  2. 등비급수법(인구가 기하급수적으로 증가하는 신흥공업도시) = 초기인구$(1 + r)^n$

정답 ③

16 2015년 50만 명이었던 어느 도시의 인구가 2020년에 58만 명으로 증가되었다. 등차급수방법에 의한 5년 동안의 연평균 인구증가율과 2025년의 추정 인구는?

① 2.8%, 62만명
② 2.8%, 64만명
③ 3.2%, 66만명
④ 3.2%, 68만명

해설

③ 정의만 알아도 아주 쉽게 풀 수 있다.
등차급수법은 매년 일정한 숫자만큼 인구가 증가한다고 가정하는 방법이다.

정답 ③

17 토지이용의 밀도 유형과 측정지표가 잘못 연결된 것은?

① 1인당주거면적 = 주거건물면적 / 가구수
② 용적률 = 건물면적 / 토지면적
③ 건폐율 = 건물바닥면적 / 토지면적
④ 호수밀도 = 주택수 / 토지면적

해설

① 1인당 주거면적은 개별 가구의 주택사용면적을 개별 가구원수로 나눈 값의 평균이다. 간단히 말해 가구가 사용하는 주거 면적을 가구원수로 나눈 값을 1인당 주거 면적이라 하는 것이다.

정답 ①

18 전국의 총 고용인구는 3,000만 명이고, 전국의 제조업 고용인구는 600만 명이다. 가상 도시의 총 고용인구가 50만 명일 때 가상도시의 제조업 고용인구는 몇 명인가? (단, 가상도시의 제조업의 입지계수는 1이다.)

① 5만 명
② 10만 명
③ 15만 명
④ 20만 명

정답 ②

19 어느 도시의 최근 10년간의 인구가 등차급수적으로 600,000명에서 900,000명으로 증가하였다고 가정할 때, 이 기간 동안의 연평균증가율은? ★

① 2.5%
② 5.0%
③ 6.5%
④ 7.5%

> 해설

② 등차급수의 개념과 증가율의 의미를 알아야 한다.

정답 ②

20 관리지역 내 보전관리지역 용적률의 최대한도 기준으로 옳은 것은?

① 80% 이하
② 70% 이하
③ 60% 이하
④ 50% 이하

> 해설

영 제84조(용도지역안에서의 건폐율) ①법 제77조제1항 및 제2항에 따른 건폐율은 다음 각 호의 범위에서 특별시·광역시·특별자치시·특별자치도·시 또는 군의 도시·군계획조례가 정하는 비율 이하로 한다.
1. 제1종전용주거지역: 50퍼센트 이하
2. 제2종전용주거지역: 50퍼센트 이하
3. 제1종일반주거지역: 60퍼센트 이하
4. 제2종일반주거지역: 60퍼센트 이하
5. 제3종일반주거지역: 50퍼센트 이하
6. 준주거지역: 70퍼센트 이하
7. 중심상업지역: 90퍼센트 이하
8. 일반상업지역: 80퍼센트 이하
9. 근린상업지역: 70퍼센트 이하
10. 유통상업지역: 80퍼센트 이하
11. 전용공업지역: 70퍼센트 이하

12. 일반공업지역: 70퍼센트 이하
13. 준공업지역: 70퍼센트 이하
14. 보전녹지지역: 20퍼센트 이하
15. 생산녹지지역: 20퍼센트 이하
16. 자연녹지지역: 20퍼센트 이하
17. 보전관리지역: 20퍼센트 이하
18. 생산관리지역: 20퍼센트 이하
19. 계획관리지역: 40퍼센트 이하
20. 농림지역: 20퍼센트 이하
21. 자연환경보전지역: 20퍼센트 이하

영 제85조(용도지역 안에서의 용적률) ①법 제78조제1항 및 제2항에 따른 용적률은 다음 각 호의 범위에서 관할구역의 면적, 인구규모 및 용도지역의 특성 등을 고려하여 특별시·광역시·특별자치시·특별자치도·시 또는 군의 도시·군계획조례가 정하는 비율을 초과할 수 없다.
1. 제1종전용주거지역: 50퍼센트 이상 100퍼센트 이하
2. 제2종전용주거지역: 50퍼센트 이상 150퍼센트 이하
3. 제1종일반주거지역: 100퍼센트 이상 200퍼센트 이하
4. 제2종일반주거지역: 100퍼센트 이상 250퍼센트 이하
5. 제3종일반주거지역: 100퍼센트 이상 300퍼센트 이하
6. 준주거지역: 200퍼센트 이상 500퍼센트 이하
7. 중심상업지역: 200퍼센트 이상 1천500퍼센트 이하
8. 일반상업지역: 200퍼센트 이상 1천300퍼센트 이하
9. 근린상업지역: 200퍼센트 이상 900퍼센트 이하
10. 유통상업지역: 200퍼센트 이상 1천100퍼센트 이하
11. 전용공업지역: 150퍼센트 이상 300퍼센트 이하
12. 일반공업지역: 150퍼센트 이상 350퍼센트 이하
13. 준공업지역: 150퍼센트 이상 400퍼센트 이하
14. 보전녹지지역: 50퍼센트 이상 80퍼센트 이하
15. 생산녹지지역: 50퍼센트 이상 100퍼센트 이하
16. 자연녹지지역: 50퍼센트 이상 100퍼센트 이하
17. 보전관리지역: 50퍼센트 이상 80퍼센트 이하
18. 생산관리지역: 50퍼센트 이상 80퍼센트 이하
19. 계획관리지역: 50퍼센트 이상 100퍼센트 이하
20. 농림지역: 50퍼센트 이상 80퍼센트 이하
21. 자연환경보전지역: 50퍼센트 이상 80퍼센트 이하

정답 ①

21. 다음 중 도로의 배치간격 기준을 옳게 나열한 것은?

> ㉠ 주간선도로와 보조간선도로   ㉡ 보조간선도로와 집산도로

① ㉠: 250m 내외, ㉡: 500m 내외
② ㉠: 500m 내외, ㉡: 250m 내외
③ ㉠: 500m 내외, ㉡: 1km 내외
④ ㉠: 1km 내외, ㉡: 500m 내외

해설

도시·군계획시설의 결정·구조 및 설치기준에 관한 규칙

제9조(도로의 구분) 도로는 다음 각호와 같이 구분한다.

1. 사용 및 형태별 구분
    가. 일반도로: 폭 4미터 이상의 도로로서 통상의 교통소통을 위하여 설치되는 도로
    나. 자동차전용도로: 특별시·광역시·특별자치시·시 또는 군(이하 "시·군"이라 한다)내 주요지역간이나 시·군 상호간에 발생하는 대량교통량을 처리하기 위한 도로로서 자동차만 통행할 수 있도록 하기 위하여 설치하는 도로
    다. 보행자전용도로: 폭 1.5미터 이상의 도로로서 보행자의 안전하고 편리한 통행을 위하여 설치하는 도로
    라. 보행자우선도로: 폭 10미터 미만의 도로로서 보행자와 차량이 혼합하여 이용하되 보행자의 안전과 편의를 우선적으로 고려하여 설치하는 도로
    마. 자전거전용도로: 하나의 차로를 기준으로 폭 1.5미터(지역 상황 등에 따라 부득이하다고 인정되는 경우에는 1.2미터) 이상의 도로로서 자전거의 통행을 위하여 설치하는 도로
    바. 고가도로: 시·군내 주요지역을 연결하거나 시·군 상호간을 연결하는 도로로서 지상교통의 원활한 소통을 위하여 공중에 설치하는 도로
    사. 지하도로: 시·군내 주요지역을 연결하거나 시·군 상호간을 연결하는 도로로서 지상교통의 원활한 소통을 위하여 지하에 설치하는 도로(도로·광장 등의 지하에 설치된 지하공공보도시설을 포함한다). 다만, 입체교차를 목적으로 지하에 도로를 설치하는 경우를 제외한다.
2. 규모별 구분
    가. 광로
    (1) 1류: 폭 70미터 이상인 도로
    (2) 2류: 폭 50미터 이상 70미터 미만인 도로
    (3) 3류: 폭 40미터 이상 50미터 미만인 도로
    나. 대로
        (1) 1류: 폭 35미터 이상 40미터 미만인 도로
        (2) 2류: 폭 30미터 이상 35미터 미만인 도로
        (3) 3류: 폭 25미터 이상 30미터 미만인 도로
    다. 중로
        (1) 1류: 폭 20미터 이상 25미터 미만인 도로

             (2) 2류: 폭 15미터 이상 20미터 미만인 도로
             (3) 3류: 폭 12미터 이상 15미터 미만인 도로
        라. 소로
             (1) 1류: 폭 10미터 이상 12미터 미만인 도로
             (2) 2류: 폭 8미터 이상 10미터 미만인 도로
             (3) 3류: 폭 8미터 미만인 도로
     3. 기능별 구분
        가. 주간선도로: 시·군내 주요지역을 연결하거나 시·군 상호간을 연결하여 대량통과교통을 처리하는 도로로서 시·군의 골격을 형성하는 도로
        나. 보조간선도로: 주간선도로를 집산도로 또는 주요 교통발생원과 연결하여 시·군 교통이 모였다 흩어지도록 하는 도로로서 근린주거구역의 외곽을 형성하는 도로
        다. 집산도로(集散道路): 근린주거구역의 교통을 보조간선도로에 연결하여 근린주거구역내 교통이 모였다 흩어지도록 하는 도로로서 근린주거구역의 내부를 구획하는 도로
        라. 국지도로: 가구(街區: 도로로 둘러싸인 일단의 지역을 말한다. 이하 같다)를 구획하는 도로
        마. 특수도로: 보행자전용도로·자전거전용도로 등 자동차 외의 교통에 전용되는 도로

제10조(도로의 일반적 결정기준) 도로의 일반적 결정기준은 다음 각 호와 같다.
  1. 도로의 효용을 높이기 위하여 당해 도로가 교통의 소통에 미치는 영향이 최대화 되도록 할 것
  2. 도로의 종류별로 일관성 있게 계통화된 도로망이 형성되도록 하고, 광역교통망과의 연계를 고려할 것
  3. 도로의 배치간격은 다음 각목의 기준에 의하되, 시·군의 규모, 지형조건, 토지이용계획, 인구밀도 등을 감안할 것
      가. 주간선도로와 주간선도로의 배치간격: 1천미터 내외
      나. 주간선도로와 보조간선도로의 배치간격: 500미터 내외
      다. 보조간선도로와 집산도로의 배치간격: 250미터 내외
      라. 국지도로간의 배치간격: 가구의 짧은변 사이의 배치간격은 90미터 내지 150미터 내외, 가구의 긴변 사이의 배치간격은 25미터 내지 60미터 내외
  4. 국도대체우회도로 및 자동차전용도로에는 집산도로 또는 국지도로가 직접 연결되지 아니하도록 할 것
  5. 도로의 폭은 당해 시·군의 인구 및 발전전망을 감안한 교통수단별 교통량분담계획, 당해 도로의 기능과 인근의 토지이용계획에 의하여 정할 것
  6. 차로의 폭은 「도로의 구조·시설기준에 관한 규칙」 제10조의 규정에 의할 것
  7. 보도, 자전거도로, 분리대, 주·정차대, 안전지대, 식수대 및 노상공작물 등 필요한 시설의 설치가 가능한 폭을 확보할 것
  8. 연석, 장애물 및 차선 등을 설치하여 차로, 보도 및 자전거도로 등으로 공간을 구획하는 경우에는 특정 교통수단 또는 이용주체에게 불리하지 아니하도록 공간 배분의 형평성을 고려할 것
  9. 도로의 선형은 근린주거구역, 지역 공동체, 도로의 설계속도, 지형·지물, 경제성, 안전성, 향후의 유지·관리 등을 고려하여 정할 것
  10. 도로가 전력·전화선 등을 가설하거나 변압기탑·개폐기탑 등 지상시설물이나 상하수도·공동구 등 지하시설물을 설치할 수 있는 기반이 되도록 할 것
  11. 기존 도로를 확장하는 경우에는 원칙적으로 한쪽 방향으로 확장하도록 하고, 도로의 선형, 보상비, 공사의 난이도, 공사비, 주변토지의 이용효율, 다른 공공시설과의 관계 등을 종합적으로 고려하며, 도로부지에 국·공유지가 우선적으로 편입되도록 할 것

12. 일반도로, 보행자전용도로 및 보행자우선도로의 경우에는 장애인·노인·임산부·어린이 등의 이용을 고려할 것
13. 보전녹지지역·생산녹지지역·보전관리지역·생산관리지역·농림지역 및 자연환경보전지역에는 원칙적으로 다음 각 목의 도로에 한정하여 설치하여야 한다.
    가. 당해 지역을 통과하는 교통량을 처리하기 위한 도로
    나. 도시·군계획시설에의 진입도로
    다. 도시·군계획사업 및 다른 법령에 의한 대규모 개발사업이 시행되는 구역과 연결되는 도로
    라. 지구단위계획구역에 설치하는 도로 및 지구단위계획구역과 연결되는 도로
    마. 기존 취락에 설치하는 도로 및 기존 취락과 연결되는 도로
14. 개발이 되지 아니한 주거지역·상업지역 및 공업지역에는 지역개발에 필요한 주간선도로 및 보조간선도로에 한하여 설치하고, 주간선도로 및 보조간선도로외의 도로는 지구단위계획을 수립한 후 이에 의하여 설치할 것

제11조(용도지역별 도로율) ① 용도지역별 도로율은 다음 각 호의 구분에 따르며, 「도시교통정비 촉진법」 제15조에 따른 교통영향평가, 건축물의 용도·밀도, 주택의 형태 및 지역여건에 따라 적절히 증감할 수 있다.
1. 주거지역: 15퍼센트 이상 30퍼센트 미만. 이 경우 간선도로(주간선도로와 보조간선도로를 말한다. 이하 같다)의 도로율은 8퍼센트 이상 15퍼센트 미만이어야 한다.
2. 상업지역: 25퍼센트 이상 35퍼센트 미만. 이 경우 간선도로의 도로율은 10퍼센트 이상 15퍼센트 미만이어야 한다.
3. 공업지역: 8퍼센트 이상 20퍼센트 미만. 이 경우 간선도로의 도로율은 4퍼센트 이상 10퍼센트 미만이어야 한다.

정답 ②

22
산업성장의 요인에 따른 변이할당분석에서 지역경제의 총변화(Total Share)가 50, 국가경제 성장효과(National Share)가 45, 도시경쟁력에 의한 효과(Local Factor)가 −10일 때 산업구조효과(Industry Mix Effect)는 얼마인가?

① −5　　　　　　　　　　② 5
③ −15　　　　　　　　　　④ 15

해설

- 모형식 지역총성장 = NS + IM + RS
  NS=국가성장효과 (National Share Effect)
  IM=산업구조효과 (Industrial Mix Effect)
  RS=지역할당효과 (Regional Share Effect)

정답 ④

23 다음 중 각 층의 바닥 면적이 500m²이고 용적률이 200%인 20층 건축물의 대지면적은 얼마인가?

① 1,300m² ② 2,000m²
③ 5,000m² ④ 6,500m²

해설

- 용적률 = 건폐율 × 층수
  건폐율이란 대지면적 중 건물 바닥의 면적을 말한다.

정답 ③

24 전체의 고용이 10,000명이고, 수입부문에 종사하는 고용자가 6,000명인 지역에서 1,000명을 고용하는 공장이 준공되었는데, 그 공장에서 생산된 제품 전부는 지역 외부로 수출한다면 전체적인 고용증가는?

① 250명   ② 500명
③ 2,500명 ④ 5,000명

해설

- 경제기반모형
  1. 기반산업: 지역 내에서 생산된 상품이나 서비스가 최종적으로 지역 외부에 의해 소비되는 산업으로 수출부문과 수입부문으로 구분한다.
  2. 수출승수 = 지역 총 고용인구 / 지역 내 수출부분에 종사하는 총 고용인구= 2.5
  문제에서 1,000명을 고용할 경우 수출승수를 곱하면 수출 시 전체적인 고용증가.

정답 ③

25 순위의 규모법칙(rank – size rule)이 정확하게 성립할 경우, 가장 큰 도시의 인구를 상위 5개 도시의 인구로 나누어 수위도시 집중도를 나타내는 수위도(PI: Primacy Index)의 값을 구하면 얼마가 되는가? *

① 0.348 ② 0.384
③ 0.438 ④ 0.538

해설

국가의 수위도시의 인구집중이 상대적으로 얼마나 심각한지를 판별하는데 쓰이는 지표 중 하나가 수위도(primacy index: PI)이다.

수위도(primacy index: PI) = X1/(X1 + X2 + X3 + X4 + X5)
         = 120/274
         = 0.4379…
수위도가 높을수록 분포가 불균등함을 의미한다.

정답 ③

26 한 국가의 도시 규모 분포가 순위 규모 법칙(rank – size rule)을 따라 정상적인 분포를 이루고 있다면 데비스(K. Davis)의 종주화 지수는 어떻게 되는가? *

① 0.11 ② 0.92
③ 1.00 ④ 1.11

해설

○ 종주화지수(데이비스지수)
 = (1위 도시의 인구) / (2위, 3위, 4위 도시인구의 합)
 = 12/13
 = 0.9230..

정답 ②

27 다음에서 상업지역의 면적은 얼마인가?

- 건폐율: 60%
- 공공지율: 40%
- 상업지역 내 수용인구: 30,000명
- 평균 층수: 5층
- 1인당 상업시설 면적: 12㎡

① 15ha ② 20ha
③ 25ha ④ 30ha

해설

상업지 면적 = (이용인구×1인당 상면적) / 평균층수×건폐율×(1 – 공공공지율)

정답 ②

28 다음 도시장래인구 추정방법 중 등비급수법에 해당하는 것은?(단, P_n: n년 후의 추정인구, P_o: 현재인구, n: 경과연수, r: 인구증가율, a·b: 상수, k: 상한인구수)

① $P_n = P_o(1+r)^n$
② $P_n = P_o(1+rn)$
③ $P_n = P_o \cdot e^{rn}$
④ $P_n = k/1 + e^{a+bn}$

정답 ①

29 상주인구가 10만 명인 도시에서 연간 73만 m³의 식수를 공급한다면 1일 1인당 급수량은?

① 20 L
② 50 L
③ 100 L
④ 200 L

> 해설

1m³ = 1,000리터
1일 평균급수량 = 연간 총 급수량/365
1인1일 평균급수량 = 연간 총 급수량/(365×급수인구)
문제에 적용하면 7,300/365 = 20 리터가 된다.

정답 ①

30 주택환경과 주거복지를 나타내는 다음의 지표 중에서 주택의 질적 수준을 나타내는 것은? ★

① 주택보급율
② 1인당 주거공간 면적
③ 주택보유율
④ 주택투자율

> 해설

② 1인당 평균 주거 면적은 물리적 주거 밀도를 비교할 수 있는 지표로, 주거의 질을 보여주는 지표라고 볼 수 있다. 간단히 말해 가구가 사용하는 주거 면적을 가구원수로 나눈 값을 1인당 주거 면적이라고 보면 된다.

정답 ②

31 도시산업구조는 그림과 같이 도시화초기에는 삼각형의 구조를 가지고 있다. 도시성장과 함께 후진국 사회의 도시는 어떠한 산업구조 형태로 변하여 가는가?

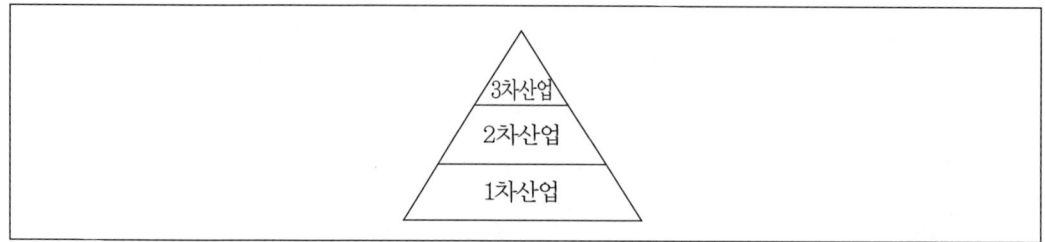

① 삼각형 → 장구형 → 사다리꼴 → 역삼각형
② 삼각형 → 사다리꼴 → 장구형 → 역삼각형
③ 삼각형 → 사다리꼴 → 역삼각형 → 장구형
④ 삼각형 → 장구형 → 역삼각형 → 사다리꼴

해설

도시화 초기의 산업인구는 농업인구인 1차산업의 인구가 70~80% 이상을 차지하는 피라미드 형태, 즉 삼각형 형태를 가지며 도시화가 진행됨에 따라 초기에는 제조업 및 중화학공업의 성장에 의해 2차산업의 비중이 증가하여 장구형으로 변화하며 최종적으로 성숙도시화 단계에 접어들게 되면 서비스업인 3차산업의 발달과 1차산업의 쇠퇴로 사다리꼴을 거쳐 최종적으로 역삼각형 형태를 보이게 된다.

정답 ①

32 도시의 인구와 규모에 관한 파레토 분포함수는 $R=Ax^{-a}$(R: 대상도시의 인구순위, x: 그 도시의 인구, A: 순위 1인 도시의 인구, a: 도시규모분포를 결정하는 파레토 계수)로 나타난다. 이때, a=1 일면 이 나라의 세 번째로 큰 도시의 인구는?

① (3/4)A   ② (2/3)A
③ (1/2)A   ④ (1/3)A

정답 ④

33 상업지역 이용인구 40,000명, 1인당 평균상면적 15m², 건폐율 50%, 공공용지율 40%, 평균층수가 10층인 경우 상업지역의 소요면적은?

① 20.0ha   ② 15.8ha
③ 12.5ha   ④ 10.0ha

정답 ①

34 현재 상주인구가 30만인 도시가 있다. 연평균 인구증가율 r=4%일 때 등차급수법으로 10년 후의 인구를 추정하면 얼마인가? *

① 33만　　　　　　　　　　② 40만
③ 42만　　　　　　　　　　④ 46만

정답 ③

35 다음 보기와 같은 여건을 갖춘 도시의 기반산업이 5년 후 2배로 성장한다면, 도시의 경제는 얼마나 성장하는가? *

> ○ 기반산업 종사자 수 2,000명
> ○ 비기반산업 종사자 수 1,000명

① 1.0배　　　　　　　　　　② 2배
③ 3배　　　　　　　　　　　④ 4배

> 해설

③ 기반산업에 대한 경제승수가 1.5이다.

정답 ③

도시계획 이론

01 다음 버제스(E. Burgess)의 동심원이론(concentric zone theory)에서 나타난 동심원의 구조로서 각 지대와 그림 A ~ E가 순서대로 바르게 나열된 것은?★

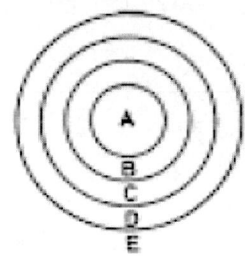

① CBD – 점이지대 – 근로자주택지대 – 중산층주택지대 – 통근자지대
② CBD – 근로자주택지대 – 전이지대 – 중산층주택지대 – 통근자지대
③ CBD – 중산층주택지대 – 근로자주택지대 – 전이지대 – 통근자지대
④ CBD – 점이지대 – 중산층주택지대 – 근로자주택지대 – 통근자지대

정답 ①

02 경제적, 사회적 특성을 포함하여 도시공간구조를 설명한 이론은? ★
① 동심원이론　　　　　　　　　② 선형이론
③ 다핵심이론　　　　　　　　　④ 다차원이론

> **해설**

○ 다차원이론
시몬스(Simons)가 주장한 이론으로 도시내부구조는 인종별 분산, 도시화, 사회계층 등 3개 차원에서 파악된다는 것이다. 전통적 공간구조이론의 한계를 극복하고 통합을 시도한 이론이다.
　1) 인종별 분산의 차원을 해리스와 울만의 이론 가운데 토지이용상의 핵과 같이 본질적으로 무질서하게 분포하여 다핵심을 이룬다.
　2) 도시화의 차원은 가족구성, 세대유형, 노동력을 반영하여 버제스의 주장처럼 동심원을 이룬다.
　3) 사회계층의 차원은 인구의 교육, 경제 등의 수준을 통하여 호이트가 제시한 것처럼 선형을 이룬다.
　이상의 <u>3차원은 서로 밀접한 관련을 맺으면서 물리적 도시공간에 조직되어 있으며 이는 도시의 전체적인 사회·경제적 특징을 표출한다.</u>

정답 ④

03 계획이론을 절차적 이론(Procedural Planning theory)과 실체적 이론(Substantive Planning theory)으로 나누어 볼 때, 다음 절차적 이론의 관심영역에 포함되지 않는 것은?

① 합리적 계획과정에 관한 이론
② 계획목표와 대안선택과의 관계에 대한 이론
③ 도시경제의 구성요소와 분석에 관한 이론
④ 계획집행의 평가에 관한 이론

> 해설

○ 계획이론
  1. 실체적 이론: 계획의 대상 및 구성요소에 대한 이론
  2. 절차적 이론: 계획의 수립 및 시행에 관련된 이론

정답 ③

04 개별필지의 개발을 억제하고 단일주체개발에 의한 대가구개발(super block devetopment)을 유도하는 토지개발방식은? ★

① 계획단위개발 ② 토지구획정리사업
③ 대지합분규제 ④ 개발권양여

> 해설

○ 계획단위개발(PUD)
  토지이용규제의 방법으로, 일정규모의 지구 내에 각종 개발사업을 하나의 단위로 묶어서 계획함으로써, 기존 용도지구상의 규제내용에 관계없이 밀도, 토지이용 패턴, 녹지공간, 설계요소 등에 신축성이 있고 다양하게 개발할 수 있는 것이 그 특징이다.

정답 ①

05 도시계획이론에 대한 설명으로 틀린 것은?

① 합리적 계획 모형은 합리성과 의사 결정을 위한 일련의 선택 과정을 강조한다.
② 정치·경제 계획 모형(Political Economy Planning)은 자본주의 사회 계층 간의 갈등은 도시 계획의 집행 결과에 따른 현상으로 조명되야 한다고 주장한다.
③ 점진적 계획(Incremental Planning)은 인간 합리성의 한계를 인정하고 지속적인 조정과 적용을 통해 계획의 목표를 추구하는 접근방법을 제시한다.
④ 옹호적 계획(Advocacy Planning)은 공공정책 결정을 위한 기준을 제시하는 기술관료적 역할을 중시한다.

> 해설

옹호적 계획(Advocacy Planning)은 강자에 대한 약자의 이익을 보호하는 것으로 계획이 공공의 이익을 규정하는 것을 타파한다. 사회정책의 수립 과정을 공개적인 과정으로 끌어내고, 계획의 부작용에 대하여 더 많은 관심을 기울이도록 한다.

정답 ④

06 독시아디스(C. A. Doxiadis)가 주장하는 3차원의 공간에 대한 4차원의 시간에 초점을 맞춘 미래 도시 개념은?

① 연담도시
② 다이나폴리스
③ 메트로폴리스
④ 메갈로폴리스

> 해설

다이나믹(dynamic)하게 발전하는 미래 도시를 '다이나폴리스'라고 이름 지었다.

정답 ②

07 도시화의 단계와 직접 이익의 발생의 관계에서, 각 구간 a, b, c에 알맞은 도시화단계를 순서대로 나열한 것은?

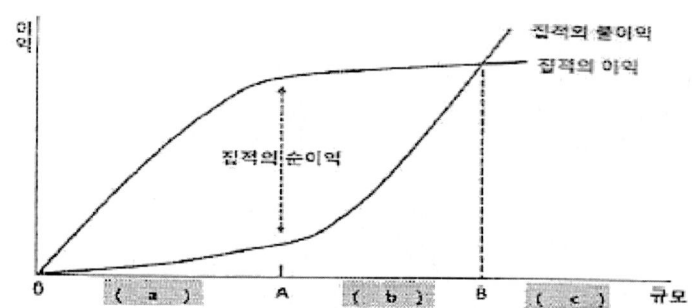

① 집중적 도시화 – 분산적 도시화 – 역도시화
② 집중적 도시화 – 역도시화 – 분산적 도시화
③ 분산적 도시화 – 집중적 도시화 – 역도시화
④ 분산적 도시화 – 역도시화 – 집중적 도시화

정답 ①

08 자본주의 사회의 도시계획에 대한 비판적 분석을 통해 형성되었으며, 도시에서 일어나는 끊임없는 계층 간의 갈등에 대해 정부가 간섭하는 과정을 통해 현대의 도시계획을 분석하고 설명한 계획이론 모형은?

① 협력적 계획 모형
② 정치경제 계획 모형
③ 유기적 계획 모형
④ 합리적 계획 모형

정답 ②

09 계획이론 중 종합적 합리주의 이론에 대한 비판으로서 부적절한 내용은?

① 인간의 합리성의 한계나 동원할 수 있는 자원의 제약을 감안하지 못하고 있다.
② 죄수의 번민이론이나 불가능성의 공리에 따른 논리적 모순을 극복하지 못하고 있다.
③ 긍정적 혹은 부정적인 외부효과를 고려하지 못하고 있다.
④ 점진주의적 또는 옹호이론적인 입장과 구별되지 않는 한계를 보이고 있다.

| 해설 |

죄수의 딜레마(罪囚-, prisoner's dilemma, PD)는 게임 이론의 유명한 사례로, 2명이 참가하는 비제로섬 게임(non zero-sum game)의 일종이다. 이 게임은 용의자의 딜레마 또는 수인의 번민(囚人의 煩悶)이라고도 부른다. 이 사례는 협력할 경우 서로에게 가장 이익이 되는 상황일 때 개인적인 욕심으로 서로에게 불리한 상황을 선택하는 문제를 보여주고 있지만 이후 이러한 딜레마의 '반복되는 죄수의 딜레마'로 지속적으로 일어날 경우 긍정적인 협동이 가장 최선의 선택지가 된다는 사회행동의 전략적 진화를 보여준다.

정답 ④

10 도시 또는 지역의 성장을 예측하기 위하여 시간변화에 대한 정량적 변화 예측이나 구성 비율의 변화 관계를 분석하는 방법으로 도시 내부에 일어나는 경제활동의 변화를 국가적 공간 규모와 구역이나 지방 도시지역 등과 서로 비교하는 계량적 방법을 무엇이라고 하는가?

① 경제기반분석(economic base analysis)
② 투입산출분석(input-output analysis)
③ 변이할당분석(shift-share analysis)
④ 소득지출분석(income-expenditure analysis)

> 해설

○ 변이할당분석
지역고용증가(total share) = 국가경제성장효과(national share)+산업구조효과(industry mix)+지역경쟁효과(local factor)

정답 ③

11 도시 공간구조와 성장이론의 주창자 또는 대표적인 연구자의 연결이 잘못된 것은? ★

① 중심지이론 – 크리스탈러, 베리
② 다핵심이론 – 해리스, 울만
③ 원심력·구심력이론 – 디킨슨
④ 다차원론 – 시몬스

> 해설

- 원심력·구심력이론 – Colby
- 삼지대론 – 디킨스(Dickinson).
- 다차원이론 – 시몬스, 벨, 윌리암스

정답 ③

12 아래 그림이 나타내는 이론과 "3(빗금 친 부분)"에 해당하는 토지이용이 모두 옳게 연결된 것은?

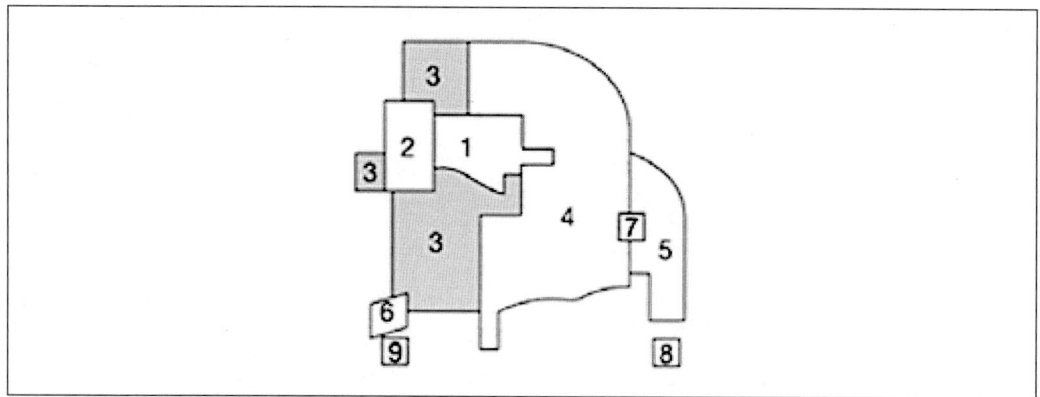

① 다핵심이론 – 고소득층 주거지구
② 선형이론 – 도매경공업지구
③ 다핵심이론 – 저소득층 주거지구
④ 선형이론 – 고소득층 주거지구

해설

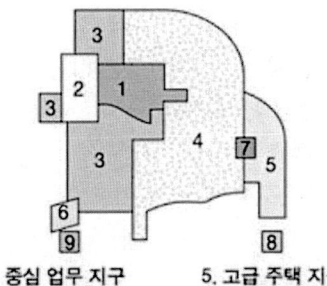

1. 중심 업무 지구
2. 도매업, 경공업 지구
3. 저급 주택 지구
4. 중산층 주택 지구
5. 고급 주택 지구
6. 중공업 지구
7. 주변 업무 지구(부심)
8. 신주택 지구
9. 신공업 지구

정답 ③

13 튀넨(Von Thunen)의 지대이론에 대한 설명이 옳지 않은 것은?

① 지대는 토지의 위치에 따라 달라진다.
② 지대는 농산물이 생산되는 토지와 그 농산물이 판매되는 시장과는 거리에 의해 결정된다.
③ 생산성이 같은 토지라도 시장으로부터의 거리에 따라 지대가 달라진다.
④ 시장에서 멀어질수록 인구 밀도는 낮고 지대는 높다.

해설

④ 위치지대론은 독일의 튀넨에 의해서 처음으로 제창되었다. 튀넨은 지대의 결정이 토지의 비옥도만이 아닌 위치에 따라 달라지는 위치지대의 개념을 주장하였다.

정답 ④

14 도시 공간 구조이론 중 도시공간이 교통로나 도로를 따라 부채꼴 모양으로 발전한다고 보는 이론은? *

① 다핵심이론
② 선형이론
③ 동심원이론
④ 3지대론

해설

• 부채꼴 = 선형임을 기억하자.

3지대론이란 1947년 유럽의 여러 도시를 연구하여 R. E. 디킨슨이 제시한 이론으로 도시의 구조는 중앙지대, 중간지대, 외부지대의 3지대로 구성된다는 주장이다.

정답 ②

15 토지이용계획의 수립과정을 상향적 접근과 하향적 접근으로 구분할 때, 이에 대한 설명이 옳지 않은 것은?

① 상위계획의 지침을 받아 도시의 기본계획을 설정하는 것은 상향적 접근이다.
② 도시 내 지구수준의 문제점 해결을 우선하는 것은 상향적 접근이다.
③ 기성시가지의 유형별 대책을 수립하는 것은 상향적 접근이다.
④ 도시 차원에서 도시 전체의 기본 구조를 중시하는 것은 하향적 접근이다.

> 해설

① 하향적 접근

정답 ①

16 GIS를 이용한 주요 활동 중에서 '4M'에 해당하지 않는 것은?

① 도면화(Mappung)
② 측정(Measuremnent)
③ 관찰(Monitoring)
④ 수정(Modification)

> 해설

○ GIS의 역할(4M)
- 측정(Measurement): 도시환경의 다양한 변수측정
- 도면화(Mapping): 지표나 공간의 형상을 도면화
- 관찰(Monitoring): 도시의 시공간적 변화를 관찰
- 모형화(Modeling): 실행대안 및 그 진행과정을 모형화

정답 ④

17 다음 중 존 프리드만(John Frirdmann)이 각각의 사상적 배경이 되는 학문적 전통에 따라 분류한 계획이론 중 옳지 않은 것은?

① 사회맥락(Social context)이론
② 사회동원(Social mobilization)이론
③ 사회학습(Social learning)이론
④ 사회개혁(Social refiom)이론

정답 ①

18 계획이론을 실체적 이론(substantive theories)과 절차적 이론(procedural theories)으로 구분할 때, 다음 중 절차적 이론에 대한 설명으로 옳지 않은 것은?

① 보다 효율적이고 합리적인 계획을 수립하고 실행하기 위한 계획의 과정에 관한 이론이다.
② 경제 또는 사회의 구조나 현상 등을 설명하고 예측하여 문제의 해결 대안을 제시하는 이론이다.
③ 계획의 대상이 되는 현상에 대한 이해보다는 계획 그 자체가 어떻게 작용하는가에 관한 이론이다.
④ 계획이 추구하는 목표와 가치에 따라 계획안을 만들어내는 과정에 관한 공통적이고 일반적인 이론이다.

정답 ②

19 도시지역 경제 분석의 방법 중 하나인 수출기반모형에 대한 설명으로 틀린 것은?

① 수출산업이란 지역 내에서 생산된 상품이나 서비스가 최종적으로 지역 외부인에 의해 소비되는 산업을 말한다.
② 수입산업이란 다른 지역에서 생산된 제품이나 서비스가 지역 내 주민에 의해서 소비되는 산업을 말한다.
③ 수출산업과 수입산업의 구분은 민간부문의 기업에만 해당하는 것이 아니라 공공부문에서도 적용된다.
④ 수출기반모형은 지역경제를 구성하는 산업을 크게 수출산업과 수입산업으로 구분한다.

| 해설 |

수입산업이란 지역 내에서 생산된 제품이나 서비스가 지역 외부로 수출되지 않고 지역주민들에 의해 소비되는 산업을 말한다.

정답 ②

| 비교문제 |

도시 지역의 경제를 분석하는 방법으로 수출기반모형에 대한 설명으로 옳지 않은 것은?

① 수출기반모형은 수출산업과 수입산업으로 구분한다.
② 수출산업과 수입산업의 구분은 민간부문에만 해당되고 공공부문은 제외된다.
③ 수출산업이란 지역 내에서 생산된 상품이나 서비스가 최종적으로 지역 외부인에 의해 소비되는 산업을 말한다.
④ 수입산업이란 지역 내에서 생산된 제품이나 서비스가 지역 외부로 수출되지 않고 지역주민들에 의해 소비되는 산업을 말한다.

정답 ②

> ○ 읽기자료
>
> 경제기반이란 용어는 도시를 떠받들고 있는 경제라는 의미이다. 그리고 경제기반이론이란 도시를 떠받들고 있는 경제의 구조를 설명하는 이론을 의미한다.
>
> 도시 경제는 기반활동(basic activities)와 비기반활동(nonbasic activities) 두 가지 큰 기능을 수행한다. 도시 경제의 기반활동은 도시경제의 성장을 유도하는 기능이며 비기반활동은 도시경제의 자족기능을 의미한다.
>
> 또한 도시기반활동은 도시 산업의 수출분야를 의미하고 비기반활동은 도시 산업의 비수출분야를 의미한다. 산업의 수출분야는 도시건설자 또는 도시성장의 유도자이다. 그리고 산업의 비수출분야는 도시공급자 또는 도시 봉사자라고도 한다.
>
> 수출산업은 지역에서 생산된 재화나 서비스가 지역 밖으로 수출되는 산업을 말한다. 이를 좀더 포괄적으로 표현하자면, 지역내에서 생산된 재화나 서비스가 최종적으로 지역 외부인에 의해 소비되는 산업을 의미한 다. 반대로 수입산업이란 지역 내에서 생산된 재화나 서비스가 지역 외부로 수출되지 않고 지역주민들에 의해 전적으로 소비되는 산업을 말한다.
>
> <u>수출산업과 수입산업의 구분은 민간부문의 기업에만 해당하는 것이 아니라 공공부문에서도 적용된다.</u> 중앙정부 기관이나 특별시, 직할시 또는 도단위의 지방정부기관의 행정 서비스도 지역의 수출산업에 속한다고 할 수 있다. 이러한 행정기관의 서비스는 전국 또는 광역 행정 지역을 대상으로 하고 있기 때문이다. 그러므로 그들의 행정 서비스는 지역 밖으로 수출하고 전국이나 광역 지역별로 징수되는 세금은 수출된 행정 서비스의 대가로 볼 수 있다. 이러한 면에서 보면 지역 거주자들의 대상으로 행정 서비스를 제공하는 시청, 군청, 또는 구청이 나 읍, 면사무소 등의 행정기관은 수입산업이다.

20 허드슨(Hudson)의 분류에 의한 도시계획 이론 중 옳지 않은 것은?

① 종합적 계획은 체계적 접근 방법을 통해서 계획의 문제를 규명하고, 결정론적 모형을 구성하는 특징을 가진다.
② 급진적 계획은 논리적 일관성이나 최적의 해결 대안의 제시보다는 지속적인 조정과 적용을 통하여 목표를 추구하는 접근방법을 제시하였다.
③ 교류적 계획은 철학적 사고에서 파생하고 있으며, 계획가와 계획의 영향을 받는 사람들의 대화를 중시 하였다.
④ 옹호적 계획은 주로 강자에 대한 약자의 이익을 보호하는데 적용되어 왔다.

해설

② 점진적 계획의 설명이다.

○ 급진적 계획(radical planning)
위로부터의 계획실행의 결과로 형성된 현재의 사회구조 속에서 상대적으로 열악한 지위에 있는 계층들의 이익을 보호할 수 있는 거시적 사회구조의 개편에 초점을 맞추고 있다.
단편적인 문제해결보다는 사회, 경제 전반에 걸친 근본적인 개혁을 시도하는 계획방법이다. 단기적이고 일시적인 문제의 해결보다는 사회구조 및 경제구조 등 모든 분야에 영향을 미치는 정부에 관한 이론을 더욱 중시하는 것이 특징이다.

정답 ②

21 장래 인구예측에 있어서 초기년도와 최종년도의 인구만을 고려하여 그 증가율을 산정할 경우 해당 기간 동안 인구의 증감이 교차되는 도시에서 적용하기가 어려운데 이와 같은 결점을 보완한 인구예측방법은?

① 최소자승법
② 등차급수법
③ 등비급수법
④ 회귀분석법

정답 ①

22 도시계획이론의 옹호적 계획에 대한 설명으로 옳은 것은?

① 피해구제절차와 같은 사회제도를 계획 개념으로 수용한 계획이론이다.
② 계획은 합리적이며 과학적이어야 한다는 인식에 바탕을 둔 계획이론이다.
③ 목표와 문제, 수단과 제약조건 등이 종합적으로 명료하게 제시되는 계획이론이다.
④ 분권화된 협상과정과 상호절충과정을 통하여 이루어지는 계획이 합리적임을 주장한 계획이론이다.

정답 ①

23 버제스(Burgess)의 동심원 이론에서 '3'은 어떤 토지이용을 의미하는가?

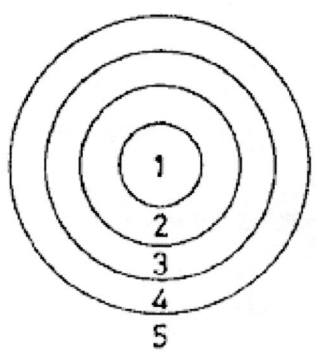

① 점이지대
② 근로자 주택지대
③ 중산층 주택지대
④ 통근자 지대

정답 ②

24 실세계(real – world) 형상들을 표현한 지리 데이터베이스로서 불명확하고 특정한 범위가 없는 하나 이상의 공간형상을 다루며 연속적으로 변화하는 실세계 형상을 다루는 모델은?

① 목적기반모델(Goal – based model)
② 필드기반모델(Field – based model)
③ 객체기반모델(Object – based model)
④ 속성기반모델(Attribute – based model)

해설

○ 필드 기반 모델(Field – based model)
1. 하나 이상의 공간적 현상으로 구성된 지리적 공간
   공간적 현상: 불명확하고 특정한 범위가 없는, 공간상에서 연속적으로 변화하는 실세계 형상을 다룬다.
2. 공간 데이터 단위
   1) 규칙적인 격자(regular tessellation)
   2) 불규칙적인 격자(irregular tessellation)
3. 표면(surface)으로 표현(raster)

정답 ②

25 도시조사에 이용되는 회귀분석도형에 대한 설명으로 옳지 않은 것은?

① 단순회귀분석이란 하나의 종속변수와 하나의 독립변수 사이의 관계를 추정하는 분석이다.
② 다중회귀분석이란 하나의 종속변수와 하나의 독립변수 사이의 관계를 추정하는 분석이다.
③ 회귀계수는 추정하려는 독립변수의 파라메타를 뜻하며 일반적으로 최소제곱법에 의하여 회귀계수를 추정한다.
④ 추정된 회귀선이 표본자료를 얼마나 잘 설명하는가를 나타내는 통계량을 상관계수라고 하며 S^2로 표시한다.

해설

상관계수는 r, 결정계수는 r^2
결정계수는 상관분석의 상관계수(R)와 비슷한 개념인데, 기호는 R^2을 사용한다. 결정계수(R^2)를 사용하면 회귀식이 얼마나 정확한지 알 수 있다.

정답 ④

26 다음 중 아래의 설명에 해당하는 시스템은?

도시를 대상으로 하는 공간자료와 속성자료를 통합하여 토지 및 시설물의 관리, 도로의 계획 및 보수, 자원 활용 및 환경보존 등 다양한 사용 목적에 맞게 구축된 공간 정보 데이터베이스로 행정체계·도로·건물의 형상 및 면적·인구·지명 등의 속성자료로 구성되어 있다.

① UIS(Urban Information System)
② KLIS(Korea Land Information System)
③ UPIS(Urban Planning Information System)
④ NGIS(National Geography Information System)

해설

○ 도시계획정보체계(UPIS: Urban Planning Information System)
도시공간에 행위제한이 가해지는 지역, 지구, 구역 등에 관한 도면정보와 지적, 건축, 환경 등에 대한 속성정보를 연계 구축하여 관련정보를 제공함으로써 합리적인 도시계획 의사결정을 지원하기 위한 것이다.

○ UIS (Urban Information System)
도시정보시스템. 도시 현황 파악, 도시 계획, 도시 정비, 기반시설 관리, 도시 행정 및 방재 목적으로 이용되는 종합 데이터베이스 시스템이다.

정답 ①

27 토지이용계획(F – Plan)과 지구상세계획(B – Plan)을 각각 운용하면서 기초자치단체 세부지역까지 단위계획을 의무적으로 수립한 나라는?

① 독일　　　　　　　　　　② 영국
③ 프랑스　　　　　　　　　④ 미국

해설

독일의 공간계획(Raumplanung)은 크게 종합계획(RaumlicheGesamtplanung)과 전문계획(Raumliche-Fachplanung) 2가지로 나뉜다. 그 중 종합계획에는 공간정비계획과 건설유도계획이 있는데 이러한 공간정비계획의 하위 계획으로는 연방 공간정비계획, 주(州) 공간정비계획, 지역계획이 있으며 건설유도계획의 하위계획으로는 토지이용계획(F – Plan)과 지구상세계획(B – Plan)이 있다. 전문계획에서는 계획확정(Planfeststellungen), 보호구역확정(Schutz – gebiestestsetzung) 및 기타 자연환경계획, 소음저감계획, 도로망계획 등등이 하위계획으로 있다.

정답 ①

28 GIS 공간 분석 중 네트워크 분석에 해당하지 않는 것은?

① 근린성 분석　　　　　② 최적경로 분석
③ 교통 흐름 분석　　　　④ 상수도관망내 수압 분석

> 해설

1. GIS 공간분석 중 네트워크 분석
   1) 최적경로 분석
   2) 교통 흐름 분석
   3) 상수도관망 내 수압 분석
2. 점 자료에 대한 공간분석
   1) 공간적 질의
   2) 근린성 분석
   3) 지리적 처리

정답 ①

29 크리스탈러의 중심지 이론에 의하면 도시는 가지 원리에 따라 작은 중심지에서 큰 중심지로 확대되어 나간다고 한다. 이 원리에 해당되지 않는 것은?

① 시장의 원리　　　　　② 주거의 원리
③ 교통의 원리　　　　　④ 행정의 원리

정답 ②

30 아래 그림이 나타내는 이론과 "3"(빗금친 부분)에 해당하는 토지이용이 모두 옳게 연결된 것은?

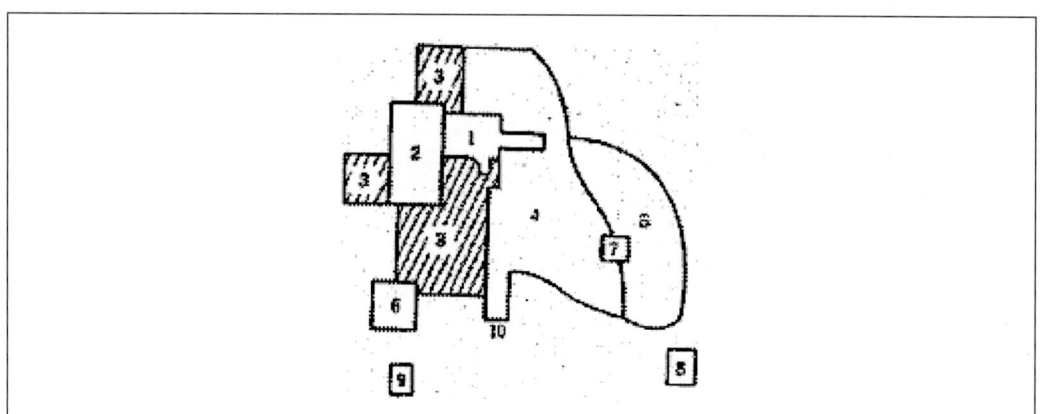

① 다핵심이론 – 고소득층 주거지구　　② 선형이론 – 도매경공업지구
③ 다핵심이론 – 저소득층 주거지구　　④ 선형이론 – 점이지대

정답 ③

31
도시공간구조 이론 중 해리스와 울만이 제시한 다핵심구조 이론(multiple – nuclei theory)에서의 기능지역에 해당하지 않는 것은?

① 도시교통시설지역　　② CBD
③ 중공업지역　　　　　④ 교외주거지역

정답 ①

32
도시공간구조를 설명한 호이트(Homer Hoyt)의 선형이론과 관련이 없는 것은?

① 상류층의 거주지 입지 선택 능력에 의해 도시 내 거주지 유형이 결정된다.
② 도시의 발달은 교통축을 따라 도심에서 외곽으로 부채꼴 모양으로 분화되어 간다.
③ 도심부에 고급 주택지가 형성되어 있고, 외곽지로 갈수록 저소득층의 주택지가 형성된다.
④ 버제스의 동심원 이론에 교통망의 중요성을 부각하고 도시성장 패턴의 방향성을 추가한 것으로 볼 수 있다.

해설

○ 호이트의 선형이론(1939)
　도심부를 중심으로 부채꼴 모양의 토지이용분화가 이루어지며 고소득측의 주거는 고속교통망을 따라서 뻗어 나간다는 것이다. 도시가 자연적 장애물과 인공적 장애물이 적은 방향으로 부정형을 띠면서 확장된다는 것으로 허드의 최소마찰비용이론과 일맥상통한다. 도시의 주거공간유형을 결정하는 관건은 높은 주택가격을 지불할 수 있는 고소득층의 주거지 입지선택능력이라고 보았다. 도시공간이 개발축에 따라 형성되면서 섹터(sector)를 이루는 경향이 있다. 중심업무지대 → 도매경공업지구 → 저급주택지구 → 중급주택지구 → 고급주택지구. 주거지 입지 결정과 변화를 설명함에 있어서 고소득층의 고급주거지를 지나치게 강조한다는 비판을 받는다.

정답 ③

33 도시화에 따른 집적의 이익 중에서 외부이익에 대한 설명으로 옳지 않은 것은?

① 접촉 이익이 있다.
② 승수의 효과가 있다.
③ 규모의 경제 효과가 있다.
④ 예비능력의 비축효과가 있다.

> 해설

집적이익은 규모집적의 이익(규모의 경제, 내부경제)과 지역적 집적의 이익(외부경제효과)으로 구분한다.

○ 외부경제(external economy, 외부이익)
동일하거나 유사한 기능이 모여 있음으로 인해 서로에게 이익을 주는 현상이다.
1) 승수의 효과 – 한 활동이나 산업이 입지하면 그에 연관된 지원 산업이 파생적으로 입지하여 외부이익을 얻게 된다.
2) 예비능력 비축효과 – 여러 기업이 인접함으로써 변동되는 상황에 대비해 비축해야 할 재고량을 분담함으로 인해 비용을 줄이고 그만큼 더 투자할 수 있는 효과를 말한다.
3) 접촉이익 – 관련부처, 기업, 전문용역업체 등과 인접함으로써 기술과 정보에의 접근 가능성을 높이는 효과를 말한다.

정답 ③

34 도시내부공간구조 모형 중의 하나인 동심원 이론에 대한 설명으로 틀린 것은?

① 도시생태학을 기본 이론으로 하고 있다.
② 도시성장의 일반적인 과정 속에는 집중과 분산의 개념이 동시에 포함된다고 보았다.
③ 토지이용은 중심업무지구로부터 5개의 동심원으로 구성된다.
④ 도시 내의 각종 활동과 기능은 주요 교통로를 따라 이루어진다.

> 해설

④ 선형이론

정답 ④

35 도시공간구조이론과 이론가의 연결이 옳지 않은 것은?

① 상쇄모형 – 윌리암스(M. Williams)
② 선형모형 – 호이트(H. Hoyt)
③ 다핵모형 – 해리스(C. Harris)와 울만(E. Ulman)
④ 동심원이론 – 버제스(E. Burgess)

> 해설

① 다차원이론 – 시몬스, 벨, 윌리암스

정답 ①

36 그리스의 건축가이며 도시계획가인 히포다무스는 도시계획에 관한 3조이론을 제안하였다. 여기서 3개조로 이루어진 건물집단 및 지구와 도로배치를 구분하기 위해 구성된 시민계급을 구성하는 집단이 아닌 것은?

① 사제집단
② 농부집단
③ 무장한 군인집단
④ 예술가 집단

정답 ①

37 클라센과 베르그(Klassen &Berg)의 도시권 공간구조 변화단계이론 중, 도시발전의 쇠퇴기로 인구의 분산이 광역화되어 중심부와 교외를 포함한 대도시권 전체의 인구가 감소하는 단계는?

① 도시화
② 교외화
③ 역도시화
④ 재도시화

정답 ③

38 계획이론을 실체적 이론(Substantive Theories)과 절차적이론(Procedural Theories)으로 구분할 때, 실체적 이론에 대한 설명으로 틀린 것은?

① 경제 또는 사회의 구조나 현상 등을 설명하고 예측하여 문제의 해결 대안을 제시하는 이론이다.
② 다양한 계획 활동에 있어 필요로 하는 분야별 전문 지식에 관한 이론이다.
③ 도시계획에서 실체적 이론이란 토지이용계획, 교통계획 등에 관한 이론이 된다.
④ 계획이 추구하는 목표와 가치에 따라 계획안을 만들어내는 과정에 관한 공통적이고 일반적인 이론이다.

> 해설
④ 절차적 이론

정답 ④

39 크리스탈러(W. Christaller)의 중심지 이론에서 작은 중심지로부터 큰 중심지로 확대되어가는 중심지 계층의 포섭이론 중 K = 7에 해당되는 원리는?

① 교통원리　　　　　　　　② 시장원리
③ 행정원리　　　　　　　　④ 문화원리

정답 ③

40 도시공간이론과 주창자의 연결이 잘못된 것은?

① 동심원이론 – 버제스(Burgess)
② 선형이론 – 호이트(Hoyt)
③ 다핵심이론 – 해리스(Harris)와 울만(Ullman)
④ 다차원이론 – 디킨슨(Dickinsin)

정답 ④

41 경제기반이론에서 기반산업(basic industry)을 설명하는 것으로 적합하지 않은 것은?

① 대체로 수출산업이다.
② 제조업이 주종을 이룬다.
③ 자급자족형의 성장산업이다.
④ 외부로부터 화폐를 벌어들인다.

해설

③ 비기반산업

정답 ③

42 동심원이론에서 제시한 도시공간구조 분화 중 제3권에 속하는 지대는 다음 중 어느 것인가?

① 중심 업무지대
② 통근자 지대
③ 고급주택지대
④ 노동자 주택지대

정답 ④

43 다음 중 중심지 이론의 기본가정이 아닌 것은? *

① 평탄한 지형
② 구매력이 같은 인구가 균등분포
③ 운송비는 거리에 비례
④ 동일하지 않은 소득 기준

해설

중심지이론은 기본적으로 세 가지를 가정하고 있다.
첫째, 인구 및 천연자원이 균등하게 분포돼 있는 평면상의 단위지역으로, 모든 인구는 같은 소득과 기호를 갖고 있다. 즉 수요평면은 균질적이다.
둘째, 소비자가 시장에 도달하는데 있어서 단위 거리 당 운송비가 어느 방향으로나 같으며 운송비는 거리에 비례한다.
셋째, 소비자의 행태는 경제원칙에 입각하며 따라서 동일 상품의 수요는 구매비용에 의존한다. 구매력이 같은 인구가 균등 분포한다고 본다.

정답 ④

44 도시공간구조이론 중 도시발생초기의 전형적인 단핵구조를 설명하고 있는 이론은?

① 도시생태이론   ② 동심원이론
③ 다핵이론   ④ 중심지이론

> 해설
>
> ○ 동심원 이론: 도시발생 초기의 전형적인 단핵구조를 설명한다.
> ○ 선형이론: 교통축(도로망)을 따라 공간구조가 확장되는 상태를 나타낸다.

정답 ②

45 크리스탈러(W. Christaller)의 중심지 이론에 의하면 도시는 3가지 원리에 따라 작은 중심지에서 큰 중심지로 확대되어 나간다고 한다. 이 원리에 해당되지 않는 것은?

① 시장의 원리   ② 주거의 원리
③ 교통의 원리   ④ 행정의 원리

정답 ②

46 정주체계이론은 1차 산업, 2차 산업, 3차 산업의 입지이론으로 나눌 수 있다. 다음 중 3차 산업의 입지이론으로 나눌 수 있다. 다음 중 3차 산업의 입지이론이라고 불리는 것은?

① 동심원이론   ② 중심지이론
③ 최소비용법칙   ④ 순위규모법칙

정답 ②

47 도시공간구조 이론 중 Hoyt의 선형이론에서, 선형 형태를 형성하는데 영향을 주는 핵심적인 요인은? *

① 가로변 상업지역   ② 공업단지의 입지
③ 고소득층의 주거지역 ④ 저소득층의 주거지역

정답 ③

48 다음 중 공원녹지 네트워크의 구성요소와 그 설명이 옳지 않은 것은?

① 핵(Core): 공원녹지 네트워크에 있어서 생물 다양성의 원천이 되는 유전자 공급원이 되어야 할 대규모의 자연 공간
② 거점(Spot): 도시의 소규모 산, 큰 공원 및 농촌지역의 농장, 늪지 등의 생태적 공간
③ 면(Plane): 주택정원, 옥상정원, 공개공지 등의 면적인 형태의 공간
④ 생태적 회랑(Eco – corridor): 선형의 자연공간으로 녹지 네트워크에 있어서 중요한 역할 하는 공간

해설

○ 공원녹지 네트워크 구성요소

구분	구성요소	
점적요소(point)	정원, 옥상정원, 운동장, 화분	점
선적요소(line)	가로수, 녹도, 자전거도로, 하천	코리더
면적요소(area)	대형산림, 도시림, 대규모 공원 및 녹지	핵, 거점

정답 ③

49 다음 중 환지방식으로 도시개발사업을 시행할 때 환지설계에 있어 환지규모를 결정하는 방법에 해당하지 않는 것은?

① 평가식
② 면적식
③ 절충식
④ 서열식

해설

환지규모를 결정하는 방법에는 평가식, 면적식, 절충식이 있다.
○ 환지설계 방식
  1) 평가식 – 도시개발사업 시행 전후의 토지의 평가가액에 비례하여 환지를 결정하는 방식을 말한다. 환지설계는 평가식이 원칙이다. 하나의 환지계획 구역에서는 같은 방식을 적용하여야 하며 입체환지를 시행하는 경우에는 반드시 평가식을 적용하여야 한다.
  2) 면적식 – 환지지정으로 인하여 토지의 이동이 경미하거나 기반시설의 단순한 정비 등의 경우에 적용하는 방식으로 도시개발사업 시행 전의 토지 및 위치를 기준으로 환지를 결정하는 방식이다.

정답 ④

50 동심원이론에서 중심업무지구와 가장 가까운 곳에 위치해 있는 지대는?

① 중산층주택지대
② 노동자주택지대
③ 점이지대
④ 통근자지대

정답 ③

51 다음의 계획이론 중 복합적 요소로 형성된 도시를 전적으로 계획가에게 맡겨두기보다 계획가와 주민들(피계획가) 간의 상호관계를 중요사항과 동시에 인간주의적 가치에 중점을 두고 있는 것은?

① 옹호적 계획
② 교류적 계획
③ 선택적 계획
④ 점진적 계획

정답 ②

52 1967년 도시 내의 상업·업무지역을 중심형 상업지구(nucleation), 가로변 상업지구(ribbon), 특화지구(specialized area)로 구분한 학자는? [2012, 2019 기출]

① 프라우푸트(Proudfoot)
② 샤핀과 카이저(Chapin &Kaiser)
③ 베리(Berry)
④ 무쓰(Muth)

정답 ③

유형 30

도시계획의 역사

◉ 그리스의 도시

아테네를 중심으로 한 수많은 폴리스의 집합체로 구성된 그리스는 대부분의 도시들이 편리한 교통을 바탕으로 평야지대에 위치하였다. 그리스는 지대가 높은 구릉지 언덕에 신을 모시는 아크로폴리스(acropolis)를 성역으로 만들었다. 도시 중심부에 아고라(agora)를 배치하여 시민들의 교역, 사교, 민주정치장, 집회장으로 활용하였다. <u>그리스의 도시들 중 아테네, 스파르타, 코린트 등의 오래된 도시들은 불규칙하고 협소한 가로망의 형태였다. 지중해 연안의 식민도시 밀레투스, 프리엔, 알렉산드리아 등은 격자형 도로망</u>을 바탕으로 세워졌으며 도시시설 및 건축의 예술성이 찬란한 도시들이었다. 식민 상업도시의 계획에 있어 기본이 된 것은 도시계획가 히포다무스(Hippodamus)에 의해서 발전된 격자형 도로망 패턴이었다. 이는 메소포타미아와 이집트의 도시에서 시작된 격자형 도로망을 발전시킨 것으로 이를 바탕으로 도시의 자연적 상황을 고려한 도시구성 계획을 시행하였다.

◉ 로마의 도시

아고라에 해당하는 시민광장 포럼(Forum)을 중심으로 불규칙한 방사형 도로와 원형경기장 콜로세움, 바실리카 극장, 카라칼라 욕장, 판테온 등의 신전과 개선문 등의 기념시설 및 공공건축물을 축조하였다. 로마의 신도시는 주로 식민도시들로 이루어졌으며 대표적인 도시유형으로는 콜로니아와 뮤니시피아, 시비타스 등이 있다. 군사기지 성격을 지닌 카스트라가 있었는데, 이 도시는 적의 공격시 군대의 보급기지와 본부로서의 기능을 수행하는 병영도시였다. 이 도시의 특이한 점은 군대가 이동한 뒤 그 지역이 그대로 도시로 발전하여 현존하는 유럽도시의 기본이 되었다는 점이다.

◉ 중세의 도시

중세도시의 특징은 영주들 간의 영토 확장 등 분쟁을 위한 도시형태로 한 마디로 표현해서 성곽도시라 할 수 있다. 그리하여 중세도시는 다른 시대의 도시와 달리 폐쇄적 사회로 특징지어진다.

01 상공인들이 길드를 결성한 후 절대 권력으로부터 독립하여 탄생한 도시는?

① 로마도시
② 중세도시
③ 르네상스도시
④ 그리스 도시

> 해설

조합은 프랑스나 게르만 국가들에게서는 '길드', 스페인에서는 '그레미오스'라고 불렸고 중세 후기에는 전 유럽에 널리 보급됐다.

정답 ②

02 그리스의 고대 도시에 관한 설명 중 가장 옳은 것은?

① 도시 중심가에 아크로폴리스(Acropolis)를 세웠다.
② 도심을 중심으로 순환형의 계획적인 도로망 체계를 구축했다.
③ 그리스인은 광장(forum)과 하수도등을 만들어 계획도시를 설계했다.
④ 아고라(Agora)는 시민들이 자주 모여 토론하는 광장이었다.

> 해설

④ 그리스 – 아고라, 로마 – 포럼

- 포럼(라틴어: forum, 광장)
  로마 제국 시대의 도시 중심에 위치했던 공공 복합장소를 말한다. 포럼은 고대 그리스의 아고라와 비슷한 역할을 했다. 아크로폴리스는 그리스 아테네의 바위지대에 있는 성채이며, 건축학적, 역사적으로 매우 중요한 고대 건축물들의 유적지가 있으며, 이 중에 파르테논 신전이 가장 유명하다. 그리스 아테네의 도심 형태는 도심광장인 아고라와 격자형 도로망으로 구성되어 있다.

정답 ④

03 고대 그리스 도시의 특징으로 틀린 것은?

① 도시 입구와 신전을 축으로 중간지점에 아고라를 배치하였다.
② 본토의 해안지역에서 자연적으로 발생한 도시는 질서 있는 격자형의 도로망을 갖추었다.
③ 페르시아와의 전쟁 후 복구 과정에서 격자형 가로망 체계가 일부 본토의 도시에서 채택되었다.
④ 주로 자연항을 사용하였으나 필요한 경우 제방을 쌓아 인공 항만을 건설하였다.

> 해설

② 그리스의 도시들 중 아테네, 스파르타, 코린트 등의 오래된 도시들은 불규칙하고 협소한 가로망의 형태였다. 지중해 연안의 식민도시 밀레투스, 프리엔, 알렉산드리아 등은 격자형 도로망을 바탕으로 세워졌다.

정답 ②

04 고대 메소포타미아와 이집트의 도시에서 시작되었던 것을 히포다무스(Hippodamus)가 그리스의 도시계획에 적용시킨 것은?

① 격자형 가로망
② 공공시설의 중앙배치
③ 공중정원의 설치
④ 성곽의 축조

정답 ①

05 도시중심부에 도심광장인 아고라를 배치하여 시민들의 교역, 사교, 집회장으로 활용한 시대의 도시는?

① 고대 그리스 도시
② 중세 중국 도시
③ 중세 유럽 도시
④ 고대 메소포타미아 도시

정답 ①

06 다음 고대 그리스 도시국가의 성격에 관한 설명으로 옳지 않은 것은?

① 아테네를 제외한 대부분의 폴리스는 소규모의 성벽에 의해 도시부와 전원부로 구분되는 형태를 취하였다.
② 도시 형태는 원칙적으로 정방형이거나 직사각형이며, 카르도와 데쿠마누스가 격자구조 가로망의 기초였다.
③ 시가지 내에는 아고라(Agora)라고 부르는 광장이 있어 정치 및 교역활동과 같은 다양한 용도로 사용되었다.
④ 밀레투스, 비잔티움, 시라쿠사, 네아폴리스, 알렉산드리아는 대표적인 그리스의 식민도시다.

> 해설

② 로마

- 로마 도시의 특징
  1. 로마의 공간구성
     전쟁을 통한 도시의 확장
     1) 병영 주둔지 확보(라티푼디움) – 유럽 도시의 기원
     2) 병영도시 – 변경지역 수비군의 주둔지에 도시 형성
  2. 도시계획 원칙
     1) 수천 개의 요새화된 로마군단의 캠프
     2) 도시 형태는 정방형이거나 직사각형 격자구조 가로망
     3) 카르도와 데쿠마누스의 두 가로가 4개의 시가지로 나누고 주거지역인 인슐라 형성

정답 ②

07 다음 중 도시 중심부에 도심광장인 아고라를 배치하여 시민들의 교역, 사교, 집합장으로 활용한 시대의 도시는?

① 고대 그리스 도시
② 중세 중국 도시
③ 중세 유럽 도시
④ 고대 메소포타미아 도시

정답 ①

08 다음 중 고대 도시의 도시계획 특성에 대한 설명으로 옳지 않은 것은?

① 메소포타미아의 고대 도시들은 신권통치를 위한 지배 공간으로서 소비의 중심지였다.
② 이집트에서는 새로운 왕이 즉위할 때마다 행정수도를 이전하는 관습이 있었다.
③ 고대 그리스 도시는 도시 입구와 신전을 축으로 중간 지점에 아고라를 배치하였다.
④ 로마의 도시들은 그리스 도시들보다 소규모의 정방형 형태로 구릉이나 언덕에 형성되었다.

> 해설

그리스 4/5는 산지나 구릉이며 유럽에서 가장 산지가 많은 나라다.
로마의 도시형태는 정방형이거나 직사각형이고 직교하는 두개의 주요한 가로가 격자구조 가로망의 기초(카르도 – 남북 축, 데쿠마누스 – 동서 축)

정답 ④

09 다음 중 고대 로마 도시의 도시계획적 특성에 대한 설명으로 옳지 않은 것은?

① 그리스 도시들보다 체계적으로 건설되었으며 규모가 훨씬 컸다.
② 로마의 중심광장인 아고라는 신전, 법정, 의사당 등의 복합적인 기능을 수행하였다.
③ 도시 형태는 원칙적으로 정방형 또는 직사각형이며, 카르도와 데쿠마누스가 격자가로망의 기초이었다.
④ 로마의 신도시는 주로 식민도시들로 이루어졌으며 대표적인 도시유형으로는 콜로니아와 뮤니시피아, 시비타스 등이 있다.

정답 ②

10 고대 그리스 도시국가에 관한 설명으로 틀린 것은?

① 아테네를 제외한 대부분의 폴리스는 소규모의 성벽에 의해 도시부와 전원부로 구분되는 형태를 취하였다.
② 도시 형태는 원칙적으로 정방형 또는 직사각형이며, 카르도와 데쿠마누스가 격자가로망의 기초이었다.
③ 시가지 내에는 아고라(Agora)라는 광장이 있어 정치 및 교역활동과 같은 다양한 용도로 사용되었다.
④ 밀레투스, 비잔티움, 시라쿠사, 네아폴리스, 알렉산드리아는 대표적인 그리스의 식민도시다.

정답 ② 로마

11 고대 도시 및 도시 계획적 특성이 틀린 것은?

① 동양의 고대도시 기원은 기원전 2000년경 황하 중류지방 산동성 지역에 형성된 상 왕조에서부터 비롯되었다.
② 고대 그리그 도시는 도시 입구와 신전을 축으로 중간 지점에 아고라(Agora)를 배치하였다.
③ 로마는 광장(Forum)을 중심으로 발전하였다.
④ 히포다무스는 고대 그리스 도시에 방사형 가로체계를 발전시켰다.

해설

④ 격자형

정답 ④

12 다음 중 고대 메소포타미아와 이집트의 도시에서 시작되었던 것을 히포다무스(Hippodamus)가 그리스의 도시계획에 적용시킨 것은?

① 격자형 가로망
② 공공시설의 중앙배치
③ 공중정원의 설치
④ 성곽의 축조

정답 ①

13 아래의 설명과 같은 르네상스시대의 이상도시를 구성하고자 하였던 사람은?

> 중앙광장과 방사형 도로로 도시를 구성하고, 도시에 장중함을 부여하고 군사전략상 이동을 원활하게 하기 위해 넓고 곧은 도로를 선호하였다. 경관적인 면에는 도로를 따라 세워져 있는 건물들이 한꺼번에 많이 시야에 들어올 수 있도록 고려하였다.

① 비아지오 로제티(Biaggio Rossetti)
② 도메니코 폰타나(Domenico Fontana)
③ 레온 알베르티(Leon Alberti)
④ 레오나르도 다빈치(Leonardo da Vinci)

해설

③ 레온 바티스타 알베르티(Leon Battista Alberti, 1404년 2월 18일 ~ 1472년 4월 25일)는 이탈리아 초기 르네상스의 철학자이자 건축가이다. 건축가로서 그는 고대 그리스인들과 로마인들에 의해 사용된 방식을 현대 건축물로 통합했다.

정답 ③

14 다음의 설명에 해당 하는 도시는?

> - 고대 로마제국의 지방 항구도시
> - 머큐리오(Mercurio) 거리
> - 인구는 2만 5천~3만 명 정도
> - 격자형 가로구성과 도로의 포장 및 보도 설치
> - 이중벽으로 둘러싸인 달걀 모양의 도시형태

① 카스트라(Castra)
② 팀가드(Timgard)
③ 아오스타(Aostra)
④ 폼페이(Pompeii)

> 해설

폼페이는 고대 로마의 도시 이름이다. 원래는 로마 정치가이자 장군인 폼페이를 기리기 위해 붙여진 이름이다. 원래는 베수비오 화산의 남동쪽, 사르누스 강 하구에 위치한 항구 도시였으며 로마 제국 당시 가장 번영한 도시 중 하나였다. 이곳은 비옥한 토양과 풍부한 생산물로 인구가 많았고 교역도 활발해 시민들의 생활도 아주 부유했으며 심지어 매우 사치스러웠다.

정답 ④

[제1과목] 도시계획기사 기출문제집
우선순위
도시계획론 유형 30

초판 1쇄 발행 2021년 02월 15일

편저 정명재
발행인 이항준 **발행처** (주)법률저널
등록일자 2008년 9월 26일 **등록번호** 제15-605호
주소 151-862 서울 관악구 복은4길 50 (서림동 120-32)
대표전화 02)874-1144 **팩스** 02)876-4312
홈페이지 www.lec.co.kr
ISBN 978-89-6336-579-4
정가 20,000원